DELIUS KLASING

MARKUS BOLSINGER GERHARD HEIDBRINK

MERCEDES

125 JAHRE

DELIUS KLASING VERLAG

Zeitsprung

Ein Modell der Superlative ist der Mercedes-AMG Concept GT XX. 1.000 kW (1.360 PS), Tempo 360 als Höchstgeschwindigkeit und Ladeleistungen über 850 kW öffnen die Tür zum Megawatt-Charging – eben ein ganz normaler Mercedes – schön innovativ.

AMG GT XX
MICHELIN

Zeitgeist

Vielleicht ein wenig brav, aber in jedem Fall extrem solide – so sehen die Amerikaner den W 123 Turbodiesel bis heute. Mercedes-Werte in Vollendung lieferten 125 PS aus 3 Litern Hubraum. Mehr als 165 Kilometer pro Stunde waren nicht vorgesehen. Lebensdauer? Ohne Limit.

Zeitlos

Schönheit hat weder Stunde, noch Tag noch Jahr. Form gewordener Beweis ist der Mercedes-Benz 500 K Spezialroadster. Und auch alle rationalen Parameter gibt's nur mit Ausrufezeichen. Einzelradaufhängung vorn und hinten, 5 Liter Hubraum, 100 PS ohne, 160 PS mit Kompressor. 27 Liter Verbrauch je 100 Kilometer. Preis: atemraubende, fast unbezahlbare 28.000 Reichsmark in einer Zeit, als ein Arbeiter im Monat 150 Mark verdient hat. Galaktisch. Zeitlos. 500 K.

Mercedes Jellinek (1889–1929) im Alter von 11 Jahren

Vorwort

Verehrter Leser, verehrte Leserin,

125 Jahre Mercedes? Hatten wir das nicht schon 2011? Mit den Jubiläen bei Mercedes-Benz ist es selbst für die sprichwörtlichen Petrolheads zuweilen ein wenig verwirrend, und das verlangt nach einer Erklärung:

Am 29. Januar 1886 hat Carl Benz, einer der Urväter von Mercedes-Benz, sein »Fahrzeug für Gasmotorenbetrieb« zum Patent angemeldet. Dieses Datum gilt seit Jahrzehnten als Geburtstag des Automobils, und so nahm Mercedes-Benz dies 2011 zum Anlass für das Jubiläum »125 Jahre Innovation«. 15 Jahre später ist daraus ein veritabler 140-Jahre-Geburtstag geworden.

Das aktuelle Markenjubiläum, das Gegenstand dieses Buchs ist, bezieht sich auf den 25. März 1901 – den Tag, als der brandneue erste Mercedes in Nizza seinen ersten Rennsieg erzielte. Was macht dieses Ereignis so besonders? Der bei der Daimler-Motoren-Gesellschaft in Cannstatt gebaute, von Chefkonstrukteur Wilhelm Maybach entworfene und vom Geschäftsmann Emil Jellinek initiierte Mercedes 35 PS war nicht nur das erste Fahrzeug mit dem Namen Mercedes, sondern gilt noch heute als erstes modernes Automobil.

25 Jahre nach den ersten Erfolgen des ersten Mercedes und 40 Jahre nach der Erfindung des Automobils durch Carl Benz kam es zu einem weiteren bahnbrechenden Ereignis: Am 28. Juni 1926 unterzeichneten Vertreter der von Gottlieb Daimler und Carl Benz gegründeten Unternehmen den Vertrag zur Verschmelzung der beiden Firmen, die seit zwei Jahren in einer Interessengemeinschaft verbunden waren. Damit war nicht nur das neue Unternehmen Daimler-Benz AG, sondern auch die Marke Mercedes-Benz geboren.

So gibt es denn bei Mercedes-Benz im Jahr 2026 mehr als nur ein bedeutendes Jubiläum zu feiern: Neben »125 Jahre Mercedes« sind auch »140 Jahre Innovation« und »100 Jahre Mercedes-Benz« Grund genug, die wegweisenden Innovationen zu würdigen, mit denen Mercedes-Benz und seine Ursprungsunternehmen den Automobilbau von Beginn an immer wieder nachhaltig geprägt haben.

Das vorliegende Buch präsentiert die einzigartige Entwicklung der Stuttgarter Marke anhand von 25 automobilen Sternstunden und 100 Episoden aus ihrer Geschichte. In Anbetracht der Tatsache, dass Mercedes-Benz in 140 Jahren mehr als 3.000 verschiedene Pkw-Modelle gebaut hat und die Chronik des Unternehmens von den Anfängen allein bis Ende 2010 mehr als 2.000 Einträge aufweist, war die Auswahl der Modelle, Ereignisse und Illustrationen nicht nur eine besonders schwierige Aufgabe, sondern muss zwangsläufig auch subjektiv erscheinen.

Die Autoren durften die Entwicklung der Marke aus unterschiedlichen Blickwinkeln über mehr als 30 Jahre begleiten und dabei intensiv in Geschichte, Gegenwart und Zukunft eintauchen. In der Hoffnung, dass unsere Auswahl an Episoden und Fotos die Faszination der Marke im gleichen Maße vermitteln kann, das wir selbst über viele Jahre erfahren haben, wünschen wir Ihnen viel Freude beim Blättern und Lesen

Markus Bolsinger Gerhard Heidbrink

Inhalt

100 Episoden

25 Sternstunden

Einführung

Die Geschichte des Automobils beginnt vor 140 Jahren – die Urväter von Mercedes-Benz sind die Protagonisten dieses Moments: Carl Benz, Gottlieb Daimler und Wilhelm Maybach. Drei süddeutsche Erfinder, Ingenieure, Visionäre, die das Fundament legen für das, was wir heute als die Marke mit dem Stern kennen.

Anderthalb Jahrzehnte nachdem der initiale Funke die Ur-Idee des Automobils Wirklichkeit werden ließ, rollte vor 125 Jahren der erste Mercedes über den Asphalt der Côte d'Azur. Mit 35 PS enorm stark motorisiert war der Wagen auch optisch prägend. Ein charakteristisches Merkmal war, neben seinem schnelllaufenden Motor, ein innovativer Bienenwabenkühler – harmonisch in die Front integriert, wird er zum Design-Merkmal von Wagen und Marke. Die langgestreckte, vergleichsweise niedrige Silhouette des ersten Mercedes-Modells beendet zugleich das Zeitalter der »motorisierten Kutschen«. Das Automobil hat mit ihm seine eigene Form gefunden. Initiator des modernen Fahrzeugs war Emil Jelinek, der vierte Mann im Quartett der Mobilitätsväter.

Er war der Förderer, der forderte. Er war ein Marketingmann, der mit Lust und Leidenschaft in den Wagen aus Cannstatt in der Welt der Reichen vorfuhr und sie vorführte – und regelmäßig zum Kauf verführte.

Dem epochalen Mercedes-Moment vor 125 Jahren sind wichtige Meilensteine der Auto-Historie vorausgegangen. Die automobilen Ahnen haben dabei Fundamentales geleistet und viele weitere, erste Augenblicke kreiert. So startet beispielsweise am 22. Juli 1894 eine Art erstes Autorennen, eigentlich eher als Zuverlässigkeitsfahrt gedacht. 126 robuste Kilometer von Paris nach Rouen müssen die Pioniere in ihren Motorkutschen bewältigen. Als Gewinner stehen die Namen Panhard & Levassor sowie Peugeot in den Siegerlisten – die Prämie von 5.000 Francs wurde zwischen den Teams geteilt.

Beide Firmen gelten seit 1891 als bedeutende Paten des Automobils und nutzen für ihre Automobile die von Daimler und Maybach konstruierten Motoren, die in Paris in Lizenz gebaut werden. So wird Frankreich zum wichtigen Motor der neuen Erfindung. Fünf Jahre zuvor hatte Carl Benz den »Wagen ohne Pferde« bereits zum Patent angemeldet, 1886. Unter dem Kürzel DRP 37435 ist das Benz-Patent seitdem aktenkundig. Benz entwickelte seinen Motorwagen weiter, brachte ihn 1888 auf den Markt und machte so aus seiner Erfindung ein Serienprodukt. Gottlieb Daimler zeigte währenddessen die Vielfalt der Mobilität. Im Rahmen der Pariser Weltausstellung 1889 fuhr sein »Stahlradwagen« stolz unterm Eiffelturm hindurch; zuvor hatte er bereits ein motorbetriebenes Boot und eine motorisierte Feuerspritze vorgeführt und eine Eisenbahn auf die Schienen gestellt.

Forschergeist als Motor einer Epoche technischer Wunderwerke

Maybach, Daimler, Benz – Jellinek. Sie alle verkörperten den Geist jener Zeit. Sie glaubten, das scheinbar Unmögliche, möglich zu machen. Das gemeinsame Ziel dieser vier Pioniere und wohl auch das aller Erfinder jener Epoche, lässt sich so verdichten: Sie wollten bewirken, dass Wissenschaft und Technik die Welt besser machen – menschenfreundlicher. Ein Ideal, das gerade heute uns sehr guttun würde.

In diese Ära der technischen Wunderwerke wird Mercedes hineingeboren; als Tochter von Emil Jelinek ganz menschlich und als Weltmarke des Automobils ganz visionär – vor 125 Jahren.

Zeitkapsel: Das erste Automobil war eher zart und mit weniger als 1 PS soft motorisiert – ein Blick zurück in die frühen Jahre des Automobils.

Ein schwarzes Schaf schreibt Automobilgeschichte: Emil Jellinek

001

Baden bei Wien, Oktober 1897: Mehr als elf Jahre nach der Erfindung des Automobils durch Carl Benz und sechs Jahre, nachdem sich dank Gottlieb Daimlers Erfindung des schnelllaufenden Benzinmotors vor allem in Frankreich ein Markt für das innovative Produkt zu entwickeln beginnt, betritt ein Mann die Szene, der die Entwicklung revolutionieren wird.

Geboren in Leipzig am 6. April 1853 als Sohn eines Gelehrten, entwickelt sich Emil Jellinek schon in frühester Jugend zum schwarzen Schaf und Sorgenkind der Familie. Im Gegensatz zu Daimler, Benz und Maybach, die ihre Pioniertaten auf Basis ihrer mit Eifer und Disziplin erworbenen Bildung vollbringen, erweist sich Jellinek als unruhiger Geist, dem das schulische Lernen nicht liegt. Im Alter von 17 Jahren geht er zunächst zur Eisenbahn in Nordmähren, dann nach Marokko, wo er Handelsagent wird und 1874 die in Algerien geborene Französin Rachel Goggman heiratet. Das Paar zieht nach Oman und Jellinek widmet sich erst dem Tabakhandel, bevor er Repräsentant einer französischen Versicherungsgesellschaft wird, in deren Wiener Büro er 1884 wechselt. In Baden bei Wien erwirbt er eine Villa, die er nach seiner 1889 geborenen Tochter Villa Mercedes nennt. Als seine Frau Rachel 1893 an Krebs stirbt, wird seine Vaterliebe für Mercedes zur Manie, und ihr Name erhält für ihn eine geradezu magische Bedeutung.

> Mit der Bestellung des Daimler Phaeton beginnt eine intensive Beziehung, die für beide Seiten ebenso strapaziös wie erfolgreich ist.

Jellinek, der es mit Aktien- und Versicherungsgeschäften zu einigem Wohlstand gebracht hat, entwickelt ein Interesse erst für das Fahrrad, dann für die motorisierte Fortbewegung. Er erwirbt nacheinander zwei einsitzige Motordreiräder von Bollée und De Dion und schließlich einen vierrädrigen Benz Victoria. Keines dieser Gefährte befriedigt den Anspruch des stets ungeduldigen Jellinek. Durch eine Annonce wird er auf die Daimler-Motoren-Gesellschaft aufmerksam, reist nach Cannstatt und bestellt einen Daimler Phaeton mit Riemenantrieb, der am 6. Oktober 1897 geliefert wird.

Dies ist der Beginn einer intensiven, für beide Seiten ebenso strapaziösen wie erfolgreichen Beziehung, die am Ende Automobilgeschichte schreiben wird. Jellinek findet Gefallen an seinem Daimler-Wagen, der ihm mit dem nur 6 PS (4,4 kW) starken Zweizylindermotor aber entschieden zu langsam ist. So beginnt er, von der DMG immer stärkere und schnellere Fahrzeuge zu fordern.

Das nächste Daimler-Automobil, das Jellinek ein knappes Jahr später erhält, ist ein »Phönix-Wagen«. Dieser ist zwar auch nicht leistungsstärker, verfügt aber bereits über einen vorn eingebauten Vierzylindermotor und ein Zahnradgetriebe statt des bisherigen Riemenantriebs. Zeitgleich wird, wohl auf Vermittlung von Jellinek, ein Fahrzeug des gleichen Typs an Fürst Lubecki in Aix-les-Bains ausgeliefert, der über Jellinek bereits im Januar 1898 einen Zweizylinder-»Riemenwagen« erhalten hat. Ende Januar 1899 übernimmt Fürst Lubecki erneut einen »Phönix-Wagen« mit Vierzylindermotor, diesmal bereits mit 10 PS (7,4 kW).

Jellinek wird nun zunehmend als Vermittler und Verkäufer immer stärkerer Daimler-Automobile tätig, die er an hochgestellte und finanzstarke Persönlichkeiten an der Cote d'Azur weitergibt. Er hat als Wintersitz neben seiner Villa in Baden inzwischen selbst eine Wohnung in Nizza bezogen, die im Haus Promenade des Anglais 57 liegt.

Wie begehrt die von Jellinek verkauften Daimler-Wagen seinerzeit sind, erfahren die Leser der »Allgemeinen Automobil-Zeitung« vom 25. Januar 1903 von Baron Henri Rothschild, einem von Jellineks ältesten Kunden: »[…] Im Jahre 1899 war ich mit meinem Onkel, Baron Arthur Rothschild,

Sportsmann mit ausgeprägtem Geschäftssinn: Emil Jellinek mit seinem Fahrrad, einem damals noch außergewöhnlichen Sportgerät, aufgenommen in Baden bei Wien um 1895.

Emil Jellinek mit seiner Tochter Mercedes, deren Name zu einem der bekanntesten Markennamen der Welt werden sollte. Aufgenommen im Garten von Jellineks Villa in Baden bei Wien, um 1895.

Emil Jellinek (vorn) und sein Mechaniker Hermann Braun mit dem 1897 erworbenen Daimler Riemenwagen.

[...] in Nizza. Eines Tages fuhren wir mit einem 8 HP Panhard die Turbie hinauf, als uns ein enormes Automobil, das eher eine Ähnlichkeit mit einem Elephanten als mit einer Gazelle hatte, überholte und ein gutes Stück früher diese steile Höhe erklomm. Dieser leichte Sieg des Elephanten-Wagens brachte meinen Onkel, der einen Stolz darein setzte, das schnellste bisher erzeugte Fahrzeug zu besitzen, um seinen Gleichmuth. Er suchte den Eigenthümer des Wagens auf und wünschte das Gefährte zu kaufen. Der Handel war im Nu perfect, und mein Onkel fuhr nun in dem Wagen, der ihn bergauf geschlagen hatte, als dessen Besitzer die Turbie hinab. Das Vehikel war ein deutsches Fabrikat und in den Daimler-Werken zu Cannstatt gebaut. Es hatte einen 12 HP Motor und wog über 1 ½ Tonnen. Der Lenker des Wagens war Herr Mercedes, dessen Name heute in Automobilistenkreisen so wohlbekannt ist. Kaum vierzehn Tage später fuhren wir wieder die Turbie hinauf. Plötzlich hörten wir hinter uns einen Wagen heranbrausen. Wieder war es Herr Mercedes, der uns mit seinem Automobil überholte. Mein Onkel war ganz verzweifelt. Abermals bot er Herrn Mercedes einen Check an, den er bereitwillig annahm. Meinem Onkel schien der Gedanke unerträglich, daß jemand Anderer ihm auf der Turbie den Rang ablaufen könnte. So befand er sich denn jetzt im Besitze zweier Daimler-Wagen, von denen jeder fast zwei Tonnen wog. Er wurde später mit Herrn Mercedes näher bekannt, der ihm von den Projecten der Daimler-Fabrik erzählte und ihn fragte, ob er nicht eine Bestellung auf einen neuen 24 HP Wagen machen wolle, der seine beiden eben gekauften Vehikel völlig in den Schatten stellen werde. Wir gaben alsbald eine diesbezügliche Ordre, so daß wir die ersten Käufer der neuen Type waren. [...]«

Jellinek hat die 16,6 km lange, kurvenreiche und steil ansteigende Strecke von Nizza nach Turbie gerne als Teststrecke für seine neuesten Automobile genutzt. Bereits im Januar 1897 hat der »Automobile Club de Nice et Cote d'Azur« auf dieser Strecke erstmals ein Rennen veranstaltet, das seither als ältestes Bergrennen der Welt gilt.

Im März 1899 findet zum ersten Mal die »Semaine de Nice«, eine aus mehreren separat gewerteten Wettbewerben bestehende Motorsportwoche, statt. Bei der Tourenfahrt

Jellinek am Steuer seines Daimler 16 PS Phönix-Wagens, aufgenommen im August 1899 anlässlich des ersten Semmering-Rennens, das noch als Clubausfahrt veranstaltet wurde.

Nizza–Magagnosc–Nizza am 21. März ist Wilhelm Bauer, Werksfahrer der Daimler-Motoren-Gesellschaft, auf Jellineks Daimler Phönix-Wagen in der Zweisitzer-Kategorie vor einem der beiden Phönix-Wagen von Baron Rothschild erfolgreich. Bei den Viersitzern kann der zweite Rothschild-Wagen ebenfalls einen Sieg erringen. Im Bergrennen Nizza–La Turbie, das 1899 zum zweiten Mal veranstaltet wird, belegen die beiden Daimler von Henri und Arthur Rothschild nur eine Platzierung im hinteren Mittelfeld, und so fordert Jellinek in Cannstatt für das nächste Jahr ein deutlich leistungsstärkeres Fahrzeug.

Seine Motorsportaktivitäten, bei denen er das Steuer der Hochleistungswagen Werksfahrern wie Wilhelm Bauer und Wilhelm Werner überlässt, bestreitet Jellinek, inspiriert vom Vornamen seiner neunjährigen Tochter, unter dem Pseudonym »Monsieur Mercedes« und meldet unter diesem Namen auch seine Daimler-Wagen zum Rennen.

Im November 1899 erhält Jellinek das erste Exemplar des sehnlichst erwarteten Daimler 23 PS »Phönix-Wagens«, dessen Bezeichnung die Nominalleistung wiedergibt, während die tatsächliche Leistung bis zu 28 PS (20 kW) beträgt. Vier weitere Fahrzeuge werden bis Anfang März 1900 an Jellinek und seine Kunden ausgeliefert. Der erste Renneinsatz erfolgt Ende März bei der Woche von Nizza, verläuft aber alles andere als zufriedenstellend. Beim Geschwindigkeitsrennen Nizza–Marseille am 26. März belegt Wilhelm Bauer einen enttäuschenden zehnten Platz, während sein Teamgefährte Hermann Braun von der Strecke abkommt und sich überschlägt, glücklicherweise aber nur leicht verletzt wird. Zum Ausgleich gewinnt der Brite E. T. Stead mit einem viersitzigen 23-PS-Tourenwagen am 27. März das Touristenrennen Nizza–Draguignan–Nizza.

Das Bergrennen Nizza–La Turbie drei Tage später endet dagegen mit einer Katastrophe. Bereits in der ersten Kurve verunglückt Wilhelm Bauer, als er Zuschauern, die die Strecke queren, bei einem Tempo von 70 km/h plötzlich ausweichen muss und in eine Felswand kracht. Während sein Beifahrer Hermann Braun erneut mit leichten Blessuren davonkommt, erliegt Bauer am nächsten Tag seinen Verletzungen. In Cannstatt ist man entsetzt und will das Motorsport-Engagement umgehend einstellen.

Geburt eines Mythos: Maybach, Vischer und Jellinek legen den Grundstein der Marke Mercedes

002

Am 2. April 1900, zwei Tage nach Wilhelm Bauers tragischem Tod, trifft sich Emil Jellinek in Nizza mit dem Vorstand der DMG, bestehend aus dem technischen Direktor Wilhelm Maybach und dem kaufmännischen Direktor Gustav Vischer. Firmengründer Gottlieb Daimler ist nach schwerer Krankheit bereits am 6. März 1900, nicht einmal zwei Wochen vor seinem 66. Geburtstag, verstorben, anderenfalls hätte er wohl auch an diesem Treffen teilgenommen.

Neben künftigen Modalitäten für den Vertrieb der Daimler-Automobile und Motoren durch Jellinek wird aus aktuellem Anlass auch die Frage zukünftiger Motorsportaktivitäten angesprochen, auch wenn dies in der schriftlichen Vereinbarung nicht explizit erwähnt ist. Jellinek benötigt den Motorsport als Marketinginstrument, um die Leistungsfähigkeit der Daimler-Wagen überzeugend demonstrieren zu können und die Nachfrage anzukurbeln. So ist er auf die Bereitschaft der DMG angewiesen, geeignete Hochleistungswagen zur Verfügung zu stellen.

> Jellinek benötigt den Motorsport, um die Leistungsfähigkeit der Daimler-Wagen überzeugend demonstrieren zu können.

In dem drei Seiten umfassenden Protokoll des Treffens vom 2. April, das im Mercedes-Benz Konzernarchiv erhalten ist, wird das Thema künftiger Hochleistungsfahrzeuge nur indirekt in einem einzelnen unscheinbaren Satz auf Seite 3 erwähnt: »Es soll eine neue Motorform hergestellt werden & dieselbe den Namen Daimler-Mercedes führen.«

Die Bedeutung dieses Satzes kann man nur in seinem historischen Kontext ermessen. Jellinek und die Repräsentanten der DMG vereinbaren hier nicht weniger als die Entwicklung eines vollkommen neuen Motors, der nach den beiden Partnern Daimler[-Motoren-Gesellschaft] und Mercedes [Pseudonym von Emil Jellinek] benannt werden soll. Die Cannstatter verlieren keine Zeit und beginnen mit der Entwicklung des neuen Motors. Bereits am 9. Juni 1900 erscheint ein Artikel im renommierten Fachblatt »La France Automobile«, in dem Chefredakteur Paul Meyan über seinen Besuch in der Daimler-Fabrik berichtet (Übersetzung zitiert nach der »Allgemeinen Automobil-Zeitung« vom 24. Juni 1900):

»In den Daimler'schen Automobilwerken zu Cannstatt – so sagte man mir verflossene Woche – habe man jetzt ein neues Metall, das einen völligen Umschwung in der Motorwagen-Industrie bewirken werde. Die in Aussicht gestellte Revolution verlockte mich zu einer Reise an Ort und Stelle. […] Ich glaube, der französischen Automobil-Industrie nur zu nützen, wenn ich auf eine eventuelle, vom Ausland her drohende Gefahr aufmerksam mache. Man höre einmal, was man in Cannstatt Neues projectirt: Die künftige Type wird mit einem gänzlich neuartigen Motor ausgestattet sein, einer Erfindung Maybachs, der auch den Phönix-Motor construirt hat. Dieser Motor erhielt den Namen ›Mercedes-Motor‹, wurde von Emil Jellinek (alias Mercedes) und Leon Desjoyaux angekauft und soll in den Daimler-Werken hergestellt werden. Der Hauptvorzug des Motors ist seine ungewöhnliche Leichtigkeit, da er fast gänzlich aus Magnalium construirt wird. […] – ›Luftschlösser‹, wird man mir entgegnen. Ach, gewiss nicht. Es sind Projecte, die morgen schon greifbare Form gewinnen können. In den ersten Tagen des kommenden Winters werden wir diese neuen Daimler-Wagen sehen, die kaum mehr an die früheren erinnern werden und mit denselben nur die Geburtsstätte gemeinsam haben. […] Darum nochmals Achtung, französische Constructeure, seid rüstig bei der Arbeit, bevor die Daimler in Frankreich in Mode kommen!«

Meyan hat das Potenzial des neuen Antriebsaggregats auf Anhieb richtig erkannt. Der Mercedes-Motor wiegt trotz vergrößertem Hubraum von nun 5,9 Litern rund 80 kg weniger als der 5,5-Liter-Phönix-Motor und erbringt

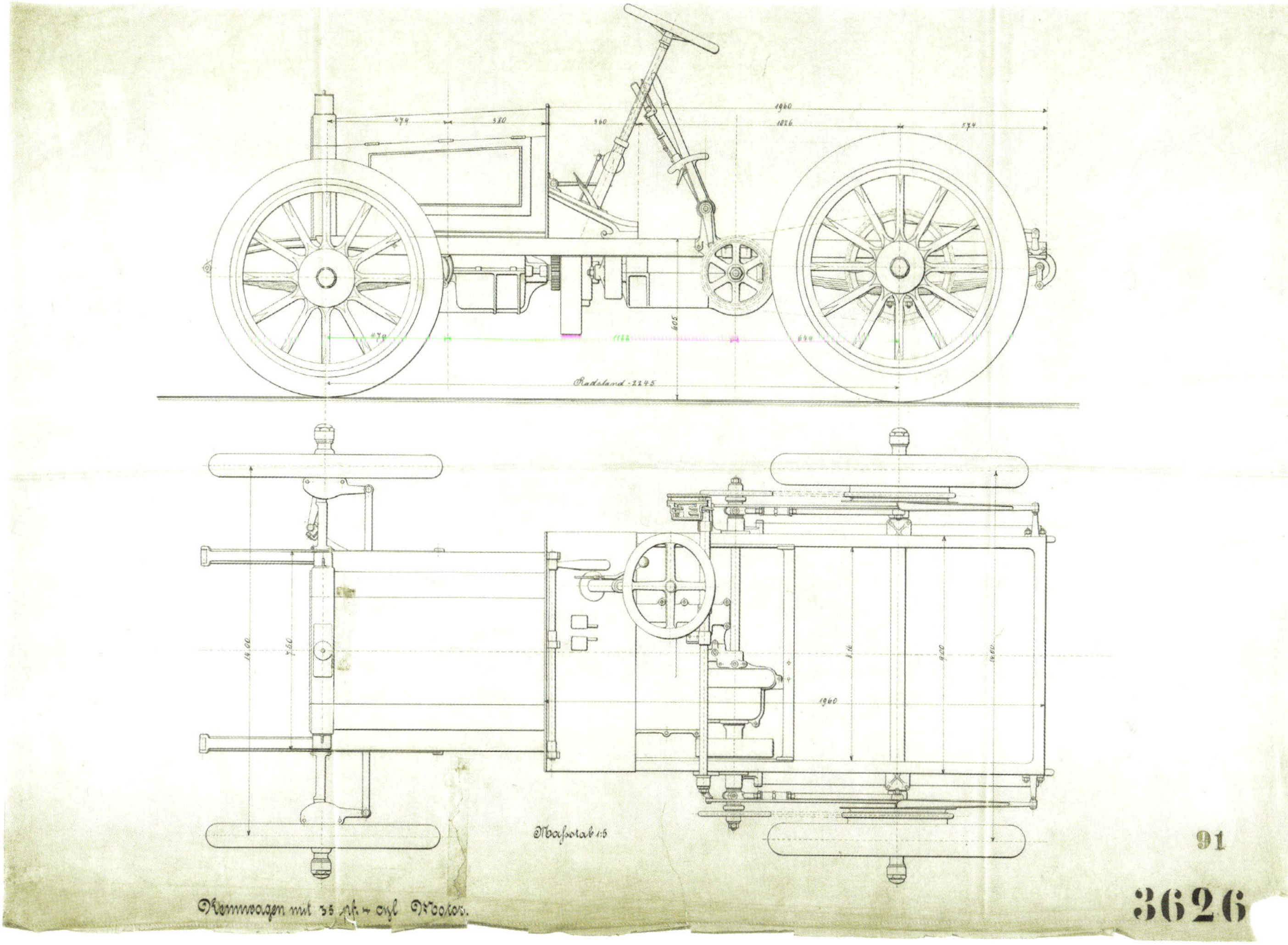

Konstruktionszeichnung des Mercedes 35 PS aus dem Jahr 1900 (oben). Das hier dargestellte Chassis des ersten modernen Automobils konnte mit unterschiedlichen Karosserien versehen werden. Der Vierzylindermotor (links) verfügte erstmals über gesteuerte Einlassventile und schöpfte aus 5,9 Litern Hubraum 35 PS (26 kW).

zugleich eine um 25 % höhere Leistung von 35 PS (26 kW), zu der auch die erstmals über Nockenwelle gesteuerten Einlassventile beitragen. Das erste Exemplar des neuen Kraftpakets wird am 13. Oktober 1900 fertiggestellt. Gut fünf Wochen später wird der Motor in ein ebenfalls völlig neu konstruiertes Fahrgestell eingebaut und dieser erste Mercedes einer Probefahrt unterzogen. Nach einigen Optimierungen ist der Hochleistungswagen im Dezember 1900 bereit für die Welt.

Das erste moderne Automobil: Mercedes 35 PS

003

Wilhelm Werner am Steuer des Mercedes 35 PS nach seinem Sieg beim Bergrennen Nizza – La Turbie im März 1901.

Der erste Mercedes 35 PS wird am 22. Dezember 1900 an Emil Jellinek in Nizza ausgeliefert, nachdem er sieben Tage zuvor eine vierstündige Straßenerprobung in Gegenwart von Jellineks Mechaniker Hermann Braun absolviert hat.

Außer dem innovativen Motor hat dieser erste Mercedes noch mehr zu bieten: Der brandneue Bienenwabenkühler, der aus 5.800 Röhren mit quadratischem Querschnitt besteht, ist nicht nur besonders effizient und benötigt ein geringeres Kühlwasservolumen als der Röhrchenkühler der Phönix-Wagen, er ist zudem harmonisch in die Front des Wagens integriert. Dieses Designmerkmal trägt mit der lang gestreckten und niedrigen Silhouette des Wagens zu einem überzeugenden Gesamtbild bei, mit dem der erste Mercedes dem Automobil erstmals eine eigenständige Form gibt und das Zeitalter der motorisierten Kutsche im Automobilbau beendet. Bis heute gilt der Mercedes 35 PS als erstes modernes Automobil. DMG-Chefkonstrukteur Wilhelm Maybach ist sein Erfinder, Emil Jellinek sein Initiator.

Der in jeder Hinsicht innovative Charakter des Fahrzeugs wird durch seinen Namen unterstrichen. Während die von Emil Jellinek in den Jahren 1899 und 1900 eingesetzten Daimler-Wagen unter dem Teamnamen Mercedes gemeldet waren, trägt das neue Fahrzeug als erstes Modell den Produkt- und Markennamen Mercedes.

Der innovative Charakter des Fahrzeugs wird durch seinen Namen unterstrichen: Als erstes Modell trägt es den Markennamen Mercedes.

Nachdem ein erster Renneinsatz bei der Woche von Pau im Februar 1901 kurz nach dem Start aufgrund von Kupplungsproblemen scheitert, wird der nächste Start zum durchschlagenden Erfolg: Im Rahmen der Wochen von Nizza gewinnt Wilhelm Werner auf Mercedes 35 PS nicht nur das Rennen Nizza–Salon–Nizza über 462 km, sondern mit ebenso klarem Vorsprung auch das Bergrennen Nizza–La Turbie.

Jellinek weiß das Potenzial der Rennsiege und die elegante Erscheinung des Wagens zu nutzen. So lässt er das Siegerfahrzeug von Werner mit einer zusätzlichen Rückbank ausrüsten und, mit vier Personen besetzt, publikumswirksam auf der Promenade des Anglais promenieren.

Paul Meyan kommentiert den Erfolg in »La France Automobile« vom 30. März 1901 (Übersetzung zitiert nach »Der Motorwagen« vom 15. Mai 1901): »Bei meiner Rückkehr von einem Besuche der Daimlermotorengesellschaft in Cannstatt – vor kaum einem Jahre – warnte ich vor dieser sehr ernst zu nehmenden Konkurrenz. Die Rennen von Nizza haben diesen Weckruf gerechtfertigt. […] Da erschien ein Herr, der absolut nur ›Mercedes‹ genannt sein will und den Eigensinn hatte, schnellere, leichtere und niedere Wagen als wir zu bauen und dereinst ein grosses französisches Rennen zu gewinnen. M. Mercedes, unterstützt von Herrn Maybach, einem hervorragenden deutschen Ingenieur und Direktor der Daimlergesellschaft, machten sich ans Werk, und ohne eine Minute zu verlieren, ohne Rücksicht auf die Kosten wurde das geschaffen, was wir heute bewundern.

So wurde auf neuer Basis ein Wagen konstruiert, welcher, trotz der Gefahren der Route von l'Esterel, wo die grossen Geschwindigkeiten unerreichbar sind, einen Durchschnitt von 59 km pro Stunde auf einer Strecke von 450 km erzielt […]. – Ich sage dies alles nicht um den Mercedes zu schmeicheln […]; ich sage dies, weil nochmals unsere Aufmerksamkeit auf einen gefährlichen Konkurrenten gerichtet werden soll. […] Es sind also von den Cannstätter Werken in einigen Monaten grosse Fortschritte gemacht worden und man muss vernünftigerweise auf dieselben hinweisen. Wenn Deutschland jetzt so rapide sich entwickelt, wird diese Entwicklung stehen bleiben?

Am Tage nach seinem Siege sagte mir M. Mercedes tatsächlich: Das was Sie da sehen ist nichts im Vergleiche zu dem, was Sie nächstes Jahr sehen werden. Sind diese Worte misszuverstehen? Und er ist eigensinnig, der Herr Mercedes. […] Was mögen sie jetzt alles vorbereiten? Ich wünsche, ohne von dem Erfolg überzeugt zu sein, dass unsere französischen Fabriken ihnen bei einer nächsten Probe eine ebenso bewährte und ebenso kraftvolle Maschine entgegenstellen können, welche wenigstens auf einige Zeit die Leistung der Deutschen zurückdrängen kann.«

Der erste Mercedes 35 PS als viersitziger Phaeton und als Rennwagen auf der Titelseite des französischen Fachblatts »La France Automobile« vom 29. Dezember 1900.

Prägender Einfluss: der Salon Mercedes und die Daimlerfication des Automobils

004

Emil Jellinek hat auf das richtige Pferd gesetzt und kann nun mit der DMG den Erfolg der gemeinsamen Anstrengungen ernten. Bereits beim Treffen im April 1900 hat er sich einen Vorrang vor Aufträgen Dritter gesichert und gut zwei Wochen später 36 Fahrzeuge im Gesamtwert von 550.000 Mark bestellt. Bezogen auf die Fahrzeugproduktion und den Umsatz der DMG im Jahr 1899 entspricht das einem Anteil von 32 % bzw. 34 %. Vom Mercedes 35 PS werden insgesamt 29 Exemplare gebaut, von den weniger leistungsstarken Schwestermodellen 12/16 PS und 8/11 PS nur unwesentlich mehr. Bereits im Frühjahr 1902, rechtzeitig zur Woche von Nizza, erscheint eine neue, in Details verbesserte Modellpalette unter dem Namen Mercedes-Simplex, der die einfache Bedienung zum Ausdruck bringen soll. Der Mercedes-Simplex 40 PS als Nachfolger des Mercedes 35 PS ist sowohl bei der Woche von Nizza als auch am Markt sehr erfolgreich.

Emil Jellinek hat auf das richtige Pferd gesetzt und kann zusammen mit der DMG den Erfolg der gemeinsamen Anstrengungen ernten.

Zahlreiche Automobilhersteller kopieren das innovative Konzept des ersten modernen Automobils. Vor diesem Hintergrund wird der im Dezember 1902 in Paris veranstaltete »Salon de l'Automobile«, die wichtigste Automobilmesse des Jahres, in der Fachpresse als »Salon Mercedes« bezeichnet. Die »Allgemeine Automobil-Zeitung« schreibt dazu in ihrer Ausgabe vom 21. Dezember 1902:

»Wir hatten schon einmal eine französische Stimme citirt, die den diesjährigen Salon einen ›Mercedes-Salon‹ nannte. In der That bildet die Mercedes-Type das Hauptthema in der großen Symphonie der zahllosen Automobilconstructionen, die es in mehr oder minder geistreicher Weise variiren. Die Engländer haben bereits ihren Wortschatz um einen Ausdruck bereichert, der diese Umwerthung aller automobilistischen Werthe im Daimler'schen Sinne bezeichnet: sie sprechen sehr treffend von einer ›Daimlerfication‹. Der Bienenkorbkühler, der zum Theile auch die Linienführung des Wagens beeinflußt, ist, nachdem er im letzten ›Salon‹ noch so gut wie unbekannt war, für die meisten französischen Constructeure vorbildlich geworden.

Am 12. December war der König der Belgier einer der vielen Besucher der Pariser Automobil-Ausstellung, und man muß wohl hinzufügen, ein sachverständiger Besucher. Er ließ sich jeden Stand zeigen und gelangte bei seinem Rundgang auch zu der Exposition der Mercedes-Wagen. [...] Während der Besichtigung wurde der gerade anwesende Ingenieur Maybach dem Könige vorgestellt, und es entwickelte sich zwischen den Beiden eine äußerst lebhafte Unterhaltung über rein technische Fragen. Es war ein hübsches Bild: die hohe Gestalt des Königs und kleine Maybach's. Aber eigentlich standen sich zwei Könige gegenüber: Leopold, König der Belgier, und Maybach, König der Constructeure. Bildet doch Maybach geradezu einen ›Clou‹ der Ausstellung.«

Neben den technisch und gestalterisch innovativen Automobilen aus Cannstatt wirken die Modelle aus Mannheim plötzlich veraltet. Benz, im Vorjahr mit 603 gebauten Fahrzeugen noch größter Automobilhersteller, fällt 1901 auf 385 Fahrzeuge zurück und muss reagieren. Anfang 1902 wird zunächst eine Modellreihe mit Frontmotor und als deren Nachfolger dann bereits im Herbst des Jahres eine weitere Typenreihe mit Frontmotor und Zahnradgetriebe eingeführt, die den Namen Benz Parsifal erhält.

Im gleichen Jahr stellt die Mannheimer Firma sogar den französischen Ingenieur Marius Barbarou als Chefkonstrukteur ein, was Carl Benz im Januar 1903 zum Rückzug aus dem von ihm gegründeten Unternehmen animiert. Trotz modernisierter Modellpalette kann Benz & Cie. dennoch einige Jahre nicht an die früheren Absatzzahlen anknüpfen.

Der Mercedes-Stand auf dem Pariser Automobil-Salon im Dezember 1902, in der Fachpresse als Salon Mercedes bezeichnet (oben). Jellinek war mit seinen Mercedes-Verkäufen so erfolgreich, dass er 1902 eine Villa in der Promenade des Anglais 54 in Nizza kaufen konnte.

Phönix aus der Asche: spektakulärer Mercedes-Sieg in Irland

005

Auch wenn die Geschäfte der DMG – und mit ihnen die von Emil Jellinek – blendend laufen, bleibt der zunehmend populäre Motorsport ein wichtiges Betätigungsfeld, um die Leistungsfähigkeit und Qualität der Produkte zu demonstrieren – gemäß dem alten Marketingmotto »Win on Sunday, sell on Monday«.

1903 beabsichtigt die DMG zum ersten Mal, am Rennen um den Coupe Internationale, landläufig als Gordon-Bennett-Rennen bekannt, teilzunehmen. Die seinerzeit wohl prestigeträchtigste Veranstaltung des noch jungen Automobilsports, die der in Europa lebende US-amerikanische Zeitungsverleger, Sportsmann und Automobilenthusiast James Gordon Bennett jr. 1899 mit der Stiftung einer Trophäe aus 17 kg Silber ins Leben gerufen hat, soll nach dem Vorjahressieg des Briten Selwyn Francis Edge reglementgemäß vom britischen Royal Automobile Club (RAC) ausgetragen werden und erfreut sich zum ersten Mal einer breiten internationalen Beteiligung. Beim Rennen von 1903, das der RAC in Irland veranstaltet, treten die Rennwagen, um sie für die Zuschauer leichter identifizierbar zu machen, zum ersten Mal in einer den jeweiligen Ländern zugeordneten Lackierung an: Blau für Frankreich, Grün (»British Racing Green«) für Großbritannien, Schwarz (später dann Rot) für Italien, Rot für die USA und Weiß für Deutschland.

Beim Gordon-Bennett-Rennen von 1903 erringt die noch junge Marke Mercedes ihren ersten großen internationalen Rennsieg.

Die DMG plant, in Irland drei neue Mercedes-Simplex 90 PS einzusetzen, die zu ihrem Renndebüt beim Langstreckenrennen Paris–Madrid am 24. Mai 1903 gerade rechtzeitig fertig geworden sind. Das Rennen, bei dem 224 Wagen in Paris an den Start gehen, entwickelt sich jedoch zur Katastrophe. Durch den von den zahlreichen Fahrzeugen aufgewirbelten Staub sind die Sichtverhältnisse extrem schlecht, zudem drängen immer wieder Zuschauer auf die Strecke. So kommt es zu zahlreichen Unfällen, bei denen sieben Menschen getötet und zahlreiche weitere zum Teil schwer verletzt werden. Daraufhin wird das Rennen am Ende der 552 km langen ersten Etappe in Bordeaux von den französischen Behörden abgebrochen. Von den insgesamt 12 in Paris gestarteten Mercedes – sechs 90 PS, fünf 60 PS und ein 40 PS – haben sich die 60-PS-Wagen am besten geschlagen.

Vor diesem Hintergrund plädiert Max von Duttenhofer, der Aufsichtsratsvorsitzende der DMG, dafür, das Gordon-Bennett-Rennen nicht mit drei 90-PS-Wagen zu beschicken, sondern eines der Fahrzeuge durch einen Mercedes-Simplex 60 PS zu ersetzen. Zu diesem Zeitpunkt kann er nicht ahnen, wie richtig er mit dieser Empfehlung liegt. In der Nacht vom 9. auf den 10. Juni 1903 fällt das DMG-Werk auf dem Seelberg, in dem die 90-PS-Rennwagen für das Gordon-Bennett-Rennen vorbereitet werden, einer Brandkatastrophe zum Opfer. Insgesamt 90 Mercedes-Wagen in den unterschiedlichsten Stadien der Fertigstellung werden ein Raub der Flammen. Was das Werk betrifft, hat die DMG Glück im Unglück: der Bezug des im Bau befindlichen neuen Produktionswerks in Untertürkheim kann auf das Jahresende vorgezogen werden, aber die Teilnahme an dem schon in drei Wochen stattfindenden Gordon-Bennett-Rennen bleibt kritisch, weil keine Rennwagen verfügbar sind.

Jetzt kommt Duttenhofers Idee zum Zuge, auf den Mercedes-Simplex 60 PS zu setzen und bereits ausgelieferte Wagen von ihren Besitzern auszuleihen. Schon vor dem Brand hat Duttenhofer das Fahrzeug des US-amerikanischen Millionärs und Automobilenthusiasten Clarence Gray Dinsmore eingeplant. Nachdem Dinsmores 90-PS-Wagen aber verbrannt ist und der Millionär nicht ohne Automobil auskommen mag, bedarf es aller Überzeugungskraft des Frankfurter Bankiers und späteren DMG-Verkaufsdirektors Robert Katzenstein, Dinsmore zu motivieren, seinen 60 PS

Einer der Mercedes 90-PS-Rennwagen in den rauchenden Trümmern des DMG-Werks auf dem Cannstatter Seelberg am 10. Juni 1903.

Der Mercedes-Simplex 40 PS des amerikanischen Millionärs Clarence Gray Dinsmore (auf dem Beifahrersitz); am Steuer sein Chauffeur Wilhelm Werner, hinter ihm der Bankier Robert Katzenstein.

dennoch zur Verfügung zu stellen. Dies gelingt schließlich nur dadurch, dass Katzenstein seinen eigenen 40-PS-Wagen im Austausch bereitstellt.

Dass der Belgier Camille Jenatzy, wegen seines roten Barts und seines rasanten Fahrstils »roter Teufel« genannt, auf dem Wagen von Dinsmore nach halsbrecherischer Fahrt über 527 km tatsächlich den Sieg holt, ist angesichts der starken Konkurrenz und der schwierigen Ausgangslage eine Sensation. Die beiden anderen 60 PS werden von Baron Pierre de Caters und Foxhall Keene gesteuert, kommen aber nicht ins Ziel. Am Ende beschert die Kombination aus Camille Jenatzy und dem Mercedes-Simplex 60 PS der DMG und der noch jungen Marke Mercedes ihren ersten großen internationalen Rennsieg. Der Erfolg Jenatzys, der vom Kaiserlichen Automobil-Club gemeldet wurde und das Rennen für Deutschland bestritten hat, führt reglementbedingt dazu, dass das Gordon-Bennett-Rennen 1904 in Deutschland stattfindet. Bei dem im Taunus ausgetragenen Rennen mit Start und Ziel an der Saalburg reicht es für Jenatzy auf einem neu gebauten 90-PS-Rennwagen nur für den zweiten Platz hinter dem Franzosen Leon Théry auf Richard-Brasier.

Der »rote Teufel« Camille Jenatzy am Steuer des Mercedes-Simplex 60 PS von Clarence Gray Dinsmore, den er beim Gordon-Bennett-Rennen in Irland zu seinem spektakulären Sieg gefahren hat.

Der Wettbewerb der Systeme: Welcher Antrieb wird sich durchsetzen?

006

In der Frühzeit des Automobils ist der von Daimler und Maybach erfundene schnelllaufende Benzinmotor neben der Dampfkraft und dem Elektroantrieb nur eines von drei möglichen Antriebssystemen, und es ist noch keineswegs sicher, welches davon das Rennen machen wird.

Bei der Gründungsversammlung des Mitteleuropäischen Motorwagen-Vereins, zu deren Gründungsmitgliedern unter anderem Gottlieb Daimler und Carl Benz gehören, führt der Präsident Oberbaurat Klose am 30. September 1897 in Berlin aus: »Als Motorfahrzeuge, welche ihre Energie zur Fortbewegung mit sich führen, machen sich zur Zeit drei Gattungen bemerkenswert, nämlich: durch Dampf bewegte Fahrzeuge, durch Oelmotoren [gemeint sind Benzinmotoren] bewegte Fahrzeuge und durch Elektrizität bewegte Fahrzeuge. Die erste Gattung dürfte voraussichtlich in Zukunft hauptsächlich für Wagen auf Schienen und schwere Straßen-Fahrzeuge in Betracht kommen, während das große Gebiet des weiten Landes von Oelmotorfahrzeugen durcheilt werden und die glatte Asphaltfläche der großen Städte wie auch die Straßenschiene von mit Sammlerelektrizität getriebenen Wagen belebt sein wird.«

Diese rückblickend sehr realitätsnahe Einschätzung bringt zum Ausdruck, dass die Wahl des Antriebssystems in hohem Maße vom Einsatzgebiet und den Rahmenbedingungen abhängt. Um 1900 sind in den USA 40 % der Automobile Dampfwagen, 38 % haben Elektroantrieb und 22 % einen Benzinmotor. In New York, wo eine entsprechende Lade-Infrastruktur zur Verfügung steht, gibt es 1901 sogar 50 % Elektroautos und 30 % Dampfwagen. Übrigens ist das erste Automobil, das eine Geschwindigkeit von 100 km/h erreichte, 1899 ein Elektrofahrzeug (La Jamais Contente von Camille Jenatzy) – und das erste Automobil, das schneller als 200 km/h fuhr, 1906 ein Dampfwagen (Stanley Steamer Rocket von Fred Marriott).

Teure Hybridwagen sind wenig beliebt: Um 1910 beginnt sich das Benzinautomobil durchzusetzen.

Auf Initiative von Emil Jellinek gibt es bei der DMG bereits im Jahr 1900 Überlegungen zum Einsatz des Elektro-Hybridantriebs in Mercedes-Wagen. Dabei treibt der Verbrennungsmotor anstelle des mechanischen Antriebsstrangs einen Generator an, der Elektromotoren an den Hinterrädern speist. Diese Variante wird allerdings nicht realisiert, und Jellinek setzt stattdessen auf den elektrischen Radnabenantrieb nach dem System Lohner-Porsche, das Ferdinand Porsche 1899 bei der Wiener Wagenbaufirma Jacob Lohner & Co. entwickelt hat. 1902 entsteht eine Kleinserie des Hybridwagens Mercedes-Lohner-Porsche mit 28-PS-Mercedes-Simplex-Motor und elektrischen Radnabenmotoren in den Vorderrädern. Mit einem dieser Fahrzeuge gewinnt Ferdinand Porsche am 11. Mai 1902 das Rennen auf den Exelberg bei Wien in der Kategorie der Wagen.

Die Nachfrage nach den teuren Hybridwagen bleibt jedoch hinter den Erwartungen zurück. Um 1910 beginnt sich das Benzinautomobil im Wettbewerb der Systeme allmählich durchzusetzen. Diese Entwicklung ist auf eine ganze Reihe von Gründen zurückzuführen: Durch die vor allem von Ford vorangetriebene Massenfertigung von Benzinautomobilen und die daraus folgende Verbilligung sind Elektro- und Hybridantriebe, ebenso wie dampfbetriebene Automobile, preislich nicht mehr konkurrenzfähig.

Eigenschaften wie hohe Geschwindigkeit und vor allem hohe Flexibilität durch große Reichweite sind wichtige Vorzüge der Benzinfahrzeuge.

Eine Infrastruktur für Elektro- und Hybridwagen ist deutlich schwieriger zu schaffen als für Benzinautomobile, insbesondere in den ländlichen Gebieten der USA, in denen das Benzinautomobil seine Vorteile eindrucksvoll ausspielen kann. Analoges gilt, ganz besonders bei Nutzfahrzeu-

Die ersten Automobile, die die magische Grenze von 100 km/h und 200 km/h überschritten: das Elektroauto »La Jamais Contente« (links) von 1900 mit Camille Jenatzy und der Dampfwagen »Stanley Steamer Rocket« (rechts) von 1906 mit Fred Marriott.

Der Mercedes-Lohner-Porsche 28 PS mit elektrischen Radnabenmotoren in den Vorderrädern und seriellem Hybridantrieb, aufgenommen im April 1902 in Nizza mit Emil Jellinek am Steuer.

gen, für den militärischen Einsatz, da eine Lade-Infrastruktur im Feld nicht zur Verfügung steht.

Durch den ab 1911 eingeführten elektrischen Anlasser, der das mühsame und nicht ungefährliche Andrehen des Benzinmotors per Handkurbel überflüssig macht, verlieren Elektrofahrzeuge zunehmend ihren Vorteil leichter Bedienbarkeit. Sie werden damit zu exotischen Randerscheinungen in der immer weiter expandieren Automobilwelt, die klar vom Verbrennungsmotor dominiert wird.

Ein Elektro-Automobil für den Kaiser: Mercédès-Électrique Stadtcoupé

007

Die Beziehung zwischen Emil Jellinek und der DMG, die im Jahr 1900 zum ersten modernen Automobil und zur Geburt der Marke Mercedes geführt hat, ist einerseits sehr fruchtbar, andererseits aber auch von zahlreichen Konflikten geprägt. Der DMG missfällt vor allem, dass Jellinek sich immer wieder auch in technische Angelegenheiten einmischt und dass er für seine Bestellungen von großen Anteilen der Produktionskapazität immer wieder Vorrang vor Aufträgen Dritter einfordert. Vor diesem Hintergrund ist es naheliegend, dass sich die DMG größeren Einfluss sichern möchte. Dazu wird im Dezember 1904 zunächst die »Mercédès Société Française d'Automobiles« mit einem Kapital von 5 Mio. Francs gegründet – eine Vertriebsgesellschaft, an der Jellinek mit 40 %, die DMG mit 10 % und mehrere Banken mit insgesamt 50 % beteiligt sind. Die neue Gesellschaft übernimmt zum 1. Januar 1906 die bei Jellinek liegenden Vertriebsrechte für Mercedes-Wagen und Schiffsmotoren.

Jellinek möchte nach der Rückgabe seines Verkaufsmonopols eine eigene Automobilfabrikation ins Leben rufen und dabei mit der Fertigung von Elektrofahrzeugen zugleich neue Wege beschreiten. Um dies zu ermöglichen, werden 1906 zwei Unternehmen gegründet, an denen Jellinek, die DMG und verschiedene Banken unterschiedliche Anteile halten: Die Société des Automobiles Commercielles (SAC) mit einem Kapital von 4 Mio. Francs erwirbt von der DMG die Werksanlagen der österreichischen Tochtergesellschaft in Wiener Neustadt sowie die Fabrikationslizenzen für Frankreich, Österreich-Ungarn und den Balkan. Die Société Mercédès Électrique (SME) mit einem Kapital von 6,6 Mio. Francs soll die von Jellinek initiierte Produktion elektrisch betriebener Fahrzeuge nach dem System Lohner-Porsche aufnehmen, insbesondere die Fertigung der elektrischen Ausrüstung, während die Fahrzeuge von der SAC in der Fabrik in Wiener Neustadt hergestellt werden sollen. Durch die bislang wenig erfolgreiche Produktion derartiger Fahrzeuge bei der Firma Lohner lässt sich Jellinek nicht entmutigen. Nach dem Verkauf ihrer Fabrikanlagen an die SAC wird die Österreichische DMG in eine GmbH umgewandelt, deren technische Leitung auf Jellineks Betreiben Ferdinand Porsche übernimmt.

> Der Absatz von Elektrofahrzeugen bleibt hinter den Erwartungen zurück und Jellinek verliert das Interesse am Automobilbau.

Bereits im November 1906 werden hybridelektrische Mercedes-Mixte, bei denen die elektrischen Radnabenmotoren über einen Generator von einem Mercedes Verbrennungsmotor angetrieben werden, sowie batterieelektrische Mercédès-Électrique der Öffentlichkeit präsentiert. Auf der am 1. November eröffneten Berliner Automobilausstellung ist publikumswirksam ein batterieelektrisches Stadtcoupé aus dem Fuhrpark von Kaiser Wilhelm II. ausgestellt. Die beiden von einer 760 kg schweren Bleibatterie gespeisten 10-PS-Motoren in den Hinterrädern ermöglichten maximal 35 km/h und bis zu 100 km Reichweite. Die »Allgemeine Automobil-Zeitung« vom 11. November 1906 schreibt dazu: »Nagelneu ist ein Mercedes-Elektromobil, System Porsche, in Weiß und Blau, das mit einem neuen Hinterradantrieb ausgestattet ist und als Stadtwagen Verwendung finden soll. Dieser Wagen ist der Clou der Ausstellung, wenn man überhaupt von einem solchen sprechen kann. Das Interessanteste an dem Wagen ist, daß er sich auf den ersten Blick kaum von einem Mercedes unterscheidet. Er zeigt genau dieselbe Form der Motorhaube, den Mercedes-Kühler, und auch sonst alle Eigenheiten dieser Type. Die Akkumulatoren sind in der Motorhaube und unter den Sitzen angebracht; der Antrieb der Hinterräder erfolgt in der bekannten Weise durch Elektromotoren, die in die Hinterräder eingebaut sind. [...]«

Ungeachtet dieses prominenten Nutzers bleibt der Absatz der Elektrofahrzeuge aus Wiener Neustadt weit hinter den Erwartungen zurück. Gleiches gilt für den »Maja-Wagen«

Drei Fahrzeuge aus dem Fuhrpark von Kaiser Wilhelm II, ausgestellt auf der Berliner Automobilausstellung im November 1906. Im Vordergrund das Mercédès-Électrique Stadtcoupe.

mit Verbrennungsmotor, den Jellinek von Porsche hat konstruieren lassen, um die Fabrikationsanlagen der Österreichischen DMG besser nutzen zu können. Finanzielle Schwierigkeiten lassen nicht lange auf sich warten, und so wird im April 1908 beschlossen, die drei beteiligten Unternehmen in die Österreichische DMG zusammenzuführen.

Nach diesem kostspieligen Abenteuer verliert Jellinek das Interesse am Automobilbau und wendet sich anderen Beschäftigungen zu; im November 1908 wird er zum österreichisch-ungarischen Generalkonsul in Monaco ernannt.

Der König der Konstrukteure geht von Bord: Maybach verlässt die DMG

008

Dass der Prophet im eigenen Land oft nur wenig gilt, hat Wilhelm Maybach, in der Fachwelt als »König der Konstrukteure« geehrt, mehr als einmal erfahren müssen. 1891 bleibt ihm bei der Gründung der DMG die Position des Chefkonstrukteurs wegen unannehmbarer Rahmenbedingungen verwehrt, und nach dem frühen Tod von Gottlieb Daimler muss er sich und sein Können gegenüber dem Aufsichtsratsvorsitzenden Max von Duttenhofer einmal mehr beweisen. Dieser erkennt Maybachs Talent und bringt seinem Chefkonstrukteur die ihm gebührende Wertschätzung entgegen. Im August 1903 erleidet Duttenhofer jedoch einen frühen Tod im Alter von gerade einmal 60 Jahren, als er im Rahmen eines Ehedramas erschossen wird. Maybach ist erneut isoliert, zumal er weiß, dass der neue Aufsichtsratsvorsitzende Wilhelm Lorenz, einer der Gründungsväter der DMG, ihm alles andere als wohlgesinnt ist.

Wilhelm Maybach (im hellen Anzug) mit dem neuen Mercedes 18/22 PS und Führungskräften der Daimler-Motoren-Gesellschaft, aufgenommen im Frühjahr 1903 im Fabrikhof des DMG-Werks auf dem Cannstatter Seelberg; rechts neben Maybach der kaufmännische Direktor Gustav Vischer und Adolf Daimler.

In Verbindung mit der enormen Arbeitsbelastung, die ohnehin bereits ihre Spuren hinterlassen hat, führt die neue Situation Maybach in einen Zustand permanenter Erschöpfung – man würde heute wohl von einem Burnout sprechen. Maybach entschließt sich zu einer Kur am Gardasee, die er in Baden-Baden und Freudenstadt fortsetzt und dann erst nach fast neunmonatiger Abwesenheit zur Arbeit bei der DMG zurückkehrt.

Seine Gegner sind inzwischen nicht untätig geblieben und haben Baurat Friedrich Nallinger zum 1. Mai 1904 als neuen Chefkonstrukteur eingestellt. Maybachs Tätigkeitsbereich soll sich zukünftig auf ein Erfinderbüro beschränken, das von der Entwicklung konkreter Produkte abgekoppelt ist. Maybach nimmt diese Degradierung schweren Herzens hin.

Am Ende führen Differenzen hinsichtlich der Konstruktion des Grand-Prix-Rennwagens für die Saison 1906 zum endgültigen Zerwürfnis. Wilhelm Maybach hat für den neuen Boliden einen ausgesprochen fortschrittlichen Sechszylinder mit oben liegender Nockenwelle, hängenden Ventilen und doppelter Hochspannungs-Kerzenzündung konstruiert. Ironischerweise finden vor allem die innovativen Merkmale der Konstruktion – die oben liegende Nockenwelle und die »neumodische« Kerzenzündung – bei Geschäftsleitung und Aufsichtsrat der DMG keinen Beifall. Maybach favorisiert die Kerzenzündung jedoch wegen der hohen Drehzahlen seines Sechszylindermotors und sieht daher auch keine Möglichkeit, seine Konstruktion auf die antiquierte Abreißzündung umzurüsten.

Interne Zwistigkeiten führen dazu, dass Wilhelm Maybach das Unternehmen 1907 verlässt.

Gottlieb Daimlers Sohn Paul, nach einem Zwischenspiel bei der Österreichischen Daimler-Motoren-Gesellschaft seit 1905 wieder in der Untertürkheimer Zentrale tätig, konstruiert einen eigenen Sechszylinder konventioneller Bauart mit seitlicher Nockenwelle und Abreißzündung. Am Ende werden drei Fahrzeuge mit dem Maybach-Motor und drei Fahrzeuge mit dem Daimler-Motor ausgerüstet.

Die internen Zwistigkeiten in der DMG haben dreierlei zur Folge: Für den ersten Grand Prix im Juni 1906 steht der DMG kein hinreichend erprobter Rennwagen zur Verfügung, und an den Start geht ein geringfügig modifiziertes Fahrzeug der Saison 1905, das weit abgeschlagen nur die Plätze 10 und 11 erreicht. Schwerer wiegt, dass Maybach der Ausweglosigkeit seiner Situation nun endgültig ins Auge blicken muss und das Unternehmen zum 1. April 1907 verlässt. Neuer Chefkonstrukteur wird Paul Daimler. Die gravierendste und nachhaltigste Konsequenz besteht jedoch darin, dass Maybach seinen Sohn Karl bei der Gründung eines eigenen Unternehmens unterstützt. So wird unter Beteiligung der Luftschiffbau Zeppelin GmbH die Luftfahrzeug-Motorenbau-GmbH ins Leben gerufen. Technischer Leiter wird Karl Maybach, der durch die intensive Zusammenarbeit mit seinem Vater, unter anderem bereits bei der DMG, fachlich hervorragend qualifiziert ist. 1918 wird das inzwischen in Friedrichshafen angesiedelte Unternehmen in Maybach-Motorenbau GmbH umbenannt. 1921 beginnt der erfolgreiche Motorenhersteller mit dem Bau von Luxusautomobilen, und ab 1960 wird das Unternehmen in mehreren Schritten zur Tochtergesellschaft der damaligen Daimler-Benz AG.

Vorstandssitzung der DMG im Jahr 1907 nach dem Ausscheiden Maybachs (links): Ernst Berge, Paul Daimler, Gustav Vischer, Friedrich Nallinger, Adolf Daimler. Das erste Maybach-Automobil 22/70 PS (W 3), vorgestellt auf der Automobilausstellung in Berlin im September 1921 (rechts).

Rennsiegplakat zum Großen Preis von Frankreich 1908, gestaltet von dem bekannten französischen Grafiker Henri Rudaux. Neben dem Sieg von DMG-Werksfahrer Christian Lautenschlager (Bild rechts) bleiben der 2. und 3. Platz von Hémery und Hanriot unerwähnt, die für den damaligen Konkurrenten Benz & Cie. gefahren sind.

Mercedes-Sieg und Herstellerboykott: der Große Preis von Frankreich 1908

009

Ab 1904 sieht sich der Automobile Club de France (A.C.F.) als Veranstalter des Gordon-Bennett-Rennens zunehmenden Querelen ausgesetzt. Insbesondere die französischen Hersteller empfinden die reglementbedingte Limitierung auf drei Teilnehmer pro Nation als unbefriedigend. Nach langwierigen Abstimmungen mit den Automobilherstellern und dem erst kurz zuvor gegründeten Internationalen Automobilverband AIACR (Association Internationale des Automobile Clubs Reconnus) gelingt dem A.C.F. der Kompromiss, das Gordon-Bennett-Rennen 1905 noch einmal auszurichten und ab 1906 durch ein großes Rennen mit der Bezeichnung »Grand Prix de l'A.C.F.« zu ersetzen.

Dementsprechend gilt der französische Grand Prix wie vor ihm der Coupe Internationale als wichtigstes internationales Rennen, in seiner Bedeutung vergleichbar mit der gesamten Formel-1-Weltmeisterschaft von heute. Nachdem die DMG 1906 und 1907 vom Pech verfolgt und zudem nicht gut genug gerüstet ist, will man 1908 alles richtig machen und entwickelt gemäß dem neuen Reglement, das die Bohrung auf 155 mm begrenzt, ein nicht nur auf Motorseite neu konstruiertes Auto. Mit großem Erfolg: DMG-Werkmeister Christian Lautenschlager fährt nach fast sieben Stunden voller Strapazen auf den ersten Platz. Nach fast neun bzw. zehn Minuten folgen die Benz-Renner mit Victor Hémery und René Hanriot, den beiden Starfahrern des Konkurrenten aus Mannheim. Auf den Plätzen 5 und 7 landen der Mercedes des Industriellen und Motorsportenthusiasten Willy Pöge und der Benz von Fritz Erle, der im Mannheimer Werk als Ingenieur und Werksrennfahrer tätig ist. Platz 6 belegt der Opel von Carl Jörns.

Die Franzosen sind schockiert: Unter den ersten sieben ihres Großen Preises ist nur ein einziger Franzose, der es auf Platz 4 geschafft hat. Nicht zuletzt aufgrund exorbitant hoher Nenngelder, die der Veranstalter erhebt, zweifeln nun neun französische Hersteller daran, dass der potenzielle Nutzen die hohen Kosten rechtfertigen kann, und ziehen die Reißleine. Zwei belgische Firmen und FIAT schließen sich ebenso an wie die DMG und Benz, und man kommt vertraglich überein, sich vorerst von allen wichtigen Rennen fernzuhalten. Als Folge dieses Herstellerboykotts ist der französische Automobilclub am Ende gezwungen, den Grand Prix für 1909 abzusagen. Auch in den Folgejahren scheitern die Planungen am Unwillen der Vertragspartner, wieder mit Werksfahrzeugen bei großen Rennen anzutreten.

Hier kommt der in Le Mans beheimatete Automobile Club de l'Ouest (»Automobilclub des Westens«) ins Spiel, der im Juli 1911 bei Le Mans als Ersatzveranstaltung den Grand Prix de France ins Leben ruft. Dies ist der Beginn einer allmählichen Renaissance des Grand Prix, und schon 1912 kann auch der Automobile-Club de France wieder seinen ursprünglichen Grand Prix veranstalten. 1913 – im letzten Jahr, in dem beide französischen Großen Preise parallel ausgetragen werden, entschließt sich auch die DMG zu einer Teilnahme. Man will sich dabei aber noch in Zurückhaltung üben und beauftragt den belgischen Mercedes-Vertreter Theodore Pilette, zugleich ein leidenschaftlicher Rennfahrer, die Meldung der Rennwagen vorzunehmen. Für den im Juli ausgetragenen Grand Prix de l'Automobile-Club de France scheitert das jedoch: der A.C.F. akzeptiert nur Meldungen eines Herstellers, nicht aber seiner Vertreter.

Blériot
Blériot
Blériot
Blériot

Der Benz Rennwagen des späteren Zweitplatzierten Victor Hémery beim Großen Preis von Frankreich an der Box beim Reifenwechsel. Ein Rennkommissar (im Bild rechts) überwacht den Vorgang und stellt sicher, dass alles reglementkonform abläuft. [Das ursprüngliche Schwarz-Weiß-Foto wurde mithilfe von KI koloriert.]

Die Organisatoren in Le Mans sind weniger restriktiv, und so nehmen am 5. August 1913 vier Mercedes-Rennwagen in drei unterschiedlichen Varianten am Großen Preis von Frankreich teil – der Veranstaltung, die etwas herablassend auch Grand Prix de Vieux Tacots (»Großer Preis der alten Klapperkisten«) genannt wird. Der Einsatz verläuft recht ordentlich: Pilette, Lautenschlager, Salzer und Pilettes Landsmann Léon Elskamp fahren nach rund viereinhalb Stunden auf die Plätze 3, 4, 6 und 7. Eigentlich sehr gute Voraussetzungen für das Ziel der DMG, im nächsten Jahr den Sieg zu holen.

Dreizackstern und Lorbeerkranz: Markenzeichen aus Untertürkheim und Mannheim

010

1909 führen die DMG mit dem Dreizackstern und Benz & Cie. mit dem Schriftzug im Lorbeerkranz prägnante Markenzeichen ein.

Gegen Ende des 19. Jahrhunderts etablieren sich Markenzeichen, um Produkte unverwechselbar zu machen. Als immer mehr Markenartikel auf den Markt kommen, wird in Deutschland 1894 das »Gesetz zum Schutz der Warenbezeichnungen« verabschiedet, das Markenzeichen im Deutschen Reich vor Nachahmung schützen soll.

»Von hier aus wird ein Stern aufgehen, und ich will hoffen, daß er uns und unseren Kindern Segen bringt.«

Schon bevor die Daimler-Motoren-Gesellschaft im September 1899 den Namen Daimler beim Kaiserlichen Patentamt als Wortmarke angemeldet hat, hat sie einen farbig ausgeführten Warenzeichenentwurf entwickeln lassen, der Daimlers Vision einer universellen Motorisierung aufgreift und neben dem Daimler Zweizylindermotor eine Motorkutsche, ein Boot und ein Luftschiff zeigt. Der Entwurf kommt zwar nicht zum Einsatz, ist aber heute noch als Original mit handschriftlichen Korrekturanmerkungen von Gottlieb Daimler erhalten. »Diese Licht-Corona müsste jedenfalls sauberer ausgeführt werden, dürfte auch nicht ockerfarben sein«, vermerkt der Firmengründer mit roter Tinte.

Anfang des 20. Jahrhunderts suchen sowohl DMG als auch der Mannheimer Konkurrent nach einprägsamen Markenzeichen. Benz entscheidet sich 1909 für den Namen Benz in einem stilisierten Lorbeerkranz, der auf die jüngsten Motorsporterfolge der Marke hinweisen soll. Die DMG beantragt beim Patentamt im gleichen Jahr Gebrauchsmusterschutz für einen Stern in einer dreizackigen und einer vierzackigen Variante. Der Überlieferung nach haben sich die Söhne Paul und Adolf an eine Ansicht von Köln und Deutz erinnert, die Gottlieb Daimler 1872 zu Beginn seiner Deutzer Zeit an die Familie in Karlsruhe gesendet hat. Auf dem Foto hat Daimler die Lage der Gasmotoren-Fabrik und seines Wohnhauses mit einem Stern gekennzeichnet und dazu geschrieben: »Von hier aus wird ein Stern aufgehen, und ich will hoffen, daß er uns und unseren Kindern Segen bringt.«

Der Dreizackstern setzt sich durch und wird auch als Symbol für Daimlers Bemühen um universelle Motorisierung »zu Lande, zu Wasser und in der Luft« verstanden. Der Markenname »Mercedes« ist bereits seit 1902 gesetzlich geschützt. Heute ist der Mercedes-Stern eines der bekanntesten Markenzeichen der Welt.

Auf der Ansicht von Köln (vorn) und Deutz markiert Gottlieb Daimler 1872 den Standort seiner neuen Wirkungsstätte mit einem Stern.

Der um 1895 entstandene Warenzeichenentwurf mit den handschriftlichen Korrekturanmerkungen von Gottlieb Daimler kommt am Ende nicht zur Ausführung.

Jäger

Auf dem Bonneville-Salzsee in Utah, USA, wird der Mercedes AMG GT nicht zufällig von Markus Bolsinger fotografiert – der Ort hat Tradition für Highspeed-Weltrekorde und der AMG GT tritt 2014 an, den Porsche 911 zu attackieren, immerhin der erfolgreichste Sportwagen der Welt.

S GT190

O

wie Orange. Dominierten bei Daimler bis dato Silber und Schwarz, setzte der C 111 technisch und in der Formensprache neue Akzente. Fotografiert in den »Heiligen Hallen« in Fellbach wurde der Prototyp vor allem als Versuchsträger für Wankelmotoren sowie aufgeladene Diesel- und Otto-Triebwerke eingesetzt. Ebenfalls experimentell war die neuartige Kunststoffkarosserie, ikonisch: die Flügeltüren.

S AN 661H
Mercedes-Benz
S-C111

Leitstern

Design aus Dessau, aus den Ateliers der Bauhaus-Bewegung, hat weltweit Maßstäbe gesetzt. Mit den Vordenkern seiner Ästhetik wurde das Bauhaus, neudeutsch formuliert, zur globalen Stil-Benchmark. Walter Gropius, Marcel Breuer, Mies van der Rohe sind prägend bis heute – der Mercedes 450 SEL 6.9 war für seine Epoche und nachfolgende Generationen von Luxuswagen der Leitstern. Bauhaus auf Rädern, gewissermaßen.

BAUHAUS
S UX 53H

Yellow Cab

Fast verschwindet der Hauptdarsteller unerkannt in einem Meer New Yorker Taxis. Sein Metalldach konnte der Mercedes-Benz SLK komplett versenken – ein cooler Auftritt im »Big Apple«. Der Verkaufserfolg lag aber nicht nur an der effektvollen Dachkinematik, sondern auch am überaus gelungenen sportlich-kompakten Design. Das hatte man so von Mercedes noch nicht gesehen.

8N19
3D90
NYCTAXI

Baby-Benz

Mit seinen kompakten Maßen war er seinerzeit der kleinste Benz, aber bei Komfort und Fahrverhalten setzte der Mercedes 190 Maßstäbe. Allerdings auch beim Preis, der für die markentypische Qualität fällig wurde. Dem Erfolg des kantig-modernen Designs von Bruno Sacco und Peter Pfeiffer tat dies keinen Abbruch, und heute gehört der C-Klasse-Vorläufer zu den beliebtesten Youngtimern Deutschlands.

Höchstleistungen am laufenden Band: der Benz 200 PS »Blitzen-Benz«

011

Infolge der Beteiligung am Herstellerboykott des französischen Grand Prix muss auch die Firma Benz & Cie. ihre Motorsportaktivitäten neu ausrichten: Neben einer Fokussierung auf die zunehmend aktive Rennsportszene in den USA und der fortgesetzten Beteiligung am Tourenwagensport will man sich verstärkt auf Bergrennen und Rekordfahrten konzentrieren. Zu diesem Zweck wird in Mannheim ein neuer Rennwagen entwickelt. Das Fahrgestell basiert auf dem erfolgreichen Grand-Prix-Rennwagen der Saison 1908. Als Antrieb konstruiert der belgische Konstrukteur Louis de Groulart, der schon den Motor des Grand-Prix-Wagens in zwei Varianten entworfen hat, ein Aggregat der Superlative: Die Kombination aus 185 mm Bohrung und 200 mm Hub ergibt den wahrhaft spektakulären Hubraum von 21,5 Litern und eine nicht minder beeindruckende Leistung von 200 PS (147 kW). Beachtlich ist auch das Gewicht des Vierzylinders, das mit 407 kg zu Buche schlägt.

Seine spektakulärsten Erfolge erzielt der »Blitzen-Benz« in den USA, wo er mit 228,1 km/h einen Landgeschwindigkeitsrekord aufstellt.

Seinen ersten Renneinsatz hat der Ausnahme-Rennwagen beim Semmering-Bergrennen am 19. September 1909. Auf der kurvenreichen Strecke kann der schwere Wagen sein Potenzial jedoch nicht voll entfalten und belegt mit Fritz Erle am Steuer in der Klasse der Rennwagen ohne Limit von Bohrung und Gewicht nur den dritten Platz hinter den Mercedes 150 PS von Otto Salzer und Willy Pöge. Gut einen Monat später fährt Victor Hémery in Tervuren bei Brüssel einen Kilometer mit stehendem Start mit 115,4 km/h und stellt einen neuen Rekord auf. Am 8. November fährt er auf der südenglischen Brooklandsbahn mit 202,6 km/h und 205,7 km/h Weltrekorde über den Kilometer und die halbe Meile mit fliegendem Start. Dabei ist der Benz 200 PS zum ersten Mal mit einer schmalen zigarrenförmigen Karosserie ausgerüstet, die für den Boliden charakteristisch wird.

Seine spektakulärsten Erfolge erzielt der einzigartige Wagen in den USA, wohin er Anfang 1910 verkauft wird: Im März 1910 fährt der bekannte amerikanische Rennfahrer Barney Oldfield auf dem Sandstrand von Daytona Beach mit dem nun »Lightning Benz« genannten 200-PS-Wagen die Meile mit fliegendem Start mit 211,988 km/h. Gut ein Jahr später, am 23. April 1911, erzielt Bob Burman an gleicher Stelle

Am 29. Mai 1911, dem Vortag des 500-Meilen-Rennens von Indianapolis, erzielt Burman auf dem Motor Speedway mehrere Rekorde. Harvey Firestone (rechts), der die Reifen zur Verfügung gestellt hat, hält Burmans »Geschwindigkeitskrone«.

Am 23. April 1911 stellt Bob Burman mit dem »Blitzen-Benz« auf dem Sandstrand von Daytona Beach mit 228,1 km/h einen Geschwindigkeits-Weltrekord auf, der acht Jahre Bestand hat.

sogar 228,1 km/h und stellt einen neuen Landgeschwindigkeitsrekord auf, der bis 1919 ungeschlagen bleiben wird. Damit ist der Benz, der inzwischen publicitywirksam in »Blitzen-Benz« umbenannt wurde und einen aufgemalten Reichsadler erhalten hat, doppelt so schnell wie ein Flugzeug der damaligen Zeit und hat auch den 1903 erzielten Schienenfahrzeug-Rekord von 210 km/h übertroffen.

In Mannheim entstehen bis Ende 1913 noch fünf weitere Exemplare des Benz 200 PS, von denen zwei an Kunden verkauft werden und drei im Motorsport zum Einsatz kommen. Im Oktober 1910 gewinnt Fritz Erle beim Renndebüt des zweiten Exemplars das Gaillon-Bergrennen, und im Mai 1911 erringt Franz Heim den Sieg beim Ries-Bergrennen. 1912 wird auch dieses Fahrzeug in die USA verkauft.

Das dritte Exemplar hat sein Renndebüt im Oktober 1912, als Fritz Erle erneut das Gaillon-Bergrennen gewinnt. Im Mai 1913 siegt er auch beim Limonest-Bergrennen nahe Lyon, und von Dezember 1913 bis Juni 1914 erzielt der Brite Hornsted verschiedene Rekorde auf der Brooklandsbahn. Nach einem Einsatz beim AVUS-Eröffnungsrennen im September 1921 geht der Wagen 1922 erneut nach Brooklands und verunglückt dort.

Das vierte Exemplar kommt ab Mai 1913 zum Einsatz, vor allem mit Benz-Werksfahrer Franz Hörner am Steuer. Hörner erzielt Straßenrekorde in Russland und Italien und siegt 1914 beim Prager Bergrennen und bei der Copa Tibidabo in Barcelona. Nach dem Krieg fährt er den fast zehn Jahre alten Boliden zu einem Sieg beim Semmering-Rennen im September 1922 und einem zweiten Platz beim Schwabenberg-Rennen im Oktober 1922. Mitte der 1930er-Jahre erhält der Wagen, der zuvor stets mit der klassischen Rennwagen-Karosserie zum Einsatz gekommen ist, im Werk eine Stromlinienkarosserie nach dem Vorbild des »Blitzen-Benz«. In dieser Form ist er seit Anfang der 1950er-Jahre im Mercedes-Benz Museum ausgestellt.

Dreifachsieg bei 4 % Siegeschancen: Mercedes-Triumph beim Großen Preis von Frankreich 1914

012

17. November 1913: Im Konstruktionsbüro der Daimler-Motoren-Gesellschaft in Untertürkheim herrscht helle Aufregung. Soeben ist das offizielle Reglement für den Grand Prix de l'Automobile-Club de France eingegangen. Was bereits andeutungsweise als Damoklesschwert über den Köpfen der Konstrukteure schwebte, ist nun schwarz auf weiß nachzulesen: Für den Grand Prix im Juli sind nur Rennwagen mit einem Hubraum von maximal 4,5 Litern zugelassen. Was heute wie ein sehr großzügiges Limit anmutet, löst damals blankes Entsetzen aus – hatte doch der Siegerwagen des Grand Prix von 1908 immerhin 12,8 Liter Hubraum und selbst die Mercedes-Rennwagen von 1913 noch mehr als neun Liter.

Auch die Rennstrecke hat es in sich: Der südlich von Lyon gelegene 37,6 km lange Dreieckskurs auf öffentlichen Straßen ist zwar sehr attraktiv, weil er den Zuschauern am Streckenrand und von der Haupttribüne aus einzigartige Perspektiven bietet, aber er hat es auch in sich: Die Höhenunterschiede betragen insgesamt mehr als 200 Meter, und zahlreiche Kurven bringen dem Grand-Prix-Kurs den Namen »Strecke der 100 Kurven« ein. Bis zum Rennen am 4. Juli stehen nur gut sieben Monate zur Verfügung. Eine generalstabsmäßige Vorbereitung ist also Pflicht. Der Entwicklungsingenieur Alfred Vischer, Sohn des früheren DMG-Vorstandsmitglieds Gustav Vischer, soll die Aktivitäten koordinieren. Im Januar 1914 macht er sich auf den Weg nach Lyon, um die Strecke sorgfältig zu analysieren.

Das Reglement löst blankes Entsetzen aus: Nur Rennwagen mit maximal 4,5 Liter Hubraum sind zugelassen.

Zurück in Untertürkheim, fasst er seine Erkenntnisse in einem vierseitigen Bericht zusammen, der mit folgenden Aussagen endet: »Am Wagen muss selbstredend jedes überflüssige Kilogramm gespart werden und auf Luftabzug [gemeint ist Windschlüpfigkeit] bei den verhältnismäßig kleinen Motorleistungen und großen Geschwindigkeiten äußerste Rücksicht genommen werden. In der Ebene wird der Motor nicht viel über 2.500 Umdrehungen kommen, entsprechend 150 km/h, dies ist auch genug für Dauerleistung, in den Gefällen dagegen kann der Motor bis auf 2.800–3.000 Touren gehen, und diese Umdrehungszahl muß er aushalten können für kürzere Zeitabschnitte und die Geschwindigkeit somit bis auf 170–180 km gesteigert werden. Wenn dies erreicht wird, sollte bei geschickter Führung des Wagens Aussicht auf Sieg vorhanden sein. U.T. 26. Jan. 1914. AV«

Während die Entwicklung des Rennwagens voranschreitet, reist ein Team von sieben Fahrern mit Mercedes Tourenwagen über Ostern nach Lyon, um die Strecke kennenzulernen. 14 Tage lang wird mit äußerster Disziplin zehn Stunden täglich gefahren, von 6 Uhr morgens bis 11 Uhr und dann wieder von 14 bis 19 Uhr. Das Training leitet Entwicklungsingenieur Max Sailer, der selbst Motorsportambitionen hat und auch in Lyon an den Start gehen wird. Sailer dokumentiert detailliert den Verlauf der Strecke mit Kurven, Brücken, Steigungen und Gefällen sowie ihren Zustand mit Straßenbelägen und gefährlichen Stellen. Als einige Rennteams später ihren Unmut über zu knapp bemessene Zeiten für das offizielle Training äußern, ist das Mercedes-Team entspannt.

Inzwischen ist auch der Rennwagen fertig, ausgestattet mit Kardanantrieb statt dem bislang favorisierten Kettenantrieb und einem Hochleistungsmotor, der nach dem Vorbild der Flugmotoren konzipiert und mit gewichtsreduzierenden sowie leistungssteigernden Konstruktionsdetails ausgeführt ist: aus Stahl gedrehte Einzelzylinder, Vierventiltechnik mit hängenden Ventilen und oben liegender, über Königswelle angetriebener Nockenwelle sowie drei Zündkerzen pro Zylinder. Zum ersten Mal hat die DMG einen Motor gebaut, der Drehzahlen von über 3.000/min erreicht –

Auf dem neuen Mercedes Grand-Prix-Rennwagen fährt Christian Lautenschlager, hier an der Haarnadelkurve bei Les Sept Chemins, im Großen Preis von Frankreich bei Lyon dem Sieg entgegen.

mehr als doppelt so viel wie die Grand-Prix-Motoren der Vorjahre. Christian Lautenschlager, Sieger von 1908, gibt darüber später zu Protokoll: »Mit einigem Herzklopfen bestieg ich Ende April zum erstenmal meinen Wagen, da unsere Konstrukteure noch nie einen hochtourigen Motor gebaut hatten, und groß war meine Freude als ich schon auf der Fabrikfahrbahn konstatieren konnte, daß in der Maschine etwas drin steckte. [...] Als ich beim offiziellen Training auf der geraden Strecke im Gefälle auf 194 km/h kam, da war ich mit meinem Mercedes völlig zufrieden.«

Als absoluter Favorit für den Sieg gilt der Peugeot-Fahrer Georges Boillot, Sieger des Rennens in den beiden Vorjahren und in Frankreich ein echter Publikumsheld. Der französische Automobilfabrikant Louis Delage, dessen Team in Le Mans 1913 einen Doppelsieg erzielt hat, äußert sich vor dem Rennen vollmundig gegenüber der Presse: »Ich habe 48 Prozent Chancen zu siegen, Peugeot hat ebenfalls 48 Prozent und für Mercedes bleiben vielleicht die restlichen vier Prozent.« Lautenschlager formuliert am Tag vor dem Start etwas vorsichtiger: »Die Peugeots sind sehr schnell, die

Der spätere Sieger Christian Lautenschlager und Beifahrer Hans Rieger bei der Abnahme der Rennwagen am Vortag des Rennens.

Die Abnahme der Rennwagen findet am Vortag des Rennens im nördlich der Rennstrecke gelegenen Ort Brignais bei strömendem Regen statt; im Bild der spätere Zweitplatzierte Louis Wagner.

Christian Lautenschlager und Beifahrer Rieger passieren die Haupttribüne nach mehr als siebenstündiger konzentrierter Fahrt als Sieger.

Delages auch, da müssen wir eben morgen tüchtig arbeiten.«

Die Untertürkheimer treten mit fünf Fahrzeugen an – der vom Reglement pro Team maximal erlaubten Zahl. Am Steuer sitzen Ingenieur Max Sailer, der in einem gewissen internen Wettbewerb zu den gestandenen Werkmeistern und Grand-Prix-Veteranen Christian Lautenschlager und Otto Salzer steht. Hinzu kommen der von FIAT ausgeliehene französische Starfahrer Louis Wagner und der belgische Mercedes-Vertreter und Dritte des Vorjahres Theodore Pilette. Nachdem die offizielle Abnahme der Rennwagen am Vortag bei strömendem Regen erfolgt ist, beginnt der Start des Rennens am Samstag bei strahlendem Sonnenschein um 8 Uhr französischer Zeit. Die gut 37 km lange Strecke säumen nahezu 300.000 Zuschauer. Jeweils zwei der insgesamt 37 Teilnehmer gehen gemeinsam ins Rennen, die nächsten beiden folgen 30 Sekunden später.

Im Bestreben, es nicht nur seinen Konkurrenten, sondern auch seinen Teamkollegen zu zeigen, ist Sailer, der als erster Mercedes gestartet ist, sofort losgeprescht, hat die schnellste Runde des Rennens erzielt und in der fünften von 20 Runden bereits einen Vorsprung von mehr als zwei-

Die drei siegreichen Mercedes-Rennwagen nach ihrer Rückkehr ins Werk Untertürkheim: der Sieger Christian Lautenschlager auf Nr. 28, der Drittplatzierte Otto Salzer auf Nr. 39 und Max Sailer auf dem Wagen des Zweiplatzierten Louis Wagner mit Nr. 40.

einhalb Minuten auf den Favoriten Boillot herausgefahren. In der nächsten Runde ist das Rennen für ihn zu Ende – wegen »Benzinrohrbruch«, wie es in der Presse heißt. Zwei Runden zuvor ist bereits Pilette mit Getriebeproblemen ausgeschieden. Drei Mercedes sind noch im Rennen: Lautenschlager liegt ab der sechsten Runde hinter Boillot und vor dessen Teamgefährten Goux auf Platz 2. In der zwölften Runde ist Louis Wagner zum ersten Mal schneller als Goux und liegt auf Platz 3. In der 18. Runde – zwei Runden vor Schluss – übernimmt Lautenschlager die Führung vor Boillot, Wagner und Salzer liegen auf den Plätzen 3 und 4. In der 20. und letzten Runde macht Boillots Peugeot nicht mehr mit, und der französische Spitzenfahrer bleibt mit Hinterachsbruch liegen.

»Bei geschickter Führung des Wagens sollte Aussicht auf Sieg vorhanden sein«, konstatiert Entwicklungsingenieur Alfred Vischer.

Dies macht den Weg frei für den ersten Dreifachsieg der Grand-Prix-Geschichte: Christian Lautenschlager erzielt fast auf den Tag genau sechs Jahre nach seinem ersten Triumph einen weiteren Sieg im Grand Prix, Louis Wagner und Otto Salzer folgen ihm auf den Plätzen 2 und 3. Und was die Prozentrechnung von Louis Delage betrifft: Die im Rennen verbliebenen Peugeot von Goux und Rigal landen auf den Plätzen 4 und 7, und der Delage von Duray, dessen Teamgefährte Bablot in der 17. Runde ausgeschieden ist, liegt am Ende auf Platz 8. Alfred Vischers Prognose vom Januar 1914 hat sich dagegen bewahrheitet: »Bei geschickter Führung des Wagens sollte Aussicht auf Sieg vorhanden sein.«

Die britische »Autocar« schreibt in ihrer Ausgabe vom 11. Juli 1914: »Der Sieg der Mercedes war ein Sieg der Überlegenheit in allen Punkten, mit Ausnahme der Bremsen. Die deutsche Organisation im Grand Prix 1914 hat ein Vorbild geschaffen, von dem im Rennsport noch viel zu lernen sein wird. [...] Alles war im Vorhinein bedacht, für alle Möglichkeiten war Vorsorge getroffen. [...] Die Mercedes-Leute haben das Rennen zum großen Teil mit dem Kopf gewonnen.« Besser kann man den triumphalen Erfolg des Mercedes-Teams kaum zusammenfassen. Nicht einmal vier Wochen nach diesem 4. Juli 1914 herrscht Krieg in Europa, und an Rennsport ist vorerst nicht mehr zu denken.

Hightech in Serie: Motoren aus Untertürkheim und Mannheim erobern die Lüfte

013

Mit Beginn des Ersten Weltkriegs stellen Benz & Cie. und die Daimler-Motoren-Gesellschaft (DMG) ihre Produktion auf den Krieg um und fertigen hauptsächlich Lastwagen und Flugmotoren. Die Herstellung von Personenwagen geht stark zurück und bedient ausschließlich den militärischen Bedarf, z. B. in Form von Feld-Sanitätswagen.

Bereits vor dem Krieg haben beide Unternehmen technisch innovative Flugmotoren mit hängenden Ventilen oder Königswellenantrieb der Nockenwelle entwickelt und produziert. 1913 gewinnt Benz mit dem von ihrem Konstrukteur Arthur Berger entwickelten Vierzylinder FX den Kaiserpreis für den besten deutschen Flugmotor. Er geht zwar nicht in Serie, weil das Militär stärkere Motoren fordert, prägt aber bei Benz die weitere Entwicklung. Im Rahmen des zweiten Kaiserpreis-Wettbewerbs, der wegen des Kriegsausbruchs nicht mehr zum Abschluss kommt, entstehen in Untertürkheim und Mannheim leistungsfähige Sechszylinder, die bis Ende 1914 die Einsatzreife erreichen.

Im Krieg beweisen motorisierte Lastwagen, die bislang keine große Verbreitung gefunden haben, ihre Tauglichkeit in großer Zahl.

Die DMG entwickelt den D III, der zusammen mit seiner Weiterentwicklung D IIIa zum meistgebauten deutschen Flugmotor des Krieges wird. Fast 12.000 dieser Triebwerke werden bis Ende 1918 produziert. Da die DMG allein den Bedarf nicht decken kann, hat das Kriegsministerium bereits im Juni 1914 auch die Firma Benz & Cie. mit der Fertigung von Flugmotoren beauftragt.

Neben Flugmotoren sind die Nutzfahrzeuge in den Kriegsjahren die wichtigste Säule des Geschäfts. Die DMG und Benz & Cie. verdoppeln in kurzer Zeit ihre Nutzfahrzeug-Produktion. Die motorisierten Lastwagen, die bislang keine allzu große Verbreitung gefunden haben, können nun ihre Tauglichkeit in großer Zahl beweisen. Bei beiden Herstellern gehen von 1917 an Artillerie-Zugmaschinen in Produktion.

Soldaten, die die neuen Fahrzeuge bedienen, lernen ihre Vorzüge gegenüber den Pferdewagen schätzen und werden auch nach Kriegsende vielfach für die Privatwirtschaft Nutzfahrzeuge fahren. Damit tragen sie zum endgültigen Durchbruch der motorisierten Nutzfahrzeuge bei, der zwar erst in den 1920er-Jahren erfolgt, aber auf den positiven Erfahrungen mit den neuzeitlichen Fahrzeugen im Krieg basiert. Auch die einheitliche Anordnung der Pedale im Fußraum, zuvor alles andere als selbstverständlich, hat im Jahr 1908 zuerst das Militär bei seinen Lastwagen festgelegt.

Für die zunehmend wichtige Produktion von Lastwagen und Omnibussen haben sich die DMG und Benz & Cie. bereits einige Jahre zuvor die erforderlichen Fertigungskapazitäten durch Übernahme zusätzlicher Produktionsstandorte gesichert: Mitte 1902 hat die DMG die Motorfahrzeug- und Motorenfabrik Berlin AG (MMB) in Berlin-Marienfelde übernommen, und Ende 1907 ist der Mannheimer Konkurrent den gleichen Schritt mit der Süddeutschen Automobilfabrik Gaggenau GmbH gegangen.

Benz Lastwagen aus dem Werk Gaggenau im Einsatz des Heeres, um 1915.

Flugmotorenproduktion bei Benz & Cie. in Mannheim im Jahr 1916.

Mercedes 12/32 PS Feld-Sanitätswagen, aufgenommen im Sommer 1914 am DMG-Werk Untertürkheim.

Flugzeuge, Schlafzimmer und Karosserien: das DMG-Werk Sindelfingen

1919 geht das Werk Sindelfingen von der Flugzeugfertigung (links) zur Karosserieproduktion (rechts) über.

Auf den Ersten Weltkrieg und seine Begleitumstände geht auch die Gründung des Werks Sindelfingen zurück. Im Juli 1915, knapp ein Jahr nach Kriegsbeginn, erwirbt die DMG von der Stadt Sindelfingen zunächst ein 38 Hektar großes Gelände zum Bau einer Flugzeugfabrik. Dabei besteht kein Zusammenhang mit Daimlers Credo »Zu Lande, zu Wasser und in der Luft«, der Kauf entspringt vielmehr dem Bedarf des Kaiserlichen Kriegsministeriums an Flugzeugen. Bereits im März 1916 beginnt der Bau einer großen Montagehalle für die Flugzeugproduktion, die noch im gleichen Jahr anläuft. Zunächst fertigt die DMG eigene Konstruktionen, dann aber vor allem Lizenzbauten anderer Hersteller.

Nach Kriegsende erweist es sich als wahrer Segen, dass die Untertürkheimer bereits beim Erwerb des Geländes in Sindelfingen an die Errichtung eines Karosseriewerks gedacht haben, um das räumlich beengte Werk im Neckartal zu entlasten. Zudem verfügen die Sindelfinger über größere Holzbestände, die eigentlich für die Flugzeugproduktion gedacht waren, nun aber für die Karosseriefertigung verwendet werden können. In der wirtschaftlich äußerst angespannten Zeit der ersten Nachkriegsjahre werden diese Bestände außerdem dafür genutzt, Möbel zu produzieren und damit die Mitarbeiter zu beschäftigen. So entstehen im ersten Halbjahr 1919 Hunderte von Schlafzimmermöbeln in einfacher Ausführung, aber auch sehr hochwertige Wohn- und Schlafzimmermöbel mit Edelholzfurnier, die vor allem in die Schweiz exportiert werden.

Ebenfalls noch im Jahr 1919 beginnt in Sindelfingen die Karosserieproduktion, zunächst für den Typ Mercedes-Knight 16/45 PS, dessen Chassis in Untertürkheim gefertigt wird. In der Folge übernimmt Sindelfingen die komplette Karosserieproduktion für Mercedes-Pkw, ab 1926 neben dem Benz-Werk Mannheim auch für die Mercedes-Benz Personenwagen.

Schlafzimmermöbel made by Mercedes: Unmittelbar nach Kriegsende sichert die Möbelproduktion die Beschäftigung.

Werkskantinen, Brausebäder, Limonade und Ausbildung: Annehmlichkeiten und Qualifizierung gegen Fachkräftemangel

Im Zeichen der zunehmenden Industrialisierung Ende des 19. und zu Beginn des 20. Jahrhunderts sind qualifizierte Arbeitskräfte trotz hoher Sozialstandards schwer zu finden. Deshalb bieten viele Unternehmen zusätzliche Leistungen an. Auch die Firma Benz & Cie. und die Daimler-Motoren-Gesellschaft verbessern Arbeitsbedingungen und Sozialleistungen für ihre Mitarbeiter. Das Werk Untertürkheim verkürzt 1906 die Arbeitszeit auf 9,5 Stunden am Tag und auf sechs Tage in der Woche – zwei Jahre, nachdem Benz & Cie. den Neunstundentag eingeführt hat. Zudem gelten die Unterstützungskassen beider Firmen, die im Krankheits- und Todesfall helfen, als ebenso fortschrittlich wie der bezahlte Urlaub für langjährige Mitarbeiter.

Speisesaal für Arbeiter im DMG-Werk Untertürkheim, aufgenommen 1913.

Um mit angenehmen Rahmenbedingungen den harten Arbeitsalltag erträglicher zu gestalten, werden von den Unternehmen Werkskantinen mit Speisesälen, Waschräume mit kaltem und warmem Wasser und »Brausebäder« eingerichtet und betrieben. Alle diese Einrichtungen stehen für Arbeiter und Angestellte, die damals als »Beamte« bezeichnet werden, separat zur Verfügung.

Die heute als selbstverständlich empfundenen Serviceangebote nehmen mitunter skurrile Züge an: So beginnt die Daimler-Motoren-Gesellschaft 1905 mit der eigenen Fabrikation von Getränken. Täglich werden 5.000 bis 6.000 Flaschen Mineralwasser, Zitronen- und Himbeerlimonade abgefüllt. Hintergrund dieser Maßnahme ist der Wunsch der Geschäftsleitung, bei den Mitarbeitern den Konsum des beliebten vielfach selbst gekelterten Apfelmosts einzuschränken.

Aufnahmeprüfung für künftige Lehrlinge im DMG-Werk Untertürkheim, Dezember 1920.

Als wichtige Maßnahme zur Förderung qualifizierter Nachwuchskräfte legen die Firmen zunehmend Wert auf die Ausbildung eigener Lehrlinge. So gründet das Benz-Werk Mannheim im Frühjahr 1916 eine Lehrlingsabteilung mit hauptamtlichen Ausbildern, die anfangs 30, später 80 Ausbildungsplätze bietet. Im Juli des gleichen Jahres zieht die DMG nach und richtet in Untertürkheim eine Lehrlingsabteilung für 36 Ausbildungsstellen ein, deren Kapazität bis Oktober 1918 auf 153 erhöht wird.

Das Mercedes-Geheimnis: Einführung der Kompressor-Personenwagen

016

Dass ihre 1860 patentierte Erfindung 60 Jahre später erneut zu Berühmtheit gelangt, hätten sich die Brüder Philander und Francis Roots, Inhaber der Roots Blower Company in Connersville, Indiana, sicher nicht träumen lassen. Ursprünglich für die Luftversorgung von Hochöfen und Bergwerken verwendet, setzt DMG-Chefkonstrukteur Paul Daimler die von den Brüdern erfundenen Roots-Gebläse zur Leistungssteigerung von Mercedes-Motoren ein – zunächst in der Flugmotorenentwicklung, denn das Militär benötigt Flugzeuge, die in Höhen über 3.000 Meter fliegen können. Damit die Motoren trotz des niedrigeren Atmosphärendrucks in diesen Höhen ihre Leistung halten können, wird das Gemisch mit einem Kompressor – in diesem Fall einem Roots-Gebläse – in den Brennraum gepresst. Im Krieg gelangt diese Technologie zwar nicht mehr zur Serienreife, nach Kriegsende verfolgt Daimler die Idee, diese Technologie für Mercedes-Personenwagen nutzbar zu machen.

Der Vorteil liegt auf der Hand: Man kann mit kleineren Motoren auskommen, bei denen der Kompressor nur dann zugeschaltet wird, wenn zusätzliche Leistung benötigt wird, etwa am Berg oder beim Überholen. Nach diesem Prinzip entwickeln Paul Daimler und seine Mannschaft zwei Vierzylindermotoren hochmoderner Konzeption, die nach dem Vorbild der Flugmotoren mit Stahlzylindern und aufgeschweißten Kühlmänteln sowie hängenden Ventilen und oben liegender Nockenwelle ausgerüstet sind. Die neuen Modelle debütieren im September 1921 auf der Deutschen Automobil-Ausstellung in Berlin: der 6/20 PS mit 1,6 Liter Hubraum und der 10/35 PS mit 2,6 Liter Hubraum.

Bei den damaligen Typenbezeichnungen gibt die erste Zahl die sogenannten Steuer-PS an – eine rein hubraumbasierte Steuerklasse, die für den potenziellen Käufer auf den ersten Blick die Höhe der Kraftfahrzeugsteuer erkennen lässt. Ein Steuer-PS entspricht definitionsgemäß einem Hubraum von 262 cm^3. Die zweite Zahl nennt dann die tatsächliche Motorleistung im Normalzustand ohne eingeschalteten Kompressor. Ab 1924 kommt dann als dritte Zahl die Leistung mit zugeschaltetem Kompressor hinzu.

Das Roots-Gebläse, eigentlich für Hochöfen erfunden, sorgt nach dem Krieg auch bei Mercedes-Pkw für mehr Leistung.

Die »Allgemeine Automobil-Zeitung« schreibt dazu in ihrer Ausgabe vom 6. Oktober 1921: »Die Mehrleistung beträgt, wie die Firma angibt, etwa 50 Prozent. Und diese Mehrleistung ist durch Einbau einer Vorrichtung möglich gewesen, die seit einiger Zeit das Interesse der Fachwelt – und der Börsenspekulanten erregt hat. Bekannt ist, daß das sogenannte Mercedes-Geheimnis eine Hausse in Daimler-Aktien erzeugt hat.«

Unter den seinerzeit schwierigen Rahmenbedingungen beginnt die Produktion erst ein Jahr später; immerhin haben die Ingenieure in dieser Zeit noch ein paar zusätzliche Pferde gefunden, und so kommen die Modelle als 6/25 PS und 10/40 PS auf den Markt. Dennoch geht es nur schleppend voran, und dann kommt dem Absatz ab 1923 auch noch die grassierende Inflation in die Quere.

So kommt es, dass von den beiden ersten Serien-Pkw mit Kompressormotor nur rund 1.200 Stück gebaut werden. Auch wenn der wirtschaftliche Erfolg zunächst ausbleibt, wird die innovative Technologie in den Folgejahren das Image der Marke Mercedes-Benz nachhaltig aufladen. Bereits von 1923 an stellen sich für die mit Kompressormotoren ausgerüsteten Mercedes-Rennwagen beachtliche Erfolge ein.

Der Mercedes 6/25 PS ist zusammen mit dem 10/40 PS der erste Serien-Pkw mit Kompressoraufladung, hier aufgenommen am Stuttgarter Schloss Solitude.

Schreibmaschinen, Fahrräder und Daimler-Milliarden: die DMG in der Inflationszeit

017

Die wirtschaftliche Entwicklung und das tägliche Leben werden ab Mitte 1922 zunehmend durch Inflation geprägt. Hintergründe dafür sind einerseits die massive Überschuldung des Staates, andererseits ein massiver Vertrauensverlust ausländischer Investoren, verursacht durch die seit der Ermordung des Reichskanzlers Walter Rathenau zunehmend instabilen politischen Verhältnisse. Mehr als deutlich wird dies am Außenwert der Mark: Anfang 1922 hat ein US-Dollar noch einen Gegenwert von 45 Mark, im Juni kostet er bereits 75 Mark, im August 270 Mark und im Dezember 1.807 Mark.

Werbeplakat für die DMG-Schreibmaschinen aus Untertürkheim, um 1923.

1923 führt die weiter eskalierende Situation zu extremen Preissteigerungen, die den Alltag dominieren. So klettert der nominelle Preis für ein Brot, der im Dezember 1919 noch bei 0,80 Mark gelegen hat und bis Januar 1923 auf 250 Mark gestiegen ist, in wahrhaft astronomische Höhen: im August auf 69.000 Mark, im September auf 1,5 Millionen, im Oktober auf 174 Millionen und im November auf 201 Milliarden Mark. Der US-Dollar kostet inzwischen 4,2 Billionen Mark.

> Die DMG setzt in der Inflationszeit auf Diversifizierung und produziert neben Autos auch Fahrräder und Schreibmaschinen.

Die Hyperinflation lähmt allen Handel, und das bekommt auch die Automobilindustrie zu spüren. Schon bevor die Entwicklung ihren Höhepunkt erreicht, hat die DMG auf Diversifizierung gesetzt und die Grundlagen dafür geschaffen, neben Autos und Motoren neue Geschäftsfelder zu erschließen. So kommt es im März 1923 zur Gründung der DMG Büromaschinenfabrik in Untertürkheim und im August zur Etablierung der Mercedes-Fahrradwerke GmbH in Berlin-Marienfelde. Die ersten Fahrräder kommen im Januar 1924 in den Handel, nachdem die Einführung der Rentenmark für eine erste Phase der Stabilisierung gesorgt hat.

Die Produkte der Untertürkheimer Schreibmaschinenfabrik dürfen übrigens nicht Mercedes genannt werden, da die DMG die Nutzung des Markennamens Mercedes im März 1914 gegen Gebühr an die Büromaschinenfabrik Zella-Mehlis in Thüringen lizenziert hat. Die in Untertürkheim gefertigten Schreibmaschinen erhalten als Markenzeichen den DMG-Schriftzug oder den Dreizackstern im Ring und werden nur in überschaubaren Stückzahlen gefertigt, während die mit Mercedes beschrifteten Konkurrenzprodukte aus Thüringen in großer Anzahl entstehen und als Sammler- oder Nostalgieobjekte auch heute noch sehr häufig zu finden sind.

Aus heutiger Sicht eher skurril wirkt auch das von der DMG herausgegebene Notgeld – ein Ersatz für staatliche Zahlungsmittel, das vor allem in der Inflationszeit wegen Bargeldmangels von Gemeinden, Firmen oder Kommunen ausgegeben wurde, um den lokalen Wirtschaftsverkehr aufrechtzuerhalten. Nur durch dieses Notgeld ist die DMG in der Lage, die Löhne und Gehälter ihrer Mitarbeiter

Produktion der Mercedes-Fahrräder im DMG-Werk Berlin-Marienfelde, 1924.

bezahlen zu können. Auf dem Höhepunkt der Inflation wird der Lohn täglich ausbezahlt, und die Frauen der Arbeiter holen das Geld in der Mittagspause ab, um damit sofort einkaufen zu können. Zwischen dem 26. Oktober und dem 2. November gibt die DMG drei verschiedene Notgeldscheine über 3 Milliarden, 5 Milliarden und 50 Milliarden Mark heraus.

Die Rückseite der 5- und 50-Milliarden-Scheine ziert ein Bild des siegreichen Mercedes 4,5-Liter-Grand-Prix-Rennwagens beim Bergrennen Coppa della Consuma mit Graf Giulio Masetti am Steuer, eingerahmt von der Aussage »Daimlerwagen, Daimlergeld, Wer sie hat, ist gut gestellt.«

Rückseite des 50-Millarden-Notgeldscheins der DMG: »Daimlerwagen, Daimlergeld, wer sie hat ist gut gestellt«.

Rudolf Diesels Erfindung erobert Acker und Straße: Motorpflüge und Lastwagen mit Dieselmotor

018

Sieben Jahre nachdem Rudolf Diesel, der erfolgreiche Erfinder und Schöpfer eines neuen besonders wirtschaftlichen Motorenkonzepts, bei einer Überfahrt im Ärmelkanal unter bis heute ungeklärten Umständen ums Leben gekommen ist, widmet sich die DMG der Frage, wie man Diesels Erfindung für Straßenfahrzeuge nutzbar machen kann.

Der Dieselmotor ist seit vielen Jahren als Stationärmotor sowie als Antrieb von Schiffen und U-Booten etabliert und hat seine Vorzüge dabei unter Beweis gestellt. Ähnlich wie beim Ottomotor, besteht die Herausforderung für die Nutzung in einem Landfahrzeug in der Miniaturisierung bei gleichzeitigem Erhalt eines ausreichenden Leistungsniveaus. Ein wichtiges Schlüsselkriterium ist dabei erneut die Anhebung der Drehzahl. Zusätzlich gibt es aber ein weiteres Problem: Da beim Dieselmotor das Kraftstoff-Luft-Gemisch allein durch Kompression entzündet wird, erfordert dies eine deutlich höhere Verdichtung als beim Benzinmotor. Damit ergibt sich unmittelbar die Herausforderung, den im Gegensatz zum Benzin schwer flüchtigen und für einen Vergaser ungeeigneten Kraftstoff in den Zylinder einzuspritzen, wo er verbrannt werden soll.

Während die DMG nach ersten Versuchen mit Direkteinspritzung auf die aufwendige, aber bereits bei U-Boot-Dieselmotoren etablierte Drucklufteinblasung setzt, entwickelt der Konkurrent aus Mannheim die von seinem Ingenieur Prosper L'Orange patentierte Vorkammer-Einspritzung. Dabei wird der Kraftstoff in eine kleine Vorkammer vor dem Verbrennungsraum eingespritzt, wo sich ein Teil entzündet und den restlichen Kraftstoff durch den Druck der Verbrennung in den Zylinder befördert. Klingt einleuchtend und naheliegend, hat aber jahrelange Entwicklungsarbeit erfordert.

Nach diesem Verfahren fertigt Benz & Cie. zunächst Zweizylinder-Dieselmotoren mit 25 PS (18 kW), die in den Motorpflug S6 der Tochtergesellschaft Benz-Sendling GmbH eingebaut werden. Der im Juni 1923 präsentierte S 6 gilt damit als erstes serienmäßig gebautes Landfahrzeug mit Dieselmotor. Es folgt der Benz 5-Tonnen-Lastwagen, der mit einem 50 PS (37 kW) starken Vierzylinder-Diesel ausgerüstet wird und im September 1923 ausgedehnte Versuchsfahrten absolviert. Zeitgleich erprobt die DMG einen 3,5-Tonnen-Diesel-Lastwagen mit Drucklufteinblasung auf einer Langstrecken-Versuchsfahrt von Berlin-Marienfeld nach Untertürkheim und zurück. Auf der Automobil-Ausstellung in Berlin präsentieren die Untertürkheimer dann einen Pritschenwagen, einen Kipper und einen Omnibus mit ihrem Dieselmotor.

> Sowohl Benz als auch die DMG suchen nach dem besten Konzept für die Serienfertigung von Dieselfahrzeugen.

Gut vier Monate später, Anfang Februar 1924, debütiert auch der Benz 5-Tonner mit Vorkammer-Dieselmotor auf der Nutzfahrzeug-Ausstellung in Amsterdam und wird zum ersten Serien-Lastwagen mit Dieselmotor. Das erste Exemplar wird im September 1924 an die Robert Bosch GmbH ausgeliefert.

Zu diesem Zeitpunkt ist die Konkurrenz zwischen den Untertürkheimern und Mannheimern Autobauern bereits Geschichte, nachdem sich beide Unternehmen im Mai zu einer Interessengemeinschaft zusammengeschlossen haben. Dort fällt die Entscheidung, beim Dieselmotor die Entwicklung der Drucklufteinblasung zugunsten des Vorkammerverfahrens einzustellen.

Trotz seiner unbestreitbaren Vorzüge in puncto Wirtschaftlichkeit setzt sich der Diesel-Lastwagen nur langsam durch. Einen gewaltigen Schub erhält der Diesel-Lkw, wie auch der Motor-Lastwagen insgesamt, durch den 1932 eingeführten Mercedes-Benz Lo 2000 Diesel, den ersten Leichtlastwagen mit Dieselmotor. Durch seine überragende Sparsamkeit veranlasst er zahlreiche Fuhrunternehmer, die noch mit Pferd und Wagen arbeiten, zum Umstieg auf den Lkw.

Der Benz-Sendling Motorpflug mit Zweizylindermotor ist 1923 das erste Landfahrzeug mit Dieselmotor.

Die DMG setzt beim Fahrzeug-Dieselmotor auf die aufwendige Drucklufteinblasung; hier ein Versuchs-Lkw von 1923.

Der Benz 5-Tonner mit Vierzylinder-Vorkammer-Diesel ist 1924 der weltweit erste Serien-Lkw mit dem wirtschaftlichen Selbstzünder.

Ferdinand Porsche, Alfred Neubauer und ein Undercover-Sieg in Italien: die Targa Florio 1924

019

Zur gleichen Zeit, als die Entwicklung des Fahrzeug-Dieselmotors erste Früchte trägt, betritt ein Mann die Szene in Untertürkheim, der in der Automobilwelt kein Unbekannter ist und Jahre später weltweite Berühmtheit erlangen wird. Sein Name ist Ferdinand Porsche.

Porsches Aufstieg in den Olymp des Automobilbaus hat er, wenn auch von dessen Seite nicht ganz freiwillig, Paul Daimler zu verdanken. Der Sohn des Firmengründers, seit 1904 im Vorstand der DMG und nach Wilhelm Maybachs Weggang seit 1907 Chefkonstrukteur, verlässt nach Querelen mit dem Vorstandsvorsitzenden Ernst von Berge seinen angestammten Wirkungskreis und wird zum 1. August 1922 Berater der Argus-Motoren Gesellschaft, die über ihren Mehrheitseigner Moritz Straus eng mit der Horchwerke AG verbunden ist.

Der Aufsichtsrat der DMG entscheidet sich als neuen Chefkonstrukteur für Ferdinand Porsche, der seine neue Stelle zum 30. April 1923 antritt. Porsche hat Paul Daimler schon einmal als Technischer Direktor abgelöst: bei der Österreichischen Daimler-Motoren-Gesellschaft im Jahr 1906. Von jeher motorsportbegeistert und zum Teil sogar als Rennfahrer erfolgreich, legt Porsche einen Schwerpunkt auf die Rennwagenentwicklung. Eine seiner ersten Aktivitäten besteht darin, den unter der Regie seines Vorgängers entwickelten Kompressormotor des neuen 2-Liter-Rennwagens zu optimieren, der kurz nach seinem Einstieg bei der DMG sein Renndebüt in Indianapolis feiert und bis Mitte 1924 vor allem in Bergrennen Erfolge erzielt.

In Porsches Gefolge kommt ein weiterer Mann nach Untertürkheim, der später weltweite Bekanntheit erlangen wird. In Wiener Neustadt Leiter der Einfahrabteilung und bereits als Rennfahrer tätig, bleibt er auch in Untertürkheim dieser Tätigkeit treu. Sein Name: Alfred Neubauer.

Der umfassend überarbeitete 2-Liter-Rennwagen soll bei der Targa Florio, dem strapaziösen Langstreckenrennen auf Sizilien, im April 1924 zum ersten Mal starten. Zwei Jahre zuvor ist die DMG hier mit einer ganzen Armada von sechs weiß lackierten Rennwagen angetreten, hat aber im Gesamtklassement nur Plätze im Mittelfeld erzielt. Den Sieg hat der Italiener Giulio Masetti geholt – auf einem rot lackierten Mercedes 4,5-Liter-Rennwagen – dem gleichen Modell, mit dem die alten Kämpen Christian Lautenschlager und Otto Salzer nur die Plätze 10 und 13 erringen konnten. Was hat den Ausschlag gegeben? Fehlendes fahrerisches Können, ein Mangel an Glück oder vielleicht doch eine gewisse Behinderung der deutschen Autos durch sizilianischen Patriotismus?

> Bei der Targa Florio auf Sizilien gelingt den rot lackierten Mercedes-Rennwagen ein spektakulärer Erfolg.

Diesmal will man nichts dem Zufall überlassen und lackiert die neuen Rennwagen in der traditionellen italienischen Rennfarbe Rot. Der Erfolg bleibt nicht aus: Den Gesamtsieg holt Werksfahrer Christian Werner nach sechseinhalbstündiger Fahrt, und die beiden übrigen Mercedes erzielen mit Christian Lautenschlager und Alfred Neubauer die Plätze 10 und 15. Damit glückt dem Team aus Untertürkheim ein spektakulärer Erfolg.

Trotz respektabler Leistungen am Steuer eines Rennwagens erkennt Alfred Neubauer, dass sein größtes Potenzial vielleicht eher in der Organisation des Rennteams liegt, und übernimmt im September 1926 für das Untertürkheimer Team zum ersten Mal die Rolle des Rennleiters.

Chefkonstrukteur Ferdinand Porsche (rechts) und Noch-Rennfahrer Alfred Neubauer bei der Targa Florio 1924.

Der von Straßenstaub bedeckte Mercedes 2-Liter-Kompressor-Rennwagen des späteren Siegers Christian Werner wirkt auf diesem Foto fast weiß.

Rennszene von der Targa Florio im April 1924: Christian Werner und Beifahrer Karl Sailer auf ihrem rot lackierten Mercedes.

Leistung und Luxus: die Mercedes Sechszylinder-Kompressorwagen

020

Chefkonstrukteur Porsche weiß: Trotz der werbewirksamen Rennerfolge hat bei der DMG neben dem Motorsport vor allem die Erneuerung des Produktprogramms Priorität. Abgesehen von den beiden seit Ende 1922 gebauten Vierzylindermodellen mit Kompressormotor, besteht das Typenprogramm vor allem aus Modellen, die bereits vor dem Ersten Weltkrieg produziert wurden.

Der technische Direktor setzt ebenfalls auf die von seinem Vorgänger eingeführte Kompressortechnologie und wendet sie jetzt auf schwere Luxuswagen mit großvolumigen Motoren an. Dies wird auch in Zukunft den Fokus der Mercedes Kompressorwagen definieren: Statt Effizienzgewinn bei Gebrauchswagen geht es künftig um zusätzlichen Leistungs- und Prestigegewinn bei hubraumstarken Luxuswagen.

Porsche und sein Entwicklungsteam konzipieren zwei vollkommen neue Modelle, die bis auf ihren Hubraum und den Radstand weitgehend identisch sind: den Mercedes 15/70/100 PS und den Mercedes 24/100/140 PS. Beide werden von einem Sechszylindermotor mit Kompressoraufladung angetrieben, wobei der Kompressor nicht ständig mitläuft, sondern erst beim Durchtreten des Gaspedals zugeschaltet wird. Die sperrigen, nun aus drei Zahlen bestehenden Typenbezeichnungen geben drei Kenngrößen an: die »Steuer-PS«, also de facto den Hubraum, die tatsächliche Motorleistung ohne Kompressor und schließlich mit eingeschaltetem Kompressor.

Dementsprechend mobilisiert der 4-Liter-Sechszylinder im Normalbetrieb 70 PS (51 kW) und der 6,3-Liter-Motor 100 PS (74 kW). Bei zugeschaltetem Kompressor erhöht sich die Leistung jeweils um 40 %. Ihre Publikumspremiere erleben beide Modelle im Dezember 1924 auf der Berliner Automobil-Ausstellung. Erhältlich sind sie in zahlreichen sportlichen wie repräsentativen Karosserievarianten, von denen der offene Tourenwagen die preiswerteste und traditionell beliebteste ist. Erst in den Folgejahren werden die geschlossenen Ausführungen Limousine und Pullman-Limousine den offenen Tourenwagen zunehmend verdrängen.

Die neuen Modelle beleben trotz schwieriger Zeiten das Geschäft und kommen am Markt gut an; automobilgeschichtlich bedeutend sind sie aber vor allem deshalb, weil sie die Basis bilden für eine Reihe von Hochleistungssportwagen, die Weltruhm erlangen und das Image der Marke mit dem Stern nachhaltig prägen sollten.

> Das Modell K mit gilt als schnellster Tourenwagen der Welt und ist auch im Motorsport erfolgreich.

Das erste dieser Modelle erscheint im Frühjahr 1926 und basierte auf dem 6,3-Liter-Modell 24/100/140 PS; von diesem unterscheidet es sich durch einen um 35 cm verkürzten Radstand und einen Motor mit Doppelzündung und höherem Leistungspotenzial. Der kurze Radstand wird namensprägend: Der neue Mercedes Sportwagen kommt als Modell K (K wie kurz) auf den Markt und gilt mit einer angegebenen Höchstgeschwindigkeit von 155 km/h als schnellster Tourenwagen der Welt, wie ein Prospekt von 1927 vollmundig verkündet. Ende Juli 1926 erzielt das Modell K einen beachtlichen Motorsporterfolg: Beim 12-Stunden-Rennen um den Großen Preis von Guipúzcoa für Tourenwagen im spanischen San Sebastián fahren Otto Merz, Rudolf Caracciola und Christian Werner einen Dreifachsieg ein.

Inzwischen ist auch auf Unternehmensseite eine bedeutende Entwicklung zum Abschluss gekommen: Die beiden früheren Konkurrenten DMG und Benz & Cie. haben sich angenähert und bilden nun ein gemeinsames Unternehmen.

Gruppenbild mit Damen: Das neue Mercedes Topmodell 24/100/140 PS in der Ausführung als Tourenwagen vor dem Stuttgarter Schloss Rosenstein.

Weltpremiere für die Sechszylinder-Kompressorwagen 15/70/100 PS und 24/100/140 PS auf der Automobil-Ausstellung in Berlin im Dezember 1924.

Der Stern im Lorbeerkranz: Fusion zur Daimler-Benz AG

021

In der seit Kriegsende wirtschaftlich angespannten Zeit drängen die Hausbanken der beiden in hartem Wettbewerb stehenden Automobilbauer in Untertürkheim und Mannheim zu verstärkter Kooperation. Ein erster Vorstoß in diese Richtung ist bereits im März 1919 erfolgt, scheitert aber am Widerstand des DMG-Aufsichtsratsvorsitzenden Alfred von Kaulla. Nach dessen Tod im Januar 1924 kommt der Plan wieder auf die Tagesordnung, maßgeblich vorangetrieben von Dr. Carl Jahr, Direktor der Rheinischen Kreditbank und Aufsichtsratsmitglied von Benz & Cie.; bei Dr. Emil Georg von Stauß, Vorstand der Deutschen Bank und Aufsichtsratsmitglied der DMG, findet er ungeteilte Zustimmung. Erstes Ergebnis der Verhandlungen ist die Bildung einer Interessengemeinschaft mit Wirkung vom 1. Mai 1924. Dabei bleiben beide Firmen formal unabhängig, teilen den erwirtschafteten Gewinn aber untereinander auf.

Die Interessengemeinschaft etabliert zunächst eine gemeinsame Produktpolitik und Absatzorganisation und verfolgt dann den Weg zur vollständigen Fusion. Nach ersten Erfolgen stellen sich die bei derartigen Transformationsprozessen unvermeidbaren Widerstände ein, die, wie vielfach üblich, zum großen Teil persönlich motiviert sind. Im Mai 1925, ein Jahr nach Gründung der Interessengemeinschaft, plädiert der DMG-Aufsichtsratsvorsitzende Paul von Gontard auf Anraten des Vorstandsvorsitzenden Ernst Berge für ihre Auflösung. Vier Wochen später bringt Benz-Aufsichtsratsmitglied Otto Wolff den Antrag ein, beide Firmen vollständig zu fusionieren, und am 25. Juni 1925 wird Dr. Carl Jahr mit »diktatorischen Vollmachten zur Durchführung aller notwendigen Maßnahmen« betraut. Damit ist die Situation geklärt, und die zielgerichtete Detailplanung kann beginnen. Ein wichtiger Punkt ist die Einigung in der Modellpolitik und die Zuordnung der zukünftigen Typen auf die Werke. Eine aktive Rolle spielt Wilhelm Kissel, seit 1924 Abteilungsdirektor bei Benz & Cie. und seit 1925 Vorstandsmitglied der Interessengemeinschaft. Benz ist in der Interessengemeinschaft der wirtschaftlich schwächere Partner, und dies macht man in Stuttgart auch Kissel immer wieder deutlich. Als er seinen Vorstandsposten in Stuttgart antritt, holt man ihn mit dem kleinsten auffindbaren Auto vom Bahnhof ab, und auch die Wahl seines Büros kann man nur als Affront auffassen. Kissel lässt sich jedoch nicht irritieren, bleibt in dem ihm zugewiesenen Büro und wird später Vorstandsvorsitzender.

Neues Markenzeichen ist der Dreizackstern der DMG, kombiniert mit dem Lorbeerkranz von Benz & Cie.

Am 1. Juni 1926 stimmen die Vorstände beider Unternehmen einer Fusion zu, und am 28. bzw. 29. Juni billigen auch die beiden Generalversammlungen den Fusionsvertrag. Ausgesprochen naheliegend ist die Gestaltung des neuen Markenzeichens: Es entsteht durch Kombination des Dreizacksterns der DMG mit dem Lorbeerkranz von Benz & Cie. Trotz lang anhaltender Kontroversen in der Modellpolitik der durch die Fusion gebildeten Daimler-Benz AG wird die Produktentwicklung zielstrebig verfolgt, und bereits auf der Berliner Automobil-Ausstellung im Oktober/November 1926 kann das Unternehmen sein erstes Modellprogram präsentieren. Neben den Ende 1924 eingeführten Sechszylinder-Kompressorwagen und dem erstmals ausgestellten Modell K, die nun alle als Mercedes-Benz firmieren, debütieren dort zwei neue Pkw-Typen, ebenfalls mit Sechszylindermotor, aber ohne Kompressor: als Einstiegsmodell der in Untertürkheim produzierte Mercedes-Benz 8/38 PS mit 2 Liter Hubraum und im höheren Segment aus Mannheimer Fertigung der 12/55 PS mit 3-Liter-Motor.

Die wirtschaftlichen Verhältnisse bleiben auch in den Jahren nach der Fusion schwierig, aber die neuen Modelle, deren Serienproduktion im März 1927 Fahrt aufnimmt, erreichen respektable Stückzahlen: Vom 8/38 PS entstehen bis Anfang 1929 mehr als 9.100 Stück, während das in Mannheim produzierte Modell, das in diesem Zeitraum mehrere Modellpflegen erhält, immerhin mehr als 4.200-mal gebaut wird.

Anzeigenentwurf und Werbeanzeige aus der Zeit der Interessengemeinschaft der DMG und der Firma Benz & Cie.

Die ersten nach der Fusion präsentierten Mercedes-Benz Modelle sind der Typ 8/38 PS (im Bild links als 2-türige Limousine) und der 12/55 PS (im Bild rechts als 4-türiges Cabriolet).

Das Bessere ist des Guten Feind: vom Modell K zum SSKL

Konsequentes Corporate Design steckt noch in den Kinderschuhen: Werbeanzeigen von 1927/28 für den Typ S.

Das bekannte Voltaire-Zitat betrifft in gewisser Weise auch die Arbeit von Mercedes-Benz, wenngleich der französische Philosoph eigentlich etwas anderes ausdrücken wollte. Bei Mercedes-Benz führt das Streben nach stetiger Verbesserung jedenfalls nicht dazu, dass das jeweils Beste zu seiner Zeit nicht auch realisiert wird.

Ein Beispiel für so eine Entwicklung sind die Kompressor-Sportwagen der 1920er-Jahre. Im Frühjahr 1926 entsteht das Modell K durch Radstandsverkürzung aus dem Repräsentationswagen 24/100/140 PS und wird zum schnellsten Tourenwagen der Welt. Von Beginn an, noch bevor das neue 6,3-Liter-Modell seine Messepremiere in Berlin feiert, kommt es im Motorsport zum Einsatz und erzielt gleich bei seinem Renndebüt am 22. Juli 1926 in Barcelona einen beeindruckenden Dreifachsieg.

Die vier Modelle vom K bis zum SSK sind Hochleistungssportwagen für Straße und Rennstrecke gleichermaßen.

Fast genau elf Monate später geht bereits ein verbessertes Modell an den Start: Der Typ S (S wie »Sport«) hat einen auf 6,8 Liter vergrößerten Hubraum mit einer um 10 PS (7,5 kW) bzw. 20 PS (15 kW) höheren Motorleistung und dank seines stärker gekröpften Rahmens zugleich einen niedrigeren Schwerpunkt. In der Öffentlichkeit ist er zum ersten Mal beim Eröffnungsrennen des Nürburgrings am 19. Juni 1927 zu sehen. Die beiden Typ S von Rudolf Caracciola und Adolf Rosenberger und das Modell K von Rittmeister von Mosch erringen einen Dreifachsieg. Vier Wochen später folgt beim Großen Preis von Deutschland an gleicher Stelle erneut ein Dreifachsieg des Typ S – diesmal mit Otto Merz, Christian Werner und Willi Walb.

Damit ist das Ende der Entwicklung jedoch noch lange nicht erreicht. Der Typ S erhält einen erneut aufgebohrten Motor mit nun 7,1 Liter Hubraum und 140 PS (103 kW) bzw. 200 PS (147 kW) und mutiert dadurch zum SS (für »Super Sport«). Sein Renndebüt feiert er am 29. Juni 1928 im Rahmen des Automobilturniers Baden-Baden beim Bergrennen auf die Bühler Höhe, das Rudolf Caracciola souverän gewinnt. Publikums-

Einer von vielen Sporterfolgen: Christian Werner auf Mercedes-Benz SS wird beim Großen Preis von Deutschland im Juli 1928 als Sieger abgewunken.

wirksamer ist der nächste Renneinsatz beim Großen Preis von Deutschland auf dem Nürburgring am 15. Juli 1928, wo der SS – wie ein Jahr zuvor der Typ S – einen Dreifachsieg einfährt.

14 Tage später hat die nächste Evolutionsstufe ihre Rennpremiere: Beim Gabelbach-Bergrennen bei Ilmenau fährt Caracciola einen SSK (für »Super Sport Kurz«) zum Sieg. Bei dieser speziell für Bergrennen konzipierten Variante haben die Untertürkheimer Entwickler den Radstand um 45 cm verkürzt, um den Wagen auf den Bergstrecken mit zahlreichen Haarnadelkurven wendiger zu machen.

Alle vier Modelle vom K bis zum SSK sind Hochleistungssportwagen – man würde heute wohl von Supersportwagen sprechen – für Rennstrecke und Straße gleichermaßen. Sie kommen nicht nur im Werksrennsport zum Einsatz, sondern werden auch ganz regulär an sportlich ambitionierte Fahrer (und Fahrerinnen) verkauft, sofern diese über das nötige Kleingeld verfügen.

Ausschließlich dem Werkseinsatz vorbehalten bleiben zwei weitere Evolutionsstufen des SSK, die sich nicht in der Preisliste finden: zunächst der SSKL (für »Super Sport Kurz Leicht«), eine gewichtserleichterte Ausführung, die durch einen größeren Kompressor nun 300 PS (220 kW) mobilisiert. Mit einem Wagen dieses Typs gewinnt Rudolf Caracciola im April 1931 als erster Nicht-Italiener die »Mille Miglia«, das legendäre 1.000-Meilen-Rennen von Brescia nach Rom und zurück.

Der zweite Werksrennwagen dieser Reihe ist ein weiterentwickelter SSKL, der mit einer Stromlinienkarosserie versehen wird und dadurch eine um 20 km/h höhere Höchstgeschwindigkeit erreicht. Dieses Einzelstück, vom Berliner Publikum liebevoll-respektlos Gurke genannt, verhilft Manfred von Brauchitsch im Mai 1932 beim AVUS-Rennen in Berlin zu einem spektakulären Sieg und wird in einer Radioreportage als »silberner Pfeil« tituliert.

Bis Mitte der 1930er-Jahre erzielen die Modelle der S-Reihe unzählige Rennerfolge. Jedes einzelne ist zu seiner Zeit das Nonplusultra, und erst in der Weiterentwicklung wird das Bessere zum Feind des Guten.

Kompakt, innovativ, erfolgreich: der Typ 170

023

Automobil-Innovation und Architektur-Avantgarde: der Typ 170 in der Weißenhofsiedlung in Stuttgart

Am Anfang steht eine tiefgreifende Krise: Die vom New Yorker Börsencrash im Oktober 1929 ausgelöste Weltwirtschaftskrise hat einen starken Rückgang der Industrieproduktion und des Welthandels, die Zahlungsunfähigkeit vieler Unternehmen und massenhafte Arbeitslosigkeit zur Folge. Sie trifft auch die Daimler-Benz AG, die sich dank der Fusion und der damit verbundenen Restrukturierung des Unternehmens und des Produktportfolios inzwischen allmählich von den turbulenten Zeiten der Inflation und ihren Folgen erholt hat. Die Ende 1929 eingeläutete Krise droht all dies wieder zunichte zu machen. Die Belegschaft wird von Ende 1929 bis Ende 1930 um 30 % reduziert; die Produktion sinkt um 27 % bei den Pkw, bei den Nutzfahrzeugen sogar um 45 %, zudem steht ein Viertel der Jahresproduktion auf Halde. Mitte 1931 verschärft sich die Situation in Deutschland zusätzlich durch eine Bankenkrise, die den strukturellen Zusammenbruch der Weimarer Republik einleitet.

In dieser äußerst angespannten Situation hat Daimler-Benz das einzig Richtige getan und im Oktober 1931 ein vollkommen neu entwickeltes Modell unterhalb des etablierten Typenprogramms auf den Markt gebracht: den Typ 170. Gemäß dem im Herbst 1928 eingeführten Nomenklatursystem hat das neue Modell einen Hubraum von 1,7 Litern gegenüber den 2 Litern des bisherigen Einstiegsmodells. Der Preis für die viertürige Limousine, seinerzeit noch als Innenlenker bezeichnet, liegt bei 4.400 Reichsmark, fast 1.600 RM weniger als beim Typ Stuttgart 200. Beste Voraussetzungen also für gute Verkäufe – zumindest dann, wenn das Fahrzeug überzeugt.

Dies ist der Fall: Der Typ 170 verfügt über ein innovatives Konzept mit Schwingachsen vorne und hinten sowie einer hydraulischen Bremsanlage. Dieser immense Fortschritt gegenüber den bisherigen Starrachsen und über Seilzug betätigten mechanischen Bremsen ist nicht nur auf dem Papier beeindruckend, er macht sich auch in außergewöhnlich sicheren Fahreigenschaften bemerkbar. Die Liste der Sonderausstattungen ist kurz, lässt aber aus damaliger Sicht kaum Wünsche offen: ein Suchscheinwerfer schlägt mit 24 RM zu Buche, ein Sonnenschutzvorhang mit 20 RM und für 140 RM kann man ein Rolldach bestellen. Lederpolsterung »bis Fensterunterkante« kostet 220 RM, und ein

BMWs aus Sindelfingen: Karosserien für den 3/20 PS

024

zweites Reserverad mit Halter liegt ebenso wie Stoßstangen vorn und hinten bei 85 RM. Wer für seinen Typ 170 eine von den drei Standard-Farbtönen abweichende Lackierung mit farbigen Kotflügeln möchte, wird mit 150 RM zur Kasse gebeten. Und wer gerne offen fährt, kann für 5.500 RM das zweitürige, viersitzige Cabriolet C mit zwei Seitenfenstern wählen.

Von dem neuen Modell entstehen 1932 mehr als 4.400 Stück – über ein Drittel mehr als im Vorjahr von allen Mercedes-Benz Pkw zusammen produziert worden sind. Damit trägt der intern als W 15 bezeichnete Typ 170 in hohem Maße dazu bei, dass das Unternehmen den Marktanteil in Deutschland – wie im Geschäftsbericht 1931 ausgewiesen – von 6–7 % im Zeitraum 1929–1931 auf 13–14 % im Jahr 1932 steigern kann.

Der W 15 ist der Vorbote einer neuen Modellgeneration. Nicht einmal 18 Monate nach seinem Debüt erscheinen die Typen 200 (W 21), 290 (W 18) und 380 (W 22), allesamt mit hydraulischer Bremsanlage und Einzelradaufhängung an Schwingachsen. Damit ist ein umfassender Modellwechsel im Mercedes-Benz Pkw-Typenprogramm vollzogen, und das Unternehmen ist für die Zukunft bestens gerüstet.

Für die Entwicklung der neuen Modellgeneration ist Dr. Hans Nibel verantwortlich, der als Chefkonstrukteur der Firma Benz mit der Fusion in den Daimler-Benz Vorstand eingezogen ist und damit neben Ferdinand Porsche Technischer Direktor des fusionierten Unternehmens geworden ist. Nachdem Porsche seinen Stuhl nach Differenzen mit den Vorstandskollegen zum Jahresende 1928 geräumt hat, ist Nibel alleiniger Technischer Direktor. Porsche eröffnet nach einem kurzen Zwischenspiel als Chefkonstrukteur der Steyr-Werke ein Konstruktionsbüro in Stuttgart, das im April als »Dr. Ing. h. c. F. Porsche GmbH, Konstruktionen und Beratung für Motoren und Fahrzeuge« registriert wird. In dieser Funktion wird Porsche später auch wieder Konstruktionsaufgaben für Daimler-Benz übernehmen.

BMW 3/20 PS mit Dame auf der Schönheitskonkurrenz in Baden-Baden 1931.

Aus heutiger Sicht eher ungewöhnlich, ist die Zusammenarbeit mit BMW ein interessantes Beispiel für die Vernetzung der Automobilhersteller in den 1930er-Jahren. Auch wenn die Produktionszahlen mit Einführung des Typs 170 wieder steigen, beschreitet das Unternehmen zur Kapazitätsauslastung unkonventionelle Wege: Im November 1931 beginnt das Karosseriewerk Sindelfingen mit der Fertigung von Karosserien für BMW.

1916 als Flugmotorenhersteller gegründet, hat das bayerische Unternehmen 1923 die Produktion von Motorrädern aufgenommen und ist 1928 durch Übernahme der Fahrzeugfabrik Eisenach auch zum Automobilhersteller geworden. Bis 1937 werden in Sindelfingen insgesamt 22.197 Karosserien, darunter sämtliche Serienkarosserien für den BMW 3/20 PS, gefertigt und nach Eisenach geliefert, wo die Produktion der BMW-Automobile bis in die 1940er-Jahre erfolgt.

Bereits ab Januar 1930 hat das Werk Sindelfingen auch Karosserien für den Typ W 11 der in der Nähe von Chemnitz angesiedelten Wanderer-Werke hergestellt – insgesamt 2.702 Stück bis Januar 1932 – dem Jahr, als das Werk zusammen mit DKW, Horch und Audi in der neu gegründeten Auto Union AG aufgeht. So ist das Stuttgarter Unternehmen bereits in den 1930er-Jahren mit der Geschichte seiner heutigen Kernwettbewerber BMW und Audi verwoben.

Elegant, sportlich, luxuriös: 500 K und 540 K

025

Unter den im Februar 1933 präsentierten Mercedes-Benz Pkw-Modellen mit Schwingachsen und hydraulischen Bremsen ist auch der als eleganter Luxussportwagen konzipierte Typ 380 (W 22). Seine innovative Vorderachskonstruktion hebt sich durch ihre verfeinerte Konstruktion mit parallelen Querlenkern und Schraubenfedern von den kleineren Schwestermodellen 200 und 290 ab und wird wegweisend für den Automobilbau.

Anders als die beiden Sechszylindermodelle wird der W 22 von einem Reihenachtzylinder angetrieben, der mit einem Roots-Kompressor bestückt ist. Die mit 90 PS (66 kW), bei zugeschaltetem Kompressor sogar mit 140 PS (103 kW) angegebene Leistung des 3,8-Liters darf zwar eigentlich als recht ordentlich gelten, sie wird aber in zweierlei Hinsicht als nicht ganz ausreichend angesehen: Einerseits kann der 380 die Lücke, die die nicht mehr gebauten Hochleistungssportwagen der S-Reihe mit ihren bis zu 175 bzw. 225 PS starken, großvolumigen Sechszylindern hinterlassen haben, nicht wirklich schließen, und andererseits bietet das innovative Schwingachs-Fahrwerk des W 22 Reserven, die der 3,8-Liter-Motor nicht einmal anzukratzen vermag.

Der 500 K ist bereits ab Werk in zehn unterschiedlichen Karosserien lieferbar.

Der Auftrag ist also klar definiert: Ein leistungsstärkerer Motor muss her. So debütiert bereits nach einem Jahr der Typ 500 mit Kompressor, der technisch im Wesentlichen seinem Vorgänger entspricht. Es bleibt beim Reihenachtzylinder und beim Roots-Kompressor, der Hubraum wird jedoch auf 5 Liter vergrößert. Dadurch steigt die Leistung auf 100 PS (73 kW) bzw. 160 PS (118 kW) – im Vergleich zum SS und SSK noch immer keine Offenbarung, aber doch ein deutlicher Schritt in die richtige Richtung. Im Gegensatz zu den Modellen der S-Reihe ist der 500 K – die Bezeichnung wird zunächst parallel zum etwas sperrigen »500 mit Kompressor« verwendet – nicht als Hochleistungssportwagen für Straße und Rennstrecke konzipiert, sondern wartet stattdessen mit Attributen wie sportlicher Eleganz, Luxus sowie souveräner Kraftentfaltung auf, jedoch ohne jegliche motorsportliche Ambition.

Im Hinblick auf die sportlich-elegante Gestaltung und die luxuriöse Anmutung trifft es sich gut, dass im Karosseriewerk Sindelfingen der begnadete Karosseriespezialist Hermann Ahrens tätig ist, den man noch vor der Premiere des Typs 380 von der Konkurrenz abgeworben hat.

Ahrens hat nicht nur das richtige Händchen für formschöne Karosserieentwürfe, er weiß auch, was die Kunden in diesem Segment erwarten. Ahrens initiiert im Werk Sindelfingen die Gründung der Abteilung Sonderwagenbau, die sich fortan um die Fertigung der besonders exklusiven Modelle kümmert. Hier können in noch weitaus stärkerem Maße als bei den Großserienmodellen Sonderwünsche des Kunden zur Individualisierung seines Fahrzeugs umgesetzt werden.

Nicht ohne Grund ist der Anteil der Käufer, die bei Daimler-Benz nur das Fahrgestell ordern und bei einem Karosserieschneider ihrer Wahl mit einer individuellen Karosserie versehen lassen, deutlich geringer als bei vergleichbaren Fahrzeugen anderer Hersteller.

Der 500 K ist, ebenso wie sein noch etwas leistungsstärkerer Nachfolger 540 K, der ihn im Herbst 1936 ablöst, bereits ab Werk in zehn unterschiedlichen Karosserien lieferbar. Als eleganteste gilt der hinreißend schöne Spezial-Roadster, der als teuerste Variante insgesamt nur rund 50-mal gebaut wird. Von den beiden Modellen 500 K und 540 K entstehen zusammen 761 Stück, davon nur 70 Fahrgestelle zur Fremdkarossierung. Die Mercedes-Benz Achtzylinder-Kompressorsportwagen gehören auch heute noch zu den gefragtesten Sammlerfahrzeugen überhaupt, wobei der nur ein Jahr gebaute 380 hier etwas im Schatten seiner spektakuläreren Nachfolger steht.

Luxuriöses Reisen in den 1930er-Jahren: auf der Straße mit dem exklusiven 540 K Spezial-Roadster, in der Luft mit dem Zeppelin.
[Das ursprüngliche Schwarz-Weiß-Foto wurde mithilfe von KI koloriert.]

Beginn einer Erfolgsgeschichte: der erste Silberpfeil W 25

026

2. Juni 1934: Am Vorabend des Internationalen Eifelrennens auf dem Nürburgring herrschen im Mercedes-Benz Hauptquartier im Alten Forsthaus St. Hubertus Verwirrung und Bestürzung: Die völlig neu konstruierten Grand-Prix-Rennwagen, die am nächsten Tag ihren ersten Renneinsatz absolvieren sollen, haben beim Wiegen das Gewichtslimit der 750-Kilogramm-Formel um ein Kilogramm überschritten und dürfen nun nicht starten – es sei denn, ein Wunder geschieht.

Rennleiter Alfred Neubauer beschreibt die Situation in seinen Lebenserinnerungen, die 1958 unter dem Titel »Männer, Frauen und Motoren« erschienen sind: »Was tun? Morgen ist das Rennen. Ich kann keine lebenswichtigen Teile ausbauen lassen. Alles ist aufs Gramm genau berechnet. ›Lassen Sie sich doch einen Ihrer berühmten Tricks einfallen‹, sagt Brauchitsch. ›Sonst sind wir die Lackierten …‹. ›Lackiert?‹ frage ich, und im gleichen Moment fällt auch schon der Groschen. ›Natürlich – der Lack, das ist die Lösung!‹ Die ganze Nacht lang schrubben die Mechaniker den schönen weißen Lack von unsern Silberpfeilen. Und als sie morgens nochmals auf die Waage kommen – da wiegen sie haarscharf 750 Kilogramm.« Ob sich diese an Dramatik und Emotionalität kaum zu überbietende Geschichte tatsächlich so zugetragen hat, das muss trotz der späteren Bestätigung durch den Zeitzeugen Manfred von Brauchitsch offen bleiben.

Die Silberpfeile sind in den Jahren 1934/35 überaus erfolgreich.

Mit der ab 1934 gültigen neuen Rennformel, die das Gewicht der Grand-Prix-Rennwagen ohne Fahrer, Kraftstoff, Öl, Kühlwasser und Reifen auf 750 Kilogramm begrenzt, beginnt für Mercedes-Benz eine neue Ära im Motorsport. Seit 1921 hatte man sich wegen der in schneller Folge wechselnden Grand-Prix-Formel im Wesentlichen auf die weniger eng reglementierten Sportwagenrennen konzentriert und dabei mit den in klassischem Weiß lackierten Modellen der S-Reihe zahlreiche spektakuläre Erfolge eingefahren.

Durch die im Oktober 1932 verkündete neue Rennformel ändert sich der Fokus, und die Untertürkheimer entwickeln einen vollkommen neu konstruierten Rennwagen mit dem internen Modellcode W 25. Er folgt dem gewohnten Konzept mit vorn eingebautem Motor und angetriebenen Hinterrädern und hat, wie die 1933 eingeführten Pkw-Modelle, Schwingachsen mit einzeln aufgehängten Rädern. Als Motor kommt der neu entwickelte Reihenachtzylinder M 25 mit zunächst 3,4 Liter Hubraum zum Einsatz, der dank Vierventiltechnik und Kompressoraufladung eine Höchstleistung von bis zu 354 PS (260 kW) bereitstellt.

Der erste Start des neuen Boliden am 3. Juni 1934 endet mit einem spektakulären Sieg von Manfred von Brauchitsch, der mit 80 Sekunden Vorsprung vor Hans Stuck auf Auto Union ins Ziel geht. Am Saisonende kann das Untertürkheimer Rennteam mit Manfred von Brauchitsch, Rudolf Caracciola und Luigi Fagioli sowie den Nachwuchsfahrern Hanns Geier und Ernst Henne eine vielversprechende Erfolgsbilanz vorweisen: Der W 25 hat bei acht Starts vier Siege und drei zweite Plätze eingefahren, allerdings sind auch neun Ausfälle zu verzeichnen. So kann man hoffnungsfroh in die Zukunft blicken.

Für die Saison 1935 hat der Automobil-Weltverband A.I.A.C.R. (Association Internationale des Automobile Clubs Reconnus) nach mehrjähriger Pause wieder eine Grand-Prix-Europameisterschaft ausgeschrieben. Mit dem Ziel, den Titel zu holen, überarbeitet Mercedes-Benz den W 25 und schafft es, die Motorleistung kontinuierlich zu erhöhen – bis zu 462 PS (340 kW). Mit Erfolg: Von den sieben zur Europameisterschaft zählenden Großen Preisen gewinnen die Mercedes-Benz Piloten fünf und holen vier zweite sowie zwei dritte Plätze. Die Meisterschaft gewinnt mit großem Vorsprung Rudolf Caracciola vor seinen Teamkollegen Luigi Fagioli und Manfred von Brauchitsch.

Luigi Fagioli fährt den W 25 im Auftaktrennen der Saison 1935, dem Großen Preis von Monaco, zum Sieg. Europameister wird am Ende Rudolf Caracciola.

Startvorbereitungen zum Eifelrennen am 4. Juni 1934: Manfred von Brauchitsch gewinnt den ersten Renneinsatz des brandneuen Silberpfeils W 25.

Zur gleichen Zeit, als die Rennabteilung in Untertürkheim den W 25 für die Saison 1936 grundlegend überarbeitet, wird auch in Nürnberg an der Entwicklung eines Silberpfeils gearbeitet. Dieses Fahrzeug kommt ganz ohne Kompressor und sogar ohne Benzin aus. Die Rede ist von einem Spielzeugauto, das Anfang 1936 unter der Bezeichnung Schuco-Studio auf den Markt kommt. Die 1912 gegründete Nürnberger Firma Schuco – der Unternehmensname steht für »Schreyer und Co.« – beschäftigt sich mit der Entwicklung und Produktion von hochwertigem Blechspielzeug. Angeboten werden zunächst Menschen- und Tierfiguren, die dank innovativer Federwerk-Mechanik unerwartete Kunststücke vollführen und Kinderherzen höherschlagen lassen.

Ein Silberpfeil als Fahrschulauto: Bedienungsanleitung des Schuco Studio von 1936.

1936 kommen die ersten Miniaturautos hinzu, die ebenfalls von einem Federwerk angetrieben werden. Neben dem Patent-Wendeauto, das einer Maybach Stromlinien-Limousine nachempfunden ist und beim Erreichen der Tischkante wie von Geisterhand den Sturz von der Tischplatte verhindert, erscheint mit dem Schuco-Studio ein ungefähr 20 cm langes Modell des Mercedes-Benz Silberpfeils. Mit zahlreichen Funktionen bietet es umfassende Spielmöglichkeiten: richtige Lenkrad-Steuerung, sichtbares Differenzial sowie abnehmbare Räder und abnehmbare Reifen mit passendem Miniatur-Werkzeug.

Die Schuco-Werbung nennt den Studio vollmundig »Das steuerbare Fahrschulauto«, »Das erste wirkliche Spiel und Lehr-Auto« und »das rassige Renn-Auto mit den vielen Lehr- und Spielmöglichkeiten«; zitiert wird auch Alfred Neubauer: »Der Rennleiter von Mercedes sagt: ›Schuco-Studio, die liniengetreue Nachahmung unseres berühmten Rennwagens, ist ein prächtiges Spielzeug für unsere sportbegeisterte Jugend.‹« Neben der bereits fertig zusammengebauten Ausführung gibt es den Studio auch als Baukasten mit Wagenheber, demontierten Rädern und Ersatzreifen.

Die Werbeaussagen treffen offenbar ins Schwarze: Abgesehen von der kriegsbedingten Pause der Jahre 1940 bis 1947 wird der Studio mit nur kleinen Unterbrechungen bis 2022 hergestellt. Damit ist er das Spielzeugauto, das am längsten unverändert produziert wird. Die genaue Stückzahl ist zwar nicht dokumentiert, sie liegt aber sicherlich bei mehr als einer Million. So macht Schuco das Jahr 1936, als der Original-Silberpfeil der Konkurrenz hinterherfährt, doch noch zu einer Erfolgssaison.

Dank dem mitgelieferten Werkzeugset kann der kleine Rennmonteur an seinem Schuco-Studio Reifen und Räder wechseln.

Rekorde bei Absatz und Wirtschaftlichkeit: 170 V und 260 D

027

Auf der Internationalen Automobil- und Motorradausstellung in Berlin – einem Ort, an dem Mercedes-Benz wie viele andere Hersteller Jahr für Jahr die neuesten Schöpfungen präsentiert – hätte im Februar 1936 wohl niemand ahnen können, wie sehr die neuen Personenwagenmodelle 170 V und 260 D die Entwicklung von Marke und Unternehmen prägen und selbst die kühnsten Erwartungen am Ende übertreffen würden.

Der intern W 136 genannte 170 V ist dazu auserkoren, den Verkaufserfolg des 1931 eingeführten Typs 170 fortzusetzen. Der Zusatz V in der Typenbezeichnung steht übrigens für »vorn« und bezeichnet die Position des Motors. Er wird erforderlich, weil zeitgleich ein hubraumgleiches Modell mit Heckmotor debütiert, das folgerichtig als 170 H bezeichnet wird. Im Gegensatz zum Vorgängermodell hat der 170 V einen Vierzylindermotor, der jedoch 38 PS (28 kW) – 6 PS (4,4 kW) mehr als vorher – bereitstellt.

Das Rückgrat der Neukonstruktion ist der patentierte, zum ersten Mal realisierte X-förmige Ovalrohrrahmen, der bei größerem Radstand ca. 50 kg leichter und außerdem steifer war als der bis dahin verwendete Kastenrahmen des Vorgängertyps 170. Schon bei oder kurz nach der Markteinführung im März 1936 steht für den 170 V eine aus heutiger Sicht schwer vorstellbare Vielfalt an Karosserievarianten zur Wahl. Neben der Limousine mit zwei oder vier Türen und einer Cabrio-Limousine stehen als zweitürige Varianten ein offener Tourenwagen, zwei Cabriolets und ein zweisitziger Roadster zur Wahl.

Die Karosserien sind geräumig und solide, und auch Motor und Fahrwerk des 170 V stehen insgesamt für Anspruchslosigkeit, Zuverlässigkeit und Haltbarkeit. So ist es kein Wunder, dass der 170 V aus dem Stand neue Produktionsrekorde aufstellt. Schon im Jahr seines Produktionsanlaufs werden fast 12.700 Fahrzeuge gebaut, entsprechend einem Anteil von 55 % an der gesamten Pkw-Jahresproduktion von Mercedes-Benz. Im Folgejahr steigt dieser Wert mit 18.900 gebauten 170 V auf 97 %. Bis 1942 werden insgesamt fast 72.000 W 136 gebaut – ein Vielfaches der auf den weiteren Plätzen folgenden Mercedes-Benz Pkw-Modelle. Dazu kommen noch fast 1.000 Kastenwagen und mehr als 19.000 Kübelwagen für die Wehrmacht. Eine besondere Bedeutung wird der Erfolgstyp 170 V auch dadurch erlangen, dass er nach dem Ende des Zweiten Weltkriegs zum Ausgangspunkt der wieder anlaufenden Mercedes-Benz Pkw-Produktion wird.

> Mit dem 260 D präsentiert Mercedes-Benz den ersten serienmäßig gebauten Personenwagen mit Dieselmotor.

Das zweite Pkw-Modell, das 1936 zeitgleich mit dem 170 V debütiert, ist für die Stuttgarter nicht minder bedeutend, wenn auch aus anderen Gründen. Der Mercedes-Benz 260 D ist der erste serienmäßig gebaute Personenwagen mit Dieselmotor. Was gut zwölf Jahre zuvor bereits mit dem Lastwagen funktioniert hat, ist nach weiterer jahrelanger Entwicklungsarbeit nun auch beim Pkw gelungen: die Integration des technisch aufwendigen, aber wirtschaftlich unerreichten Dieselmotors. Der Vierzylinder, der wie beim Lkw die bei Benz entwickelte Vorkammereinspritzung nutzt, hat 2,6 Liter Hubraum und leistet durchaus beachtliche 45 PS (33 kW). Der Wagen richtet sich nicht nur an Privatkunden, sondern in erster Linie an das Taxigewerbe, für das geringe Betriebskosten eine besonders wichtige Rolle spielen. Aus diesem Grund hat man als Basis für den 260 D den Typ 200 lang mit seiner geräumigen Sechssitzer-Karosserie herangezogen.

In Sachen Sparsamkeit kommt dem 260 D im Vergleich zum Benzinermodell nicht nur sein rund 30 % geringerer Verbrauch zugute, der Dieselkraftstoff ist seinerzeit zudem auch noch rund 50 % günstiger als Benzin – in Summe

Im Längsschnitt wird das Innenleben des 170 V sichtbar – hier in der Ausführung als 2-türiges Cabriolet B.

Die wichtigsten Neuheiten im Mercedes-Benz Pkw-Modellprogramm des Jahres 1936 sind der 170 V (links) und der 260 D (rechts).

ein unschlagbarer Vorteil, selbst in Anbetracht des etwa 1.000 RM höheren Verkaufspreises. Bis zum kriegsbedingten Produktionsende 1940 erreicht der 260 D nur eine Stückzahl von 1967 Fahrzeugen, nur gut 10 % des vergleichbaren Benziners. Dennoch legt er den Grundstein für die beeindruckende Erfolgsgeschichte des Diesel-Pkw, die Mercedes-Benz 1949 mit der Einführung des 170 D fortschreiben wird.

Zurück an die Spitze: Rudolf Uhlenhaut und der W 125

028

Während die neuen Pkw-Modelle Markterfolge feiern und das Unternehmen ungeahnte Produktionsrekorde erzielt, läuft es im Motorsport weniger rund als erwartet. Zwar hat der erste Silberpfeil W 25 in seiner zweiten Rennsaison 1935 alle Konkurrenten distanziert und absolute Dominanz demonstriert, sein Fahrwerk ist jedoch mit dem zuletzt erreichten Leistungsniveau an seine Grenzen gestoßen. In der Saison 1936 soll die neue De-Dion-Hinterachse durch ihre konzeptbedingt geringeren Sturzänderungen für eine bessere Straßenlage sorgen. Unterstützt wird dies durch verbesserte Aerodynamik und eine Weiterentwicklung des bewährten Achtzylindermotors, der nun aus 4,7 Litern Hubraum 494 PS (363 kW) schöpft – mehr als im Vorjahr, aber nicht genug, um der Konkurrenz von Auto Union Paroli zu bieten. Deren Sechzehnzylinder hat inzwischen einen Hubraum von gut 6 Litern und eine Leistung von bis zu 520 PS (382 kW) erreicht.

So ist es kein Wunder, dass der Renner aus Untertürkheim die hochgespannten Erwartungen nicht erfüllen kann. Von den vier Läufen der Europameisterschaft – den Großen Preisen von Monaco, Deutschland, der Schweiz und Italien – gewinnt Mercedes-Benz nur das erste, und nach dem enttäuschenden Abschneiden auf dem Nürburgring und in Bern ziehen sich die Stuttgarter trotz einem Sieg und einem zweiten Platz bei den nicht zur Meisterschaft zählenden Großen Preisen von Tunis und Penya Rhin im August vorzeitig aus der Rennsaison zurück und treten in Monza erst gar nicht an. Die Aufgabe ist klar: umgehend mit der Entwicklung eines Rennwagens für 1937 zu beginnen, der Mercedes-Benz wieder an die Spitze führen soll.

Hier kommt Rudolf Uhlenhaut ins Spiel – ein gerade einmal 30 Jahre junger Ingenieur, der sein Berufsleben fünf Jahre zuvor in der Fahrzeugentwicklung in Untertürkheim begonnen hat und nun die neu geschaffene Stelle des Technischen Leiters der Rennabteilung erhält. Wie glücklich diese Unternehmensentscheidung ist, soll sich schon zu Beginn der Saison 1937 zeigen. Bei seiner neuen Aufgabe profitiert Uhlenhaut von der seltenen Fähigkeit, die schwer zu beherrschenden Rennwagen unter Wettbewerbsbedingungen fahren zu können, wobei er mit seinen Rundenzeiten den besten Silberpfeilpiloten nicht nachsteht. Durch sein tiefes Verständnis der technischen Zusammenhänge kann er die bei der Fahrerprobung gesammelten Erkenntnisse dann ohne Umwege für die erforderlichen Verbesserungsmaßnahmen nutzen.

Uhlenhaut erkennt die Defizite des Silberpfeils und bringt das Team zurück auf die Erfolgsspur.

Uhlenhaut erkennt, dass der Radstand im Hinblick auf die Massenverteilung des Wagens zu kurz, der Rahmen zu weich und die Federwege insbesondere an der Vorderachse nicht groß genug sind. Der Rennwagen für die Saison 1937 wird daraufhin unter dem internen Modellcode W 125 vollkommen neu konstruiert. Der Radstand wird verlängert, der Rahmen aus verwindungssteifen Rohren mit ovalem Querschnitt ganz neu aufgebaut und das Fahrwerk grundlegend überarbeitet. Auch der Motor wird umfassend modifiziert: Neben einer Hubraumvergrößerung auf knapp 5,7 Liter betrifft dies vor allem eine Umstellung der Gemischbildung auf einen vor dem Kompressor angeordneten Saugvergaser. In dieser Konfiguration kommt der W 125 auf eine Höchstleistung von bis zu 568 PS (418 kW). Die intensiven Vorbereitungen führen das Mercedes-Benz Rennteam wieder auf Erfolgskurs: Der W 125 gewinnt nicht nur seine Rennpremiere beim Großen Preis von Tripolis, sondern auch vier der fünf zur Europameisterschaft zählenden Großen Preise, je zwei davon als Doppelsiege und Dreifachsiege. Mercedes-Benz ist wieder unangefochten an die Spitze zurückgekehrt, und Rudolf Caracciola gewinnt seine zweite Europameisterschaft. Die Rennabteilung kann sich dennoch nicht auf den Lorbeeren ausruhen – gilt doch bereits ab 1938 eine neue Rennformel, die nicht mehr das Gewicht des Fahrzeugs, sondern den Hubraum des Motors begrenzt.

Die Stars des Mercedes-Benz Rennteams, aufgenommen im August 1938: Rennleiter Alfred Neubauer, Europameister Rudolf Caracciola und technischer Leiter Rudolf Uhlenhaut (Bild links). Das rechte Bild zeigt Uhlenhaut bei der Erprobung des neu konstruierten Silberpfeils für die Saison 1938.

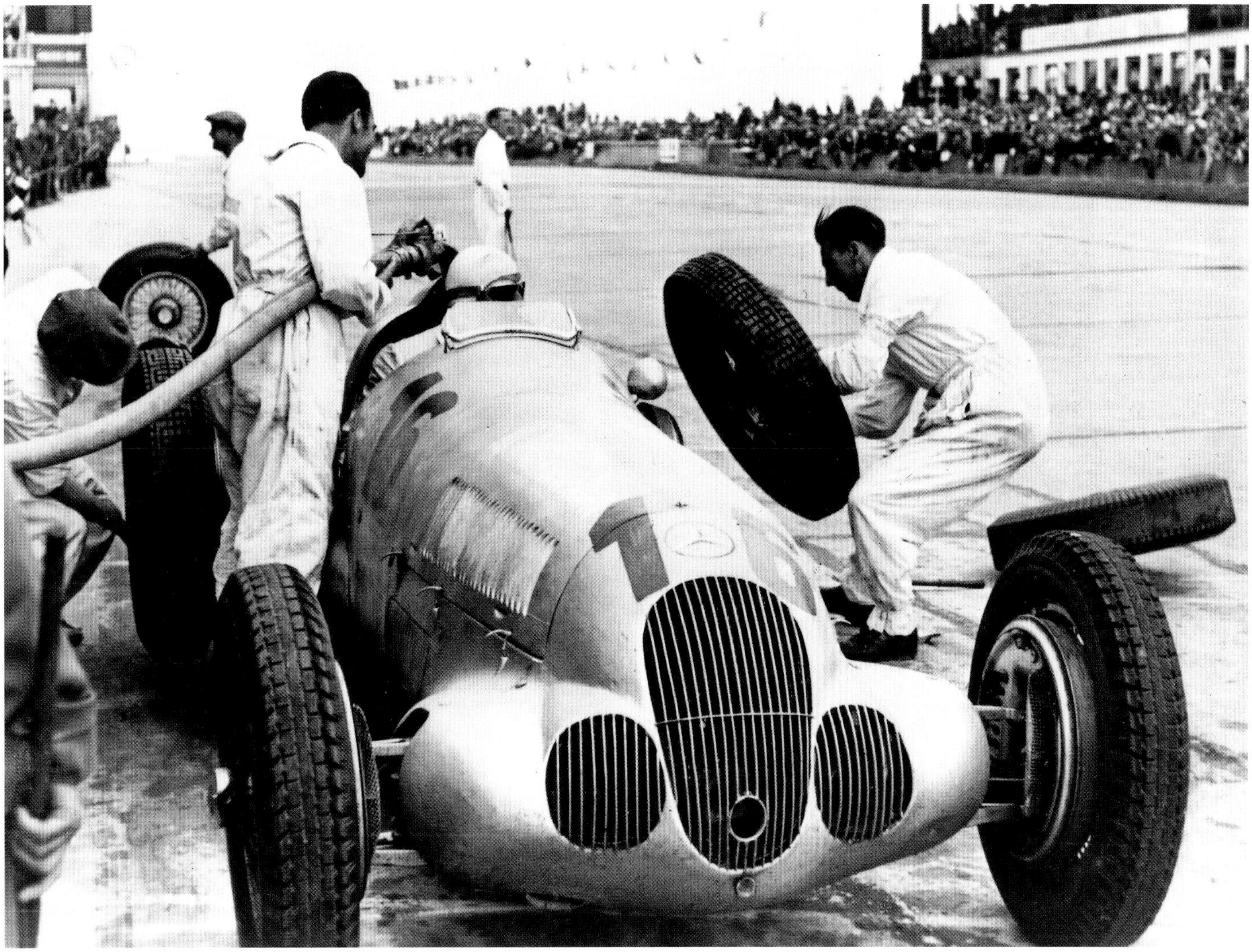

Der unter der Regie von Rudolf Uhlenhaut entwickelte W 125 dominiert die Saison 1937 fast nach Belieben.

Käfer aus Sindelfingen: der VW 30 und die Mercedes-Benz Heckmotorwagen

029

Dass der Volkswagen Käfer ein automobiler Meilenstein und mit 21,5 Millionen Exemplaren das meistgebaute Auto der Welt ist, gilt als Binsenweisheit. Weniger bekannt ist dagegen, dass der Käfer auch sehr enge Beziehungen zu Mercedes-Benz hat.

Forderungen der nationalsozialistischen Machthaber nach einem günstigen Auto für die Bevölkerung münden 1934 in die Beauftragung von Ferdinand Porsches Konstruktionsbüro durch den Reichsverband der Automobilindustrie. Während die ersten noch in Einzelanfertigung hergestellten fünf Prototypen in Porsches Garage entstehen, erfordert die nächste Serie von 30 Versuchswagen einen professionellen Partner. Kein Wunder, dass die Wahl auf Daimler-Benz fällt, das mit seinen Werken Untertürkheim und Sindelfingen über die erforderlichen Kompetenzen und Fertigungskapazitäten verfügt. So entstehen im Frühjahr 1937 alle Exemplare der Serie VW 30 bei Daimler-Benz. Für die Serienfertigung soll ein eigenes Werk bei Fallersleben errichtet werden, für das im Mai 1938 der Grundstein gelegt wird. Bis Kriegsende werden dort allerdings nur die militärischen Ausführungen Kübelwagen und Schwimmwagen sowie andere Rüstungsgüter gefertigt.

Der Konstruktion des Volkswagens sind Anfang der 1930er-Jahre bereits mehrere vergleichbare Kleinwagenprojekte unterschiedlicher Hersteller vorausgegangen, beispielsweise von Gutbrod und Tatra. Auch Porsche selbst hat 1931 und 1933 ähnliche Fahrzeuge für Zündapp und NSU konzipiert, ohne dass es zu einer Serienfertigung gekommen ist. Als früher Ideengeber, der das Grundkonzept und zahlreiche Details des Käfers schon 1925 entworfen und damit einen entscheidenden Anteil an der Urheberschaft des Käfers geleistet hat, gilt Béla Barényi, der für seine bahnbrechenden Entwicklungen der Fahrzeugsicherheit später weltbekannt werden sollte. Bestimmte Elemente des von Barényi entworfenen Konzepts wie Zentralrohrrahmen, Schwingachsen, Heckmotor und strömungsgünstige Karosserie gelten Anfang der 1930er-Jahre als essenzielle Bestandteile zukunftsweisender Automobilkonstruktionen.

Auch bei Daimler-Benz entstehen Anfang der 1930er-Jahre unter dem Code W 17 erste Prototypen mit Heckmotor, gehen aber nicht in Serie. Dies ändert sich mit dem Typ 130 (W 23), der 1934 zusammen mit dem 500 K auf der Automobil-Ausstellung in Berlin debütiert. Das neue Einstiegsmodell in das Mercedes-Benz Pkw-Programm hat einen Zentralrohrrahmen und einen im Heck untergebrachten 1,3-Liter-Vierzylindermotor. Fahrzeugdesign und Fahreigenschaften sind aber für die klassische Mercedes-Benz Klientel wohl zu gewöhnungsbedürftig, und so bleiben die Verkäufe hinter den Erwartungen zurück.

> Auch bei Mercedes-Benz entsteht Mitte der 1930er-Jahre ein Einstiegsmodell mit Heckmotor.

Motorsporterfolge sollen hier für Abhilfe sorgen, und so starten bei der publikumswirksamen Langstreckenfahrt »2000 km durch Deutschland« im Juli 1934 neben vier 500 K unter anderem auch sechs Exemplare des Typs 130. Außerdem mit dabei sind sechs aus dem Heckmotormodell entwickelte »Sport-Limousinen« mit einem vor der Hinterachse eingebauten 1,5-Liter-Mittelmotor. Die mit ihrer Karosserieform deutlich an den späteren Volkswagen erinnern. Nach erfolgreich absolvierter Fahrt und einem weiteren Einsatz bei der Fernfahrt Lüttich–Rom–Lüttich werden die Mittelmotorwagen mit einer Roadsterkarosserie versehen und als Typ 150 auf der Berliner Automobilausstellung im Februar 1935 präsentiert. Eine Serienfertigung kommt aber nicht zustande.

Der Typ 130 wird nach nur zweijähriger Produktionszeit von einem aufgewerteten Nachfolger mit identischem Grundkonzept abgelöst. Der 1936 zusammen mit den Modellen 170 V und 260 D in Berlin präsentierte Typ 170 H (bei dem das H den Heckmotor bezeichnet) hat einen hub-

Käfer für die Erprobung: der VW 30, die erste nicht mehr in Einzelanfertigung gebaute Versuchsserie des zukünftigen Volkswagens, hergestellt in Untertürkheim und Sindelfingen.

raum- und leistungsstärkeren 1,7-Liter-Motor und eine gefälliger gezeichnete Karosserie erhalten, sein Durchbruch bleibt aber weiterhin aus, und die Produktion erreicht nur eine Stückzahl von 1.507 Fahrzeugen. Der gleichzeitig eingeführte, konventionell konzipierte und sogar um 600 RM günstigere 170 V ist für die Kundschaft ganz offensichtlich das weitaus interessantere Auto.

Heck- und Mittelmotorwagen aus Untertürkheim: die Sportlimousine Typ 150 mit Mittelmotor (rechts oben), der 1934 präsentierte Typ 130 mit Heckmotor (links) und der deutlich überarbeitete Typ 170 H (rechts).

Duell auf der Autobahn: Caracciolas Rekord (fast) für die Ewigkeit

030

Der von den nationalsozialistischen Machthabern geförderte motorsportliche Wettbewerb der Rivalen Mercedes-Benz und Auto Union umfasst in den 1930er-Jahren nicht nur Rennen, sondern auch Rekordfahrten, bei denen hochgezüchtete, speziell für den Einsatzzweck entwickelte Fahrzeuge gegen die Stoppuhr antreten. Mercedes-Benz engagiert sich nach dem wenig erfolgreichen Verlauf der Grand-Prix-Saison im Herbst 1936 verstärkt auf diesem Sektor und setzt dabei auf einen ursprünglich als Grand-Prix-Motor gedachten 5,6-Liter-V12-Motor mit einer Höchstleistung von 616 PS (453 kW). Eine Reihe von internationalen Rekorden in der Klasse B (5 bis 8 Liter Hubraum) sind die Früchte dieses Engagements.

Die NS-Propaganda nutzt den Wettstreit zwischen Mercedes-Benz und der Auto Union für ihre Zwecke.

Ein Jahr später haben die Nationalsozialisten den Rekordwettstreit in einer »Rekordwoche« institutionalisiert, um ihn propagandistisch bestmöglich auszuschlachten. Nachdem die erste Runde im Oktober 1937 an die Auto Union gegangen ist, stellt Mercedes-Benz innerhalb von drei Monaten einen grundlegend überarbeiteten Rekordwagen bereit. Die Vollstromlinienkarosserie ist ganz neu gezeichnet, der V12-Motor leistet 765 PS (563 kW), und dank der Umstellung auf Eiskühlung kann man auf die aerodynamisch ungünstige Durchströmung des Wagens verzichten.

Wie nah Triumph und Tragödie im Motorsport zusammenliegen können, zeigt sich in aller Deutlichkeit am 28. Januar 1938. Caracciola fährt mit dem neuen Wagen auf der Autobahn Frankfurt–Darmstadt sensationelle 432,692 km/h über den Kilometer und 432,361 km/h über die Meile und erzielt damit die bis dahin höchste auf einer öffentlichen Straße je gefahrene Geschwindigkeit. Nicht einmal eine Stunde später versucht der Auto Union Starfahrer Bernd Rosemeyer, den neuen Rekord zu brechen und verunglückt tödlich, nachdem sein ebenfalls neu entwickelter Rekordwagen in voller Fahrt von einer Windböe erfasst und von der Fahrbahn gedrängt wird. Rosemeyer ist auf der Stelle tot, und Caracciolas Rekord bleibt fast 80 Jahre ungeschlagen.

Zur gleichen Zeit, als Caracciola mit seiner Rekordfahrt Motorsportgeschichte schreibt, ist in Stuttgart ein noch viel mächtigerer und leistungsstärkerer Rekordwagen in Entwicklung, der den absoluten Geschwindigkeitsrekord für Landfahrzeuge nach Deutschland holen soll. Das Projekt geht zurück auf eine Initiative von Hans Stuck. Der Auto Union Werksfahrer, der seinen Stern im Grand-Prix-Team nicht zuletzt durch die Erfolge des neun Jahre jüngeren Bernd Rosemeyer zunehmend sinken sieht, fasst 1936 den Plan, schnellster Mann der Welt zu werden. Es gelingt ihm nicht nur, die nationalsozialistischen Machthaber zu gewinnen und die Zusage zur Bereitstellung eines Daimler-Benz Flugmotors zu erhalten, sondern sich auch die Unterstützung der Untertürkheimer und des Konstruktionsbüros von Ferdinand Porsche zu sichern.

Porsche, dessen Büro den Auftrag zur Konstruktion des Rekordwagens im Januar 1937 erhalten hat, konzipiert einen Dreiachser und errechnet für die zunächst avisierten 550 km/h einen Leistungsbedarf, den nur ein Flugmotor abdecken kann. Nachdem britische und amerikanische Fahrer den Weltrekord auf den Bonneville Salt Flats immer weiter in die Höhe schrauben, bis im August 1939 John Cobb 595 km/h erzielt, wird das Ziel schließlich auf 650 km/h festgesetzt und der erforderliche Leistungsbedarf mit 3.500 PS (2.574 kW) ermittelt.

Das von Porsche unter dem Projektnamen Typ 80 oder T 80 konstruierte Fahrzeug wird ab 1938 realisiert und absolviert seinen ersten Prüfstandslauf im Oktober 1939. Der als Antrieb vorgesehene Zwölfzylinder-Flugmotor DB 603 mit Kompressoraufladung und 44,5 Liter Hubraum

Am 28. Januar 1938 fährt Rudolf Caracciola mit 432,7 km/h auf der Autobahn Frankfurt-Darmstadt die schnellste auf einer öffentlichen Straße erzielte Geschwindigkeit (oben). Sein Rekord hält fast 80 Jahre. Das Glück ist auch Hans Stuck hold: Wegen des Zweiten Weltkriegs erlangt der von ihm initiierte Rekordwagen T 80 (unten) nicht mehr die Einsatzreife, und ein Himmelfahrtskommando mit ungewissem Ausgang bleibt ihm erspart.

hat das erforderliche Leistungsniveau allerdings noch nicht erreicht, und die Weltlage lässt einen Rekordversuch zumindest in den USA illusorisch erscheinen. So muss Hans Stuck seine ambitionierten Pläne schließlich aufgeben. Die Öffentlichkeit erfährt erst kurz nach Ende des Zweiten Weltkriegs durch einen Artikel in der britischen Fachpresse von dem spektakulären Fahrzeug, dessen Karosserie heute im Mercedes-Benz Museum ausgestellt ist.

Sieg in Tripolis trotz Handicaps: der 1,5-Liter-Rennwagen W 165

031

In der an außergewöhnlichen Entwicklungen reichen Geschichte der Marke Mercedes-Benz zählt der Große Preis von Tripolis im Mai 1939 zu den spektakulärsten Episoden. Um im Grand-Prix-Sport das Leistungs- und Geschwindigkeitsniveau zu begrenzen und die Sicherheit zu erhöhen, gilt ab 1938 anstelle des 1934 eingeführten Höchstgewichts von 750 kg ein neues Reglement, das vor allem den Hubraum der Rennwagen begrenzt: Erlaubt sind 3 Liter für Fahrzeuge mit Kompressormotoren und 4,5 Liter für nicht aufgeladene Rennwagen. Mercedes-Benz hat den 3-Liter-Wagen W 154 entwickelt und mit großem Erfolg eingesetzt: Bei drei der vier zur Europameisterschaft gewerteten Rennen fährt der neue Silberpfeil einen Doppel- oder Dreifachsieg ein, und am Ende erringt Rudolf Caracciola seinen dritten Europameistertitel.

Im Rahmen des letzten Meisterschaftslaufs der Saison, dem Großen Preis von Italien am 11. September 1938, erfährt Rennleiter Alfred Neubauer vom Präsidenten des italienischen Motorsportverbands, dass alle unter dessen Hoheit stehenden Rennen in der Saison 1939 nur noch für Wagen der 1,5-Liter-Kategorie ausgeschrieben werden. Dies betrifft auch den Großen Preis von Tripolis im italienischen Kolonialgebiet Libyen. Neubauer ist am Boden zerstört, weil Mercedes-Benz nicht über einen 1,5-Liter-Wagen verfügt und das Rennen in nicht einmal acht Monaten stattfindet. Alfa Romeo und vor allem Maserati spielen in der kleinen Klasse dagegen eine führende Rolle.

Die oft geäußerte Vermutung, dass genau dies das Motiv für die Entscheidung der Italiener darstellt, ist wohl nur ein Teil der Wahrheit. Der Gran Premio di Tripoli, seit 1933 auf der Hochgeschwindigkeitsstrecke von Mellaha ausgetragen, zählt zu den glanzvollsten Veranstaltungen im Motorsport-Kalender und ist auch in Italien äußerst populär. Das liegt nicht zuletzt an der »Lotteria dei Milioni«, einer Lotterie, die nicht nur den Bau der Rennstrecke finanziert hat, sondern alljährlich auch die Kosten der Veranstaltung inklusive der fürstlichen Preisgelder einspielt. Zudem verspricht sie auch traumhafte Gewinne für die Inhaber der richtigen Lose.

Innerhalb von nur sieben Monaten entsteht der vollständig neu konstruierte Rennwagen W 165.

Den 30 Rennteilnehmern wird bei einer Ziehung kurz vor dem Start je ein Los zugeordnet, dessen Gewinnsumme von der am Ende erreichten Platzierung des Rennwagens abhängt. Der Inhaber des dem Siegerwagen zugeordneten Loses erhält 3 Millionen Lire, für den zweiten Platz gibt es immerhin eine Million – bei einem Lospreis von 12 Lire ein unglaublich attraktives Angebot, das alljährlich mehrere Millionen Menschen zu einem Loskauf animiert. Dementsprechend ist es für die Veranstalter essenziell, auf jeden Fall 30 Rennteilnehmer zu garantieren. Bereits im Jahr 1938 ist es nicht gelungen, genügend 3-Liter-Wagen zu akquirieren, und so entschließt sich der Veranstalter, ein kombiniertes Feld von 13 Grand-Prix-Wagen und 17 1,5-Liter-Wagen ins Rennen zu schicken. Nach zwei tödlichen Unfällen und massiver Kritik verbietet sich dieses Vorgehen für das Folgejahr, und so wird die Entscheidung getroffen, 1939 ausschließlich 1,5-Liter-Wagen zuzulassen.

Nach der Rückkehr aus Monza geht die Rennabteilung in Untertürkheim umgehend an die Arbeit, um das Unmögliche möglich zu machen. Innerhalb des sehr engen Zeitfensters von wenig mehr als sieben Monaten entsteht der vollständig neu konstruierte Rennwagen W 165. Beim Motor entscheiden sich Uhlenhaut und sein Team für einen kurzhubig ausgelegten V8 mit je einem Einstufen-Kompressor und vorgeschaltetem Saugvergaser pro Zylinderbank. Die Höchstleistung beträgt je nach Konfiguration beachtliche 238 PS (175 kW) bis 263 PS (194 kW). Mit seiner komplexen Peripherie kann der neue Motor allerdings nur schräg zur Fahrzeuglängsachse in den kompakten Wagen eingebaut

Beim Start zum Großen Preis von Tripolis am 7. Mai 1939 gehen die beiden brandneuen 1,5-Liter-Rennwagen von Lang und Caracciola in Führung.

Auf dem Weg zum Sieg unter Palmen: Hermann Lang auf dem 1,5-Liter-Rennwagen W 165.

werden. Dementspre-chend sind auch Lenksäule, Fahrersitz und die kleine Rennscheibe seitlich versetzt.

Das erfolgsverwöhnte Team aus Untertürkheim bleibt auch diesmal auf der Überholspur: Am 7. Mai 1939 distanzieren die beiden W 165 von Hermann Lang und Rudolf Caracciola die Konkurrenz aus sechs Alfa Romeo und 22 Maserati deutlich und erzielen einen spektakulären Doppelsieg, wobei der drittplatzierte Alfa Romeo mehr als sieben Minuten nach den beiden Silberpfeilen ins Ziel kommt. Nach diesem prestigeträchtigen Erfolg zu Saisonbeginn konzentriert sich Mercedes-Benz auf die Rennen mit dem 3-Liter-Wagen W 154, und der Große Preis von Tripolis bleibt der einzige Einsatz des W 165.

Offenbarung

Für dieses Modell ist die Sonne der Serienfertigung leider nie aufgegangen, dabei zeigt das Concept Ocean Drive in Perfektion und mit absoluter Emotion, was die Marke Mercedes-Benz ausmacht: Souveränität und dieses fast Unerreichbare, das den Betrachter einfach magisch anzieht. Und so bleibt nur dieses Foto, aufgenommen im texanischen Galveston im Jahr 2007, als Erinnerung an eine offene S-Klasse, die es nie gegeben hat.

Jos. Daucher Schu

Barock

1951 präsentiert Daimler-Benz den 300er, die neue Oberklasse aus Stuttgart. Berühmt wurde das Modell in seriösem Schwarz als Dienstwagen von Bundeskanzler Konrad Adenauer. Der Reihensechszylinder unter der enormen Haube brachte den Bonner Boss in die große Politik.

A ungleich E

Auch als Elektro-Auto konstruiert, verfügte die A-Klasse über einen doppelten Boden, angedacht für Batterien – die dann in Serie nie kamen. Der Hohlraum verschob den Schwerpunkt und wurde zum Kipppunkt. Der Rest ist bekannt. Eine betonte optische Leichtigkeit kleidet ihn, den Wagen, der die junge Weiblichkeit ansprechen sollte.

Erstling

Mercedes-AMG SLS. Das erste von AMG eigenständig entwickelte Fahrzeug. Jeder Motor trägt die Unterschrift des AMG-Mitarbeiters, der ihn gebaut hat. Auch das auf gute Art retro. Das Bild des Flügelwagens entstand auf dem Highway 101 in den USA.

Continental

Verheißung

Das Abendrot im Valley of Fire des State Parks im US-Staat Nevada ist die richtige Tageszeit, um im 300 SL Flügeltürer durch die rote Felslandschaft zu fahren. Tagsüber ist es viel zu heiß im Wagen, zumal der Motor die Kabine noch zusätzlich aufheizt und die kleinen Schiebefenster in den hochklappbaren Türen kaum Kühlung erlauben. Ja, praktisch ist er nicht, der zum Sportwagen des Jahrhunderts gekürte W 198. Aber Schönheit sollte auch nicht praktisch sein müssen.

Kriegswirtschaft, Bombenkrieg und Zerstörung: Daimler-Benz im Zweiten Weltkrieg

032

Von 1937 an produziert die Daimler-Benz zunehmend Rüstungsgüter, vor allem Lastwagen und Flugmotoren. Um neben dem Werk Berlin-Marienfelde zusätzliche Kapazitäten für die Flugmotorenproduktion zu schaffen, wird 1936 das Werk Genshagen gebaut, das südlich von Berlin gut getarnt im Wald liegt. Dort läuft Ende 1937 die Großserienfertigung des DB 601 an, des ersten Flugmotors mit Benzineinspritzung. Bis zum Beginn des Zweiten Weltkriegs nimmt der Anteil der Rüstungsproduktion am Unternehmensumsatz kontinuierlich zu.

Ab 1939 greifen die nationalsozialistischen Machthaber auch konkret in die Modellpolitik der Unternehmen ein. Das von Oberst Adolf von Schell, Generalbevollmächtigter für das Kraftfahrwesen, im März 1939 vorgelegte und ab Januar 1940 wirksame sogenannte Schell-Programm reduziert die Zahl der deutschen Pkw-Typen von 52 auf 30 und die Zahl der Lkw-Typen von 133 auf 21. Für Daimler-Benz bedeutet es beispielsweise, die Produktion des eigenen 3-Tonnen-Lastwagens L 3000 auf staatliche Weisung einzustellen und stattdessen den Opel Blitz in Lizenz zu bauen.

Wichtigste Geschäftsfelder während des Krieges sind Flugmotoren und Lastwagen.

Mit zunehmendem Kriegsverlauf glaubt im Vorstand der Daimler-Benz AG unter dem Vorsitzenden Wilhelm Kissel niemand mehr an eine baldige Rückkehr zur Produktion von Zivilfahrzeugen. Wichtigstes Geschäftsfeld neben den Flugmotoren ist die Produktion von Lastwagen, während die Pkw-Fertigung – seit Kriegsbeginn ohnehin auf den militärischen Bedarf beschränkt – zurückgeht und bis Ende 1942 praktisch ganz eingestellt wird. Das Unternehmen konzentriert sich nun auf die Fertigung und Montage von Aggregaten und Komponenten für das Heer, die Luftwaffe und die Marine. Große Bedeutung gewinnen auch die Ersatzteilproduktion und die Reparatur von Militärfahrzeugen und Motoren.

Für die gesteigerte Rüstungsproduktion werden neue Arbeitskräfte benötigt, weil zahlreiche Arbeiter als Soldaten an der Front kämpfen. Schon im ersten Kriegsjahr ist rund ein Drittel der Vorkriegsbelegschaft zum Kriegsdienst eingezogen. Zunächst stellt das Unternehmen Frauen ein, um die geforderten Stückzahlen herstellen zu können. Da diese Arbeitskräfte jedoch nicht ausreichen, kommen auch bei Daimler-Benz Zwangsarbeiter zum Einsatz: Kriegsgefangene, verschleppte Zivilisten oder Häftlinge aus Konzentrationslagern. Zwangsarbeiter aus Westeuropa wohnen in Gasthöfen, Privatquartieren oder Schulen, während »Ostarbeiter« und Kriegsgefangene unter schlechten Haftbedingungen in Barackenlagern interniert sind.

KZ-Häftlinge bewacht die SS unter menschenverachtenden Bedingungen. Sie werden gegen Entgelt an Unternehmen »ausgeliehen«. Ende 1944 ist fast jeder zweite Daimler-Benz Mitarbeiter ein ziviler Zwangsarbeiter, Kriegsgefangener oder KZ-Häftling. Nach dem Krieg bekennt sich Daimler-Benz zu seinen Verstrickungen in das NS-Regime und engagiert sich auch in der Stiftungsinitiative der deutschen Wirtschaft »Erinnerung, Verantwortung und Zukunft«, die unter anderem humanitäre Leistungen für ehemalige Zwangsarbeiter erbringt.

Beginnend im Frühjahr 1941, werden die Werke der Daimler-Benz AG wie auch die Fabrikanlagen anderer Rüstungsbetriebe immer wieder vorrangige Ziele der alliierten Bomber. Deshalb verfügt der Vorstand 1943, »kriegswichtige« Materialien und Maschinen bei anderen Firmen, in Stollen oder in ungenutzten Tunneln außerhalb der Städte zu verstecken. Das Unternehmen zerfällt in etwa 100 kleine Standorte, an denen es weiter produziert. Die Stammwerke bleiben weiterhin in Betrieb, werden aber durch Fliegerbomben stark beschädigt.

Ab 1940 produziert das Unternehmen ausschließlich Rüstungsgüter wie z. B. Militär-Lastwagen (links) und Flugmotoren (rechts).

Am Ende dauert das »1000-jährige Reich« nur 12 Jahre, und die Daimler-Benz Werke sind ebenso zerstört wie die deutschen Großstädte.

Alles auf Anfang: Wiederaufnahme der Produktion

033

Bei Kriegsende sind die Werke der Daimler-Benz AG in Untertürkheim, Sindelfingen, Mannheim, Gaggenau und Marienfelde zu 80 % zerstört und zum Teil von alliierten Truppen besetzt. Das Unternehmen gerät in eine existenzbedrohende Lage: Die Produktionsanlagen sind zerstört, viele Maschinen konfisziert, der Markt für Automobile ist zusammengebrochen, und die knappen Rohstoffe behindern den Übergang von der Kriegs- zur Friedensproduktion beträchtlich.

Glücklicherweise befinden sich die meisten Werke der Daimler-Benz AG unter amerikanischer Besatzung, die dem Unternehmen viele Freiheiten lässt. Enteignet werden das Werk Genshagen ebenso wie alle 18 Niederlassungen in der sowjetischen Zone und eine Reihe von Tochterunternehmen im Ausland. Nur dank des Einsatzes der Mitarbeiter, der Reparaturaufträge der US-Militärregierung unter Oberbefehlshaber Lucius D. Clay und der Herstellung von Ersatzprodukten wie Bettgestellen und Fahrradanhängern geht das Geschäft weiter.

Besonderes Interesse haben die amerikanischen Besatzer an Nutzfahrzeugen: Die einst staatlich verordnete Lizenzproduktion des Lastwagens Opel Blitz, die schließlich Mitte 1944 im Werk Mannheim angelaufen ist, wird fortgesetzt. Bereits im Juni beginnt man dort, den 3-Tonnen-Lastwagen unter der Bezeichnung L 701 zu fertigen. Das in der französischen Besatzungszone liegende Nutzfahrzeug-Werk Gaggenau produziert ab August 1945 den mit 4,5 Tonnen Nutzlast schwersten deutschen Lkw, den L 4500, und liefert das Fahrgestell ab 1948 auch ins Werk Sindelfingen, wo es für den Omnibus O 6600 verwendet wird.

Basis für die Produktion nach Kriegsende ist der 1936 eingeführte 170 V, der in mehreren Varianten angeboten wird.

Bereits ein Jahr nach Kriegsende läuft auch bei den Personenwagen die Produktion wieder an. Basis ist der 1936 eingeführte Typ 170 V, der bis 1942 in sehr großer Stückzahl gebaut wurde. Den dringenden Erfordernissen der unmittelbaren Nachkriegszeit entsprechend, startet im Mai 1946 in bescheidener Stückzahl zunächst die Fertigung von Pritschen-, Kasten- und Krankenwagen. Die Ausführung als viertürige Limousine folgt erst gut ein Jahr später im Juli 1947. Fast zwei Jahre lang bleibt der bewährte 170 V das einzige Modell des Mercedes-Benz Pkw-Typenprogramms.

Der bewährte und in großer Stückzahl gebaute 170 V bildet neben den Lkw-Modellen L 701 und L 4500 die Grundlage für den Beginn der Nachkriegsproduktion. Gebaut werden zunächst nur die Ausführungen als Krankenwagen (rechts), Polizei-Streifenwagen (links) und Lieferwagen.

Wer 1947/48 mit einem Mercedes-Benz 170 V auf Sightseeing-Tour gehen kann, darf sich glücklich schätzen. Die Limousine, deren Produktion im Juli 1947 wieder angelaufen war, gilt als reiner Luxus.

Während der Wiederaufbau der Werke noch in vollem Gange ist, debütieren dann im Mai 1949 die ersten seit Kriegsende neu entwickelten Mercedes-Benz Pkw-Modelle: der 170 D und der 170 S. Beide sind, wie die Typenbezeichnung suggeriert, aus dem 170 V entstanden. Der 170 D ist die Dieselvariante des Erfolgsmodells mit Benzinmotor, die bei gleichem Hubraum und gleicher Motorleistung deutlich sparsamer, aber auch 1.400 DM teurer ist. Zu ihren Vorzügen gehört auch die praktisch unbegrenzte Verfügbarkeit von Dieselkraftstoff, während Benzin selbst fünf Jahre nach Kriegsende nicht immer ausreichend zur Verfügung steht.

Der 170 S – das S steht für Super oder Spezial – hat einen leistungsstärkeren Motor, eine geräumigere Karosserie und bietet dank überarbeiteter Vorderachse einen verbesserten Fahrkomfort. Neben der Limousine sind zwei zweitürige Cabriolets lieferbar: das besonders luxuriöse zwei- bis dreisitzige Cabriolet A mit zwei Seitenfenstern und das vier- bis fünfsitzige Cabriolet B mit vier Seitenfenstern. Das Cabriolet A bedient seinerzeit, zumindest nach deutschen Maßstäben, höchste Ansprüche und kostet etwas mehr als doppelt so viel wie der 170 V, der nun vom einzigen Mercedes-Benz Pkw-Modell zum Einstiegsmodell mutiert ist. Ihre Premiere feiern die neuen Modelle auf der Technischen Exportmesse Hannover – seinerzeit, als an eine reine Automobil-Ausstellung noch nicht zu denken ist, eine wichtige Plattform.

In Hannover debütieren übrigens auch die ersten neu entwickelten Nutzfahrzeug-Modelle: der Lkw L 3250 für 3,25 Tonnen Nutzlast und der vom abgeleitete Omnibus O 3250. Der neue Lkw löst den Opel-Lizenzbau L 701 ab und wird mit dem Jahreswechsel 1949/50 zum L 3500 aufgewertet. Zur gleichen Zeit beginnt auch die Serienproduktion des nun O 3500 genannten Omnibusses.

Mercedes-Technik für die Landwirtschaft: der Unimog

034

In die Zeit unmittelbar nach Kriegsende fällt der Beginn eines Projekts, das die Marke Mercedes-Benz nachhaltig prägen soll und bis heute zu ihren faszinierendsten Facetten zählt. Im August 1945 beginnt eine Gruppe von Ingenieuren, die in der ehemaligen Flugmotorenentwicklung des Unternehmens gearbeitet haben, unter der Leitung des 43-jährigen Albert Friedrich mit der Konzeption eines motorgetriebenen Universalgeräts, das flexibel einsetzbar ist und vor allem die Arbeit in der Landwirtschaft erleichtern soll. Büros, Werkstätten und Personal finden sie in der Firma Erhard & Söhne, einem Metall verarbeitenden Unternehmen in Schwäbisch Gmünd; einzelne Teile beziehen sie von der Maschinenfabrik und Eisengießerei Gebr. Boehringer im nahen Göppingen, und als Motor stellt Daimler-Benz einen 1,7-Liter-Vierzylinder aus dem Typ 170 V bereit.

Im März 1945 vollendet Heinrich Rößler in Schwäbisch Gmünd einen Gesamtentwurf, der als Grundlage für eine Serie von sechs Prototypen dient; der erste davon geht – zunächst noch ohne Fahrerhaus – am 9. Oktober 1946 auf Jungfernfahrt. Kurz vor Weihnachten wird das innovative Fahrzeug, das inzwischen ein Fahrerhaus und Pritsche erhalten hat, von Friederichs Tochter Ursula auf den Namen »Unimog« – Abkürzung für Universal-Motorgerät – getauft.

Der Unimog entwickelt sich vom Schlepper für die Landwirtschaft zum automobilen Alleskönner.

Da Daimler-Benz mit der Wiederaufnahme der Produktion ihres etablierten Typenprogramms ausgelastet ist, übernimmt Boehringer die Weiterentwicklung und künftige Serienproduktion: Ein wichtiger Erfolgsfaktor des Projekts ist der Motor, und hier kommt wieder das Untertürkheimer Unternehmen ins Spiel: Daimler-Benz sagt Ende 1947 die Lieferung der aktuell noch in Entwicklung befindlichen Dieselvariante ihres 1,7-Liter-Vierzylinders zu.

Ende August/Anfang September 1948 debütiert der fertig entwickelte Unimog in Frankfurt auf der ersten Landwirtschaftsausstellung der Deutschen Landwirtschafts-Gesellschaft nach Kriegsende. Die Resonanz des Publikums ist überwältigend, auch wenn die Motorhaube verplombt ist, weil sie den noch geheimen Dieselmotor beherbergt. Ein halbes Jahr später, im März 1949, liefert Gebr. Boehringer die ersten serienmäßig hergestellten Exemplare des Unimog aus. Unter der Baureihenbezeichnung 70200 entstehen in Göppingen innerhalb von knapp zwei Jahren insgesamt 600 Fahrzeuge.

Im September 1950 beschließt Daimler-Benz nach Verhandlungen mit Gebr. Boehringer, Erhard & Söhne sowie der Unimog Entwicklungsgesellschaft, die Produktion zu übernehmen, und im Juni 1951 läuft im Lkw-Werk Gaggenau unter der Baureihenbezeichnung 2010 das erste bei Daimler-Benz gebaute Exemplar des Universal-Motorgeräts vom Band. In der Folgezeit entwickelt sich der Unimog vom Universalschlepper für die Landwirtschaft zu einer umfassenden Modellpalette und wird so zum automobilen Alleskönner, für den keine Herausforderung zu groß ist.

Im Mai 1963 erfolgt der erste Schritt dieser Entwicklung, als der Unimog U 65 (Baureihe 406) das Modellprogramm um ein schweres Segment ergänzt. 1965 folgt der für den Einsatz als Straßenzugmaschine und Sattelzugmaschine entwickelte U 80 (Baureihe 416), und 1966 erweitern der U 40 (Baureihe 421) und U 54 (Baureihe 403) die Unimog-Modellpalette um ein mittleres Segment. Von 1973 bis 1990 wird mit dem MB-trac sogar eine weitere Modellreihe auf Unimog-Basis produziert, die speziell für die Belange der Land- und Forstwirtschaft konzipiert ist.

Die Fertigung bleibt mehr als 50 Jahre in Gaggenau, bevor sie 2002 im Rahmen einer Neuordnung des Produktionsverbunds ins nahe gelegene Werk Wörth verlagert wird.

Das Universal-Motor-Gerät, im Spätsommer 1948 auf der Ausstellung der Deutschen Landwirtschafts-Gesellschaft in Frankfurt präsentiert (oben), geht Anfang 1949 bei der Maschinenfabrik Gebr. Boehringer in Göppingen in Produktion (unten).

Ein Mercedes für den Kanzler: der Typ 300 auf der IAA 1951 035

Sechs Jahre nach Kriegsende und zwölf Jahre nachdem die letzte Automobil- und Motorrad-Ausstellung in Berlin ihre Tore geschlossen hat, findet die internationale Branchenschau zum ersten Mal wieder statt. Wegen der schwierigen Rahmenbedingungen wird die Internationale Automobil-Ausstellung allerdings nicht mehr in Berlin, sondern in Frankfurt am Main veranstaltet. Im Gegensatz zur ab 1955 gängigen Praxis steht die erste IAA nicht im September, sondern im April auf dem Kalender. Die Erwartungen der 570.000 Besucher sind hoch gespannt und geprägt vom Optimismus der Nachkriegszeit und der Sehnsucht, am Wirtschaftswunder teilzuhaben.

Mercedes-Benz präsentiert zwei neu entwickelte Pkw-Modelle, mit denen das bis dahin noch überschaubare Typenprogramm nach oben abgerundet wird. Der Typ 220 (W 187) ist im Wesentlichen eine Weiterentwicklung des zwei Jahr zuvor eingeführten 170 S; neben einem überarbeiteten Design mit in die Kotflügel integrierten Scheinwerfern zeichnet er sich vor allem durch einen 2,2-Liter-Sechszylindermotor mit oben liegender Nockenwelle und 85 PS (63 kW aus), der in damaliger Wahrnehmung sportliches Fahren ermöglicht.

Geräumig, stark und repräsentativ: Der Typ 300 und seine Varianten gehören zum Besten und Teuersten, was man damals kaufen kann.

Die eigentliche Sensation ist aber der Typ 300 (W 186), der mit seinem 115 PS (85 kW) starken 3-Liter-Sechszylinder nicht nur souveräne Fahrleistungen mit einer Spitzengeschwindigkeit von 160 km/h garantiert, sondern darüber hinaus durch eine deutlich geräumigere und sehr repräsentative Karosserie überzeugt. Er ist damit der größte und schnellste Serien-Personenwagen deutscher Produktion.

Beide Modelle werden nicht nur als Limousine, sondern auch als Cabriolet angeboten: der Typ 220 ist – wie vor ihm der 170 S – als zwei- bis dreisitziges Cabriolet A mit zwei Seitenfenstern und als vier- bis fünfsitziges Cabriolet B mit vier Seitenfenstern erhältlich, der Typ 300 dagegen als viertüriges, fünf- bis sechssitziges Cabriolet D mit vier Seitenfenstern.

Ein halbes Jahr nach der IAA debütieren auf dem Automobil-Salon in Paris unter der Bezeichnung 300 S noch exklusivere zweitürige Modelle, die technisch auf dem Typ 300 basieren, aber über einen leistungsgesteigerten 3-Liter-Motor mit 150 PS (110 kW) verfügen. Der ab Mai 1952 als Coupé, Cabriolet A und Roadster lieferbare

Großer Andrang im April 1951 zur ersten Internationalen Automobil-Ausstellung in Frankfurt (links). Der Daimler-Benz Vorstandsvorsitzende Wilhelm Haspel führt Bundeskanzler Konrad Adenauer das neue Topmodell Mercedes-Benz 300 vor (rechts). Adenauer erhält Ende des Jahres eines der ersten Exemplare als Dienstwagen.

Der neue Mercedes-Benz 300, der größte und schnellste Serienwagen aus deutscher Produktion, wird bei seiner Premiere auf der IAA in Frankfurt von Menschenmassen umringt.

300 S ist mit 34.500 DM der teuerste Serienwagen deutscher Produktion: Für das gleiche Geld hätte man gleich drei Mercedes-Benz Limousinen kaufen können: einen Typ 300 und zwei 170 V. Mit der Einführung der Modelle 300 und 300 S verfügt Mercedes-Benz wieder über eine Typenpalette, die in ihrer Bandbreite der Vorkriegszeit entspricht.

Als die Serienproduktion im November 1951 einsetzt, wird der Typ 300 schnell zum bevorzugten Repräsentationswagen der Größen aus Wirtschaft und Politik. Zu den prominentesten Nutzern gehören Bundespräsident Theodor Heuss, Bundeskanzler Konrad Adenauer, einige Minister aus dem Bundeskabinett sowie der SPD-Vorsitzende Kurt Schumacher. Dass dieses Modell heute in der Enthusiastenszene gern als »Adenauer-Mercedes« bezeichnet wird, hängt damit zusammen, dass »der Alte« besonderen Wert darauf legte, nur im 300er chauffiert zu werden, und seinen Dienstwagen auch bei Auslandsreisen immer bei sich wissen wollte. Während seiner bis 1963 dauernden Amtszeit als Bundeskanzler, und danach bis zu seinem Tod im Jahre 1967, ließ sich Adenauer, der nie einen Führerschein besaß, von seinem Fahrer in insgesamt sechs verschiedenen 300ern befördern. Der erste davon ist seit vielen Jahren im Haus der Geschichte in Bonn ausgestellt, das letzte Exemplar, das Adenauer im Ruhestand nutzte, im Mercedes-Benz Museum in Stuttgart.

Eine weitere Modellneuheit der ersten IAA, die in der Folgezeit mehr als 40 Jahre Personenwagen und Nutzfahrzeuge unter einem Dach präsentieren wird, ist der Typ O 6600 H, der erste nach dem Krieg entwickelte Mercedes-Benz Omnibus in Frontlenker-Bauart. Mit seinem Heckmotor und dem eigenständigen Fahrgestell, das nicht mehr auf einem Lkw-Chassis basiert, begründet er bei Daimler-Benz eine neue Ära der Omnibusentwicklung.

Super-Leicht: Rückkehr in den Spitzensport mit dem 300 SL

036

Nachdem Mercedes-Benz wieder ein alle Segmente umfassendes Typenprogramm anbieten kann, gilt es, auch den Vertrieb und insbesondere den Export anzukurbeln. Vor diesem Hintergrund steht auch eine erneute Aufnahme der vor dem Krieg so erfolgreichen Motorsportaktivitäten auf dem Programm. Eine Teilnahme an der 1950 eingeführten Automobil-Weltmeisterschaft, wie die Formel-1-Weltmeisterschaft offiziell genannt wurde, kommt allerdings zunächst nicht in Betracht – vor allem deshalb, weil die Frage der künftigen Rennformel nicht geklärt ist.

So gibt es in den verantwortlichen internationalen Gremien ebenso lange wie kontrovers geführte Diskussionen, ob die seit 1947 gültige und bis Ende 1953 angesetzte 1,5-Liter-Formel verlängert wird. Für Daimler-Benz ist dies von essenzieller Bedeutung: Ein neuer 1,5-Liter-Rennwagen mit V12-Motor, dessen Konstruktion man unter dem Code W 195 bereits begonnen hat, würde sicherlich erst 1953 konkurrenzfähig sein. Die kostspielige Entwicklung ist daher nur dann vertretbar, wenn der Rennwagen auch über 1953 hinaus verwendet werden kann. Nachdem zunächst keine klare Entscheidung in dieser Angelegenheit fällt, fokussiert man sich in Stuttgart für die Saison 1952 zunächst auf Sportwagenrennen.

> Nach einem zweiten Platz bei der Mille Miglia gewinnt der 300 SL alle Rennen, bei denen er an den Start geht.

Als Leiter der Versuchsabteilung und ehemaliger Technischer Leiter der Rennabteilung hat Rudolf Uhlenhaut die kreative Idee, aus Zeit- und Kostengründen auf vorhandene Technikkomponenten aus der Serienproduktion zurückzugreifen und diese mit einem innovativen Rahmenkonzept und einer aerodynamisch optimierten Sportwagenkarosserie zu kombinieren. Als Chassis kommt ein ebenso leichter wie verwindungssteifer Gitterrohrrahmen zum Einsatz, in das der modifizierte und auf 170 PS (125 kW) gebrachte Sechszylindermotor des 300 S (W 188) schräg liegend eingebaut wird, um die Bauhöhe möglichst gering zu halten. Weitere Serienkomponenten aus dem 300 S sind das Getriebe, die Achsen und das Bremssystem.

Der Rennsportwagen erhält den Baureihencode W 194 und die Typenbezeichnung 300 SL, wobei das zur Differenzierung erforderliche Kürzel SL für »Super-Leicht« steht – damit also gewissermaßen eine Leichtbauvariante des 300 S deklariert. Ein Charakteristikum der ersten fünf Fahrzeuge des neuen Rennsportwagens ist die kleine Einstiegsklappe, die sich aufgrund des weit nach oben bauenden Gitterrohrrahmens ergeben hat. Diese ursprünglichen Öffnungen werden bereits ab Mai 1952 durch nach unten vergrößerte klassische Flügeltüren ersetzt – einerseits, um die traditionell sehr strenge Fahrzeugabnahme bei den »24 Stunden von Le Mans« nicht zu gefährden, aber auch, um dem Fahrer den Einstieg zu erleichtern, was beim Le-Mans-Start einen nicht zu unterschätzenden Vorteil darstellt.

Bei seinem ersten Renneinsatz, der strapaziösen Mille Miglia über 1.600 km im April 1952, belegt der 300 SL mit Karl Kling und Hans Klenk einen beachtlichen zweiten Platz. Danach gewinnt er alle Rennen, bei denen er an den Start geht: den Preis von Bern für Sportwagen mit einem Dreifachsieg, die legendären 24 Stunden von Le Mans im Juni mit einem von Hermann Lang und Fritz Rieß angeführten Doppelsieg und im November 1952 die Carrera Panamericana, ein Straßenrennen über 3.100 km quer durch Mexiko, ebenfalls mit einem Doppelsieg. Dieser letzte Sieg ist besonders spektakulär: Obwohl die Kollision mit einem Geier während der ersten Etappe des Rennens die Windschutzscheibe zerstört, fahren Karl Kling und Hans Klenk weiter – und gewinnen am Ende. Seinen größten Erfolg erzielt der 300 SL aber fernab der Rennstrecke, gilt er doch als Basis des Seriensportwagens gleichen Namens und damit als Urahn der Mercedes-Benz SL Modellreihe.

Auf der ersten Etappe der Carrera Panamericana über insgesamt 3.100 km durch Mexiko halten Karl Kling und Beifahrer Hans Klenk zum Reifenwechsel am Mercedes-Benz Depot. Zuvor hat ein Geier die Windschutzscheibe durchschlagen und Klenk am Kopf verletzt. Am Ende erzielen die 300 SL von Kling/Klenk und Lang/Grupp einen spektakulären Doppelsieg bei dem strapaziösen Langstreckenrennen.

Pontonbrücken und Erlkönige: der Typ 180

037

Anfang der 1950er-Jahre ist das Design der Mercedes-Benz Pkw-Modelle noch sehr stark von den Formen der Vorkriegszeit mit frei stehenden Scheinwerfern, ausgeformten Kotflügeln, Trittbrettern und kurzem hinterem Überhang geprägt. Dies ist vor allem darauf zurückzuführen, dass die Pkw-Produktion nach Kriegsende notgedrungen mit einem Vorkriegsmodell begonnen hat, von dem man dann die ersten Neuentwicklungen abgeleitet hat. Die 1951 präsentierten Modelle 220 und 300 haben zwar integrierte Scheinwerfer und der 300 zusätzlich etwas weniger ausgestellte Kotflügel, das Automobildesign dieser Zeit geht aber, ausgehend von der Entwicklung in den USA, in eine andere Richtung. Dort erscheint 1946 mit dem Kaiser Frazer ein erstes Großserienmodell mit einer sogenannten Ponton-Karosserie, die sich, ausgehend von dem 1949 eingeführten Borgward Hansa, auch in Europa durchzusetzen beginnt.

Charakteristika der neuen Pontonform, die ihren Namen einer gewissen Ähnlichkeit mit den Schwimmkörpern von Pontonbrücken verdankt, sind glattflächige Seiten ohne Trittbretter und ausgestellte Kotflügel sowie die formale Dreiteilung, die im englischen Sprachgebrauch auch als Three-Box-Design, bestehend aus Motorraum, Fahrgastzelle und Kofferraum, bezeichnet wird. Ihre Vorteile gegenüber der klassischen Bauweise sind ein größerer Innenraum, der die ganze Fahrzeugbreite ausnutzt, ein deutlich größerer Kofferraum, bessere Sichtverhältnisse, ein niedrigerer Luftwiderstand und geringere Windgeräusche.

Als bei Mercedes-Benz die für 1953 geplante Ablösung der 170er-Modelle konkrete Formen annimmt, ist man zunächst unsicher über den einzuschlagenden Weg, insbesondere im Hinblick auf den als konservativ geltenden Geschmack der Kundschaft. Wegen der großen Tragweite der Entscheidung gehen sowohl in Sindelfingen als auch in Untertürkheim Teams an die Arbeit, um die Gestaltung der zukünftigen Modelle zu entwickeln. Während die Untertürkheimer einen radikalen Schnitt wagen und für eine konsequente Pontonform plädieren, setzen die Sindelfinger auf eine Zwischenlösung ähnlich dem Typ 300. Sie ahnen nicht, dass Sie damit indirekt zur Bereicherung des automobiltechnischen Fachvokabulars und sogar des Alltagswortschatzes beitragen.

Die Untertürkheimer wagen einen radikalen Schnitt und präsentieren mit dem Typ 180 eine avantgardistische Pontonform.

Als einer der Prototypen einem Fotografen vor die Linse kommt und die Zeitschrift »Auto, Motor und Sport« das reichlich unscharfe Foto im Juli 1952 abdruckt, will die Redaktion die damit verbundene Provokation mit ein paar holprigen Versen, frei nach dem bekannten Gedicht »Der Erlkönig« von Johann Wolfgang von Goethe relativieren. Chefredakteur Hans-Ulrich Wieselmann textet: »Wer fährt da so rasch durch Regen und Wind? Ist es ein Straßenkreuzer von drüben, der nur im Umfang zurückgeblieben oder gar Daimlers jüngstes Kind?«, und sein Stellvertreter Werner Oswald ergänzt die Überschrift »Erlkönig«. Seitdem werden die Prototypen eines noch nicht präsentierten Autotyps im deutschen Sprachgebrauch »Erlkönige« genannt.

Am Ende setzen sich die Untertürkheimer durch, und der Typ 180 (W 120) erscheint im September 1953 nicht nur in der avantgardistisch anmutenden Pontonform, sondern – zum ersten Mal bei Mercedes-Benz – auch mit selbsttragender Karosserie, die Achsen und Antriebsstrang direkt aufnimmt. Für den Fall, dass die Kundschaft den neuen »Ponton-Mercedes« als allzu modern ablehnt, geht man aber auf Nummer sicher: So wird die Produktion der 170er-Modelle, die der Typ 180 eigentlich ablösen soll, nicht gänzlich eingestellt. Stattdessen werden für Kunden mit einer Vorliebe für klassische Formen zeitgleich mit dem W 120 die Modelle 170 S-V und 170 S-D

Zelten am See: Die Aufnahme aus dem Sommer 1955 zeigt den Mercedes-Benz 220, das erste Sechszylindermodell der »Ponton«-Familie.

eingeführt. Sie sind eine Kombination aus der geräumigen Karosserie des 170 S und dem Fahrgestell des 170 V bzw. 170 D.

Die Befürchtungen erweisen sich als unbegründet: Der neue Typ 180 wird – nicht zuletzt aufgrund seiner unbestreitbaren Vorteile – sehr schnell von Fachwelt, Öffentlichkeit und Kundschaft akzeptiert und erreicht im ersten vollen Produktionsjahr eine Stückzahl von mehr als 20.000 Fahrzeugen. So steht der Einführung des nach den gleichen Prinzipien konstruierten und gestalteten Sechszylindermodells 220 (W 180) im März 1954 nichts entgegen. Zwei Jahre nach ihrer letzten Modellpflege können auch die 170er-Modelle, die stückzahlmäßig ohnehin keine große Rolle mehr gespielt haben, endgültig in den wohlverdienten Ruhestand verabschiedet werden.

Rennwagen für die Straße und Sportwagen des Jahrhunderts: der 300 SL

038

Am 31. Juli 1952 schließt Daimler-Benz einen Vertrag mit der Hoffman Motor Car Co. in New York ab, der den Vertrieb in den USA auf eine neue Basis stellen soll. Was zu diesem Zeitpunkt jedoch niemand ahnen kann: Dieser Vertrag wird ganz erhebliche Folgen nicht nur für die Verkäufe in den Vereinigten Staaten, sondern auch für das Modellprogramm der Marke mit dem Stern haben. Der 1904 in Wien geborene Maximilian »Maxie« Hoffmann emigriert 1941 in die USA, amerikanisiert dort seinen Namen, indem er das letzte »n« weglässt und gründet 1947 ein Unternehmen mit dem Ziel, europäische Fahrzeuge unterschiedlicher Marken in die USA zu importieren. Er hat auch keine Berührungsängste, seine Ideen und Wünsche hinsichtlich zukünftiger Produkte direkt bei den Herstellern zu platzieren.

In diesem Zusammenhang besucht er am 2. September 1953 den Daimler-Benz Vorstand in Untertürkheim und drängt darauf, das Typenprogramm um Sportwagen zu erweitern, die er in den USA verkaufen möchte und die auf das Image der gesamten Modellpalette abstrahlen sollen. Hoffman ist offenbar sehr überzeugend, denn der Vorstand lässt sich trotz gravierender Kapazitätsengpässe, vor allem im Hinblick auf das geplante Formel-1-Engagement, erweichen. Mehr noch: Er sagt Hoffman nicht nur einen, sondern gleich zwei Sportwagenmodelle zu und bestätigt zudem eine publikumswirksame Premiere auf der New York Motor Sports Show am 6. Februar 1954. Gerade einmal fünf Monate liegen zwischen dem Tag der Übereinkunft und der Messepremiere.

In Rekordzeit realisiert Daimler-Benz zwei Sportwagenmodelle für den US-Importeur, die 1954 für eine Sensation sorgen.

Aus heutiger Sicht also ein vollkommen undenkbares Unterfangen, zumal von beiden Modellen nicht einmal ein Federstrich gezeichnet war – aber die Untertürkheimer haben schließlich mehr als einmal bewiesen, dass sie das Unmögliche möglich machen können. Diesmal liegt allerdings ein Schwerpunkt der Arbeit bei den Karosseriespezialisten in Sindelfingen. Friedrich Geiger, studierter Wagenbau-Ingenieur und seit 1933 bei Hermann Ahrens als Konstrukteur im Sindelfinger Sonderwagenbau tätig, übernimmt die anspruchsvolle Aufgabe, die Karosserie des erfolgreichen Rennsportwagens 300 SL grundlegend zu überarbeiten und in eine gefällige und moderne Form zu bringen, die dem Ausnahme-Automobil Käufer beschert.

Die Technik mit Gitterrohrrahmen, Achsen und Getriebe stammt vom Rennsportwagen; der deutlich leistungsstärkere und zugleich effizientere Motor mit der innovativen Benzineinspritzung, die statt dem Dreifachvergaser des Rennwagens nun zum ersten Mal in einem Serienwagen mit Viertaktmotor zum Einsatz kommt, ist ebenfalls bereits erprobt. Geigers erste Zeichnung des Seriensportwagens mit dem charakteristischen Kühlergrill datiert vom 30. September 1953; bis zur endgültigen Form, mit der Geiger ein Meisterstück kreiert, sind nur noch ein paar Retuschen erforderlich.

Aufwendiger gestaltet sich die Entwicklung beim zweiten Sportwagenmodell, das die Bezeichnung 190 SL erhalten soll. Es wird von dem geplanten, am Ende aber nicht realisierten Cabriolet A des Typs 180 abgeleitet, erhält aber ebenfalls eine ganz neue Karosserie nach dem Vorbild des 300 SL. Der Unterschied liegt darin, dass der kleine Bruder als offener Roadster mit Hardtop konzipiert ist, was beim 300 SL wegen des vom Rennsportwagen übernommenen hoch bauenden Gitterrohrrahmens erst einmal nicht möglich ist. Beim Motor greift man auf eine modern konzipierte Neukonstruktion zurück: einen 1,9-Liter-Vierzylinder mit oben liegender Nockenwelle, der in der »Ponton-Limousine« ab 1956 zum Einsatz kommen soll.

Die Entwickler vollbringen das Wunder, das man von ihnen erwartet hat, und das Debüt der beiden Modelle in New

Am 6. Februar 1954 feiern die Sportwagen 300 SL und 190 SL Weltpremiere auf der Motor Sports Show in New York.

York ist eine Sensation. Im August 1954 beginnt die Serienproduktion des 300 SL, und im Mai 1955 erfolgt auch die Markteinführung des noch einmal stilistisch überarbeiteten 190 SL. Ebenfalls im Mai 1955 holt der 300 SL Seriensportwagen erste Motorsport-Lorbeeren, als er bei der legendären Mille Miglia die GT-Kategorie gewinnt und den fünften Platz in der Gesamtwertung erzielt. Hoffman hat den richtigen Riecher bewiesen: Der in nur 1.400 Exemplaren gebaute 300 SL prägt bis heute nachhaltig das Markenimage von Mercedes-Benz. Er zählt seit Jahrzehnten zu den beliebtesten Sammlerfahrzeugen und wird 1999 von einer Fachjury zum »Sportwagen des Jahrhunderts« gewählt.

Bei seinem ersten Motorsporteinsatz, der Mille Miglia 1955, erzielt der 300 SL von Fitch/Gessl einen spektakulären 5. Platz im Gesamtklassement. [Das ursprüngliche Schwarz-Weiß-Foto wurde mithilfe von KI koloriert.]

Zwei Wunder am gleichen Tag: Sporterfolge in Bern und Reims

039

Am 4. Juli 1954 – neun Jahre nach Kriegsende – erlebt die noch junge Bundesrepublik Deutschland an einem einzigen Tag gleich zwei Erfolgsmomente, die ihr Ansehen in der Welt auf einen Schlag nach vorn katapultieren. Einige Historiker gehen sogar so weit, mit diesem Datum den eigentlichen Beginn der Nachkriegszeit zu verknüpfen. Was ist geschehen? Mit dem Sieg der bundesdeutschen Nationalelf gegen ein überaus starkes ungarisches Team im Finale in Bern wird Deutschland zum ersten Mal Fußball-Weltmeister. Doch damit nicht genug: Was die deutschen Spieler bei ihrem spannungsgeladenen Einsatz in Bern wohl nicht geahnt haben: Nicht einmal 30 Minuten vor dem Anpfiff hat das Mercedes-Benz Rennteam sein erstes Formel-1-Rennen, den Großen Preis von Frankreich in Reims, mit einem Doppelsieg beendet. Der neu verpflichtete Star-Rennfahrer Juan Manuel Fangio und sein Teamkollege Karl Kling kreuzen die Ziellinie im Sekundenabstand, und der drittplatzierte Ferrari liegt eine Runde zurück. Der Juniorfah-

Beim Start zum Großen Preis von Frankreich am 4. Juli 1954 in Reims gehen die beiden W 196 Stromlinienrennwagen von Juan Manuel Fangio und Karl Kling in Führung. Am Ende queren sie die Zielline mit Sekundenabstand. [Das ursprüngliche Schwarz-Weiß-Foto wurde mithilfe von KI koloriert.]

Der W 196 mit freistehenden Rädern feiert sein Renndebüt beim Großen Preis von Europa auf dem Nürburging mit einem Sieg von Starfahrer Fangio.

rer Hans Herrmann fällt zwar nach 16 Runden mit Motorschaden aus, ist aber die schnellste Runde gefahren. Der Triumph ist perfekt, und mit diesen beiden Sporterfolgen kehrt Deutschland wieder zurück auf internationales Parkett.

Auch wenn die Stuttgarter Marke zu diesem Zeitpunkt bereits auf eine 60-jährige Motorsportgeschichte zurückblicken kann, in der man unzählige Erfolge verbucht hat, ist dieser erste Formel-1-Sieg, ähnlich wie in der Fußball-WM, alles andere als ein Selbstläufer. Lange Zeit ist nicht klar gewesen, nach welcher Formel die Rennen ab der Saison 1954 gefahren würden, und ebenso lange haben die Stuttgarter wegen des hohen Entwicklungsaufwands gezögert, sich wieder in der Königsklasse des Motorsports zu engagieren.

Den W 196 gibt es als futuristische Stromlinienvariante und mit frei stehenden Rädern.

Nicht zum ersten Mal gilt es, einen Rennwagen von Grund auf neu zu konstruieren, um einem neuen Reglement zu entsprechen. Dieses Vorgehen ist bereits in der Vergangenheit mehr als einmal von Erfolg gekrönt gewesen: beispielsweise mit dem Dreifachsieg des Mercedes Grand-Prix-Rennwagens beim Großen Preis von Frankreich in Lyon, auf den Tag genau 40 Jahre vor dem Doppelsieg in Reims, und dem Premierensieg des ersten Silberpfeils W 25 im Juni 1934 auf dem Nürburgring. Der neue Rennwagen mit seinem 2,5-Liter-Reihen-Achtzylinder erhält den Code W 196 und wird gleich in zwei Varianten konzipiert: auf schnellen Rennstrecken soll ein futuristisch anmutender Rennwagen mit Vollstromlinienkarosserie zum Einsatz kommen, und für kurvenreiche Strecken wird ein klassischer Monoposto mit frei stehenden Rädern bereitgehalten.

Nach dem Sieg in Reims erleidet die Erfolgsgeschichte erst einmal einen Dämpfer: Beim Großen Preis von Großbritannien auf dem kurvenreichen Silverstone Circuit erringt Juan Manuel Fangio, der die Vorderräder seines Boliden wegen der Stromlinienkarosserie nur erahnen kann, gerade einmal einen enttäuschenden vierten Platz. 14 Tage später, beim Großen Preis von Europa auf dem Nürburgring, ist endlich die Version mit freistehenden Rädern fertig, und der Topfahrer aus Argentinien erzielt seinen zweiten Sieg für Mercedes-Benz. Am Ende der Saison ist Fangio Weltmeister.

Für das Folgejahr wird der neue Silberpfeil überarbeitet: Er erhält einen leistungsgesteigerten Motor und kommt in insgesamt drei Radstandsvarianten zum Einsatz, sodass er noch besser an die unterschiedlichen Strecken angepasst werden kann. Der Stromlinienwagen geht nur im Saisonabschlussrennen in Monza an den Start: Fangio erzielt dort seinen vierten Saisonsieg – wobei die Saison nur sieben Rennen umfasst. Seinen zweiten Weltmeistertitel auf Mercedes-Benz hat sich der Argentinier bereits mit seinem zweiten Platz beim vorletzten Rennen im britischen Aintree gesichert.

Kleiner Mercedes, große Wirkung: Ausstieg aus dem Motorsport

040

Im Motorsport hat Mercedes-Benz in der Saison 1955 noch einen zweiten Trumpf im Ärmel: Zeitgleich mit dem Formel-Rennwagen haben die Untertürkheimer ab Herbst 1953 auf der gleichen technischen Basis einen zweisitzigen Rennsportwagen konstruiert, mit dem sie an der Sportwagen-Weltmeisterschaft teilnehmen wollen. Da das Hubraumlimit der Formel 1 hier nicht relevant ist, erhält der Rennsportwagen einen 3-Liter-Motor und die daraus abgeleitete Bezeichnung 300 SLR. Seinen Premiereneinsatz soll der W 196 S, wie der Sportwagen intern genannt wird, im Mai bzw. Juni 1954 sogar noch vor dem Formel-1-Debüt bei der Mille Miglia und den 24 Stunden von Le Mans absolvieren, und Rennleiter Neubauer hat bereits im Januar 1954 zwei 300 SLR Coupés für Le Mans gemeldet.

Stirling Moss und Beifahrer Denis Jenkinson stehen auf der berühmten Startrampe in Brescia und sind mit ihrem 300 SLR bereit für den Start zur Mille Miglia.

Um sich ganz auf die Formel 1 konzentrieren zu können, werden die Sportwageneinsätze dann aber im März 1954 wieder abgesagt, und sein tatsächliches Renndebüt hat der 300 SLR erst bei der Mille Miglia am 1. Mai 1955, die er mit einem spektakulären Sieg abschließt: Der Brite Stirling Moss und sein Beifahrer Denis Jenkinson absolvieren das strapaziöse Rennen über 1.597 km auf öffentlichen Straßen in der neuen Rekordzeit von 10 Stunden, 7 Minuten und 48 Sekunden. Dies entspricht einer Durchschnittsgeschwindigkeit von 157,651 km/h und bedeutet einen Rekord, der nie mehr übertroffen wird. Der 300 SLR mit der Mille-Miglia-Startnummer 722, die für die Startzeit um 7:22 Uhr steht, gehört seither zu den Legenden des Motorsports.

Die Rekordzeit, die Moss und sein Beifahrer mit dem 300 SLR bei der Mille Miglia aufstellen, wird nie mehr übertroffen werden.

Sechs Wochen später, am 11. Juni 1955, kommt es bei den 24 Stunden von Le Mans zu der bis heute größten Tragödie in der Geschichte des Rennsports. Der französische Gastfahrer Pierre Levegh, der bereits 1952 durch sein Durchhaltevermögen bei dem legendären 24-Stunden-Rennen überzeugt hat und aus diesem Grund von Rennleiter Alfred Neubauer für das Rennen am 11. Juni 1955 verpflichtet wurde, prallt mit seinem 300 SLR knapp zweieinhalb Stunden nach Rennbeginn infolge eines völlig unvorhersehbaren Fahrmanövers des Briten Mike Hawthorn auf den ausweichenden Austin-Healey von Hawthorns Landsmann Lance Macklin. Bei dem unvermeidbaren Aufprall wird Leveghs SLR in Richtung der Zuschauertribüne katapultiert, wo er auseinanderbricht und sofort in Brand gerät. Dieser unverschuldete Unfall kostet nicht nur Pierre Levegh, sondern auch 83 Zuschauer das Leben. In Fachwelt und Öffentlichkeit löst er ein Umdenken hinsichtlich der Sicherheitsbestimmungen im Motorsport aus.

Im Daimler-Benz Vorstand wird das Motorsport-Engagement nicht nur im Licht dieses Unfalls, sondern auch im Hinblick auf die Entwicklungskapazitäten immer wieder kontrovers diskutiert. Einen Ausstieg aus der Formel 1 nach Saisonende hat man intern bereits beschlossen, an der Sportwagen-WM möchte man aber 1956 weiterhin teilnehmen. In der Vorstandssitzung am 11. Oktober kommt es

Die scheinbar entspannte Haltung von Moss und Jenkinson kann nicht über die immense Anspannung bei dem anstrengenden Straßenrennen über 1.600 km hinwegtäuschen. Am Ende siegen die beiden Briten in nie mehr unterbotener Rekordzeit. [Das ursprüngliche Schwarz-Weiß-Foto wurde mithilfe von KI koloriert.]

jedoch auch in diesem Punkt zu einem völlig überraschenden Kurswechsel. Entwicklungsvorstand Fritz Nalllinger, der für den neu geplanten kleinen Mercedes W 122 unterhalb des Typs 180 einen Zeitplan vorlegen soll, sieht sich unter Verweis auf fehlende Erprobungskapazitäten dazu außerstande.

Daraufhin fällt der Vorstand die spontane Entscheidung, 1956 auch den 300 SLR nicht mehr ins Rennen zu schicken. Über diese Entscheidung wird striktes Stillschweigen beschlossen, da das Rennteam zum Saisonabschlussrennen bereits auf Sizilien weilt und keinesfalls demotiviert werden darf. Mercedes-Benz liegt in der WM-Wertung

Im Rahmen der Saison-Abschlussfeier am 22. Oktober 1955 decken Stirling Moss, Alfred Neubauer, Karl Kling und Juan Manuel Fangio die Silberpfeile mit Tüchern ab, bevor sie ins Museum kommen.

Durch den Motorsport-Ausstieg kommt das 300 SLR Coupé nicht mehr zum Renneinsatz. Uhlenhaut setzt es aber auch 1956 publicitywirksam ein, was dem atemberaubend schönen Straßen-Rennwagen den Beinamen »Uhlenhaut-Coupé« einbringt.

Trotz einer außergewöhnlich erfolgreichen Saison beendet das Unternehmen sein Motorsport-Engagement.

aktuell zwei Punkte hinter dem Konkurrenten Ferrari und muss, um den Konstrukteurstitel zu holen, die Targa Florio nicht nur gewinnen, sondern auch verhindern, dass Ferrari Zweiter wird. Am Ende fahren die 300 SLR von Stirling Moss/Peter Collins und Juan Manuel Fangio/Karl Kling einen beeindruckenden Doppelsieg ein, und Mercedes-Benz ist Konstrukteursweltmeister. Damit endet für die Untertürkheimer eine außergewöhnlich erfolgreiche Saison: Die Marke mit dem Stern hat nicht nur die Formel-1-WM und die Sportwagen-WM für sich entschieden, sondern auch die Europameisterschaft der Tourenwagen und die Amerikanische Sportwagenmeisterschaft der Klasse D gewonnen. Ein besseres Ergebnis hätte man sich in Stuttgart wohl kaum wünschen können. Trotz dieser überwältigenden Erfolgsbilanz verkündet das Unternehmen am 22. Oktober 1955 im Rahmen einer Siegesfeier das Ende seines Motorsport-Engagements.

Der W 122, hier ein Design-Modell von Anfang 1956, verhindert das weitere Motorsport-Engagement, geht am Ende aber dennoch nicht in Produktion.

Der W 122, der dem Mercedes-Benz Motorsport-Engagement den Todesstoß versetzt hat, wird übrigens trotzdem nicht gebaut. Der Vorstand scheut die für die zusätzlichen Produktionsanlagen erforderlichen Investitionen und stellt das Projekt 1957 ein. Auf einen kompakten Mercedes unterhalb des etablierten Typenprogramms werden die Kunden noch 25 Jahre warten müssen.

»Was Sie brauchen bauen wir«: Transporter und Kleinbusse aus Sindelfingen und Mannheim

041

Während Mercedes-Benz in der Formel 1 und der Sportwagen-WM Meisterschaftspunkte sammelt, öffnet in Frankfurt die dritte Ausgabe der IAA ihre Pforten – erstmals nicht mehr im Frühjahr, sondern im September. Die Mercedes-Benz Neuheiten werden vom Publikum wie gewohnt mit besonderer Aufmerksamkeit bedacht, die spektakulärste Neuvorstellung sind aber diesmal keine Pkw-Modelle, sondern eine vollkommen neu entwickelte Nutzfahrzeug-Baureihe, die als Kastenwagen und Pritschenwagen unter der Bezeichnung L 319 und als Kleinbus O 319 debütiert.

Für jeden Bedarf die passende Variante des L 319 und O 319, dargestellt in einer Werbeanzeige von 1962.

Mit dem L 319 besetzt Mercedes-Benz zum ersten Mal nach dem Zweiten Weltkrieg wieder die Klasse der Leichtlastwagen bis zwei Tonnen Nutzlast und setzt seine auf das Jahr 1896 zurückgehende erfolgreiche Transporter-Tradition fort. Die neue Modellreihe ist als erster Mercedes-Benz Transporter eine völlig eigenständige Konstruktion, die sich in ihrem Konzept von den mittelschweren und schweren Lkw deutlich unterscheidet.

Alle Varianten der Baureihe 319 sind als Frontlenker konzipiert, das heißt als Fahrzeuge ohne separate Motorhaube, bei denen sich der Fahrersitz unmittelbar hinter der Fahrzeugfront befindet. Die Kastenwagen und Kleinbusse haben dabei einen selbsttragenden Aufbau, während die Pritschenwagen-Ausführung dem klassischen Konzept mit Leiterrahmen, Fahrerhaus und Pritschenaufbau entspricht. Motor und Getriebe entstammen den »Ponton-Modellen« 180 und 180 D, wobei die Dieselvariante die bei Weitem gefragtere ist. Ein knappes Jahr nach der Premiere in Frankfurt beginnt die Serienproduktion: Die Transporter laufen in Sindelfingen vom Band, die Kleinbusse in Mannheim.

Der L 319 ist die Antwort auf die Nachfrage nach Fahrzeugen für den leichten Verteilerverkehr, die stark angestiegen ist.

Ende 1961 wird die Produktion der Transporter und Kleinbusse in das kurz zuvor gepachtete (später übernommene) ehemalige Auto-Union-Werk Düsseldorf verlagert, um in Sindelfingen und Mannheim dringend benötigte Kapazitäten zu schaffen. Der L 319 ist die Antwort von Mercedes-Benz auf die Nachfrage nach Fahrzeugen für den leichten Verteilerverkehr, die in den Wirtschaftswunderjahren stark angestiegen ist. Eine Werbeanzeige von 1961 bringt dies prägnant auf den Punkt: »Was Sie brauchen bauen wir«.

Pritschenwagen und Kastenwagen des L 319 sind in zahlreichen verschiedenen Ausführungen erhältlich.

Als Kleinbus mit Dachrandverglasung bietet der O 319 bis zu 18 Passagieren ein angenehmes Reiseerlebnis.

Mercedes-Benz aus Ingolstadt und München? Die Verflechtungen mit Audi und BMW

042

Heute präsentieren sich Mercedes-Benz, BMW und Audi als klassische Premiumhersteller, die mit vergleichbaren Modellprogrammen in intensivem Wettbewerb miteinander stehen. In ihren Ursprüngen geht diese Konstellation auf die späten 1950er-Jahre zurück, und zu Beginn der in dieser Zeit eingeleiteten Entwicklung spielt Mercedes-Benz eine wichtige Rolle.

Wie schon der W 122 in verschiedenen Entwicklungsstadien hat auch der Kompaktwagen-Prototyp W 118 von 1962 einen Zentralstern im Grill.

Alle Werke der 1932 in Chemnitz gegründeten Auto Union AG und das Automobilwerk der BMW AG liegen bei Kriegsende im sowjetisch besetzten Ostdeutschland. BMW baut die Pkw-Fertigung in seinem Stammwerk München neu auf, während die Auto Union im Westen als GmbH neu gegründet wird und Produktionswerke in Ingolstadt und Düsseldorf in Betrieb nimmt. Dabei setzt das neue Unternehmen zunächst auf die Marke DKW, die bereits vor dem Krieg Motorräder und Autos mit Zweitaktmotor gefertigt hat.

Der Unternehmer Friedrich Flick hat bereits in der NS-Zeit umfangreiche Unternehmensbeteiligungen erworben, die er nach dem Krieg auf Druck der Besatzungsmächte zum Teil verkaufen muss. So wendet er sich der Automobilindustrie zu und wird 1954 Investor bei der Auto Union GmbH, während er gleichzeitig in großem Stil Daimler-Benz Aktien kauft. 1956 wird er erster Stellvertreter des Daimler-Benz Aufsichtsratsvorsitzenden. Im Juni 1957 hält die Flick-Gruppe fast 38 % an Daimler-Benz und 88 % an der Auto Union. Aus dieser Konstellation heraus drängt Flick die Daimler-Benz AG zur Übernahme seiner Auto-Union-Anteile, die zum 1. April 1958 erfolgt. Zum Jahresende 1959 übernimmt Daimler-Benz auch die restlichen 12 %.

> Daimler-Benz schickt ein Team nach Ingolstadt, das bei der Auto Union einen Viertakter als Antrieb durchsetzt.

Nachdem Daimler-Benz die Erweiterung des Modellprogramms um den kompakten W 122 im September 1956 auf Eis gelegt hat, sieht der Vorstand die Chance, die Produkte der neu erworbenen Tochtergesellschaft als Einstiegsmodelle zu positionieren. Zugleich wird klar, dass der Zweitaktmotor durch eine zukunftsträchtigere Entwicklung ersetzt werden muss. So schicken die Untertürkheimer ein Entwicklungsteam um den erfolgreichen Motorenkonstrukteur Ludwig Kraus nach Ingolstadt. Kraus wird Technischer Direktor der Auto Union und schafft es, den bei Daimler-Benz unter dem Code M 118 entwickelten Viertaktmotor gegenüber den Zweitaktverfechtern der Auto Union als zukünftiges Antriebsaggregat durchzusetzen.

Damit entsteht das erste Viertakt-Automobil der Auto Union Nachkriegsproduktion. Es debütiert im September 1965 unter dem Namen Audi und markiert den Ausgangspunkt für die Erfolgsgeschichte der wiederbelebten Marke. Zu diesem Zeitpunkt ist die Auto Union GmbH aber schon nicht mehr im Besitz von Daimler-Benz, nachdem Volkswagen den aufstrebenden Hersteller zum Jahreswechsel 1964/65

Der W 118 und die Variante W 119 hätten als Motor den besonders effizienten Viertakter M 118 erhalten und wären wohl in Ingolstadt produziert worden. Der Verkauf der Auto Union an Volkswagen verhindert dies.

übernommen hat – übrigens einschließlich Ludwig Kraus und seinem Team, das in Ingolstadt bleibt und dort als nächstes den Audi 100 entwickelt. Der Rest ist Geschichte.

Etwas kürzer ist der gemeinsame Weg von Daimler-Benz und BMW. Der Hersteller mit dem weiß-blauen Signet, der eine neu aufgebaute Pkw-Produktion in München erst 1952 wieder aufnehmen kann, konzentriert sich zunächst auf Fahrzeuge der Oberklasse, bevor mit der Isetta 1955 der Lizenzbau eines Kleinwagens hinzukommt. Als die finanzielle Lage des Unternehmens 1959 zunehmend kritisch wird, sondieren Vorstand und Aufsichtsrat eine mögliche Übernahme durch Daimler-Benz. Der Stuttgarter Autobauer übermittelt ein Angebot, und die Annahme in der BMW-Hauptversammlung am 9. Dezember gilt als Formsache. Der Hauptaktionär – allen voran die Deutsche Bank mit einem Anteil von 60 % – hat die Rechnung jedoch ohne die Kleinaktionäre gemacht, die die Übernahme mit Erfolg abwehren: Sie fechten die Bilanz an, wodurch die Hauptversammlung vertagt werden muss und das befristete Übernahmeangebot der Stuttgarter abläuft. Auch bei BMW geht es in der Folgezeit wieder bergauf – diesmal ganz ohne Hilfe aus Untertürkheim. Der 1961 als »Neue Generation« präsentierte und ab 1962 produzierte BMW 1500 wird vom Markt sehr positiv aufgenommen und bildet bei BMW den Ausgangspunkt einer Erfolgsgeschichte.

Das Designmodell des W 118 von 1962 ist links als Zweitürer und rechts als Viertürer ausgeführt.

Durchbruch für die Sicherheit mit Knautschzonen und Heckflossen: die Baureihe W 111

043

Als in der zweiten Hälfte der 1950er-Jahre die Entwicklung neuer Pkw-Modelle ansteht, die die 1954 eingeführten »Ponton-Sechszylinder« ablösen sollen, ist einer der Schwerpunkte die Optimierung der Fahrzeugsicherheit – insbesondere der passiven Sicherheit, die die Folgen eines Unfalls für die Insassen minimieren soll. Jetzt ist die Zeit reif für die Erfindungen von Béla Barényi, der die Karosserie-Vorentwicklung bei Daimler-Benz leitet und in dieser Funktion zukünftige Karosseriekonzepte entwickelt.

Bereits 1950 hat Barényi die Sicherheitskarosserie erdacht und am 23. Januar 1951 unter der unspektakulären Bezeichnung »Kraftfahrzeug, insbesondere zur Beförderung von Personen« zum Patent angemeldet. Barényis innovativer Ansatz besteht darin, dass eine Karosserie nicht durchgehend starr sein soll, sondern dass eine gestaltfeste Fahrgastzelle vorn und hinten mit nachgiebigeren Elementen kombiniert werden muss. Diese Elemente, heute landläufig als Knautschzonen bezeichnet, haben die Aufgabe, bei einem Unfall die Aufprallenergie in Verformungsenergie umzuwandeln und die Insassen dadurch zu schützen.

Barényis bahnbrechende Erfindung, für die im August 1952 das Patent 854157 erteilt wird, kommt in den neuen Mercedes-Benz Sechszylindermodellen der Baureihe W 111 erstmals zum Einsatz. Die verformbare Ausgestaltung der Längsträger im Vorbau und in der Heckpartie sorgt dafür, dass diese Bereiche als Knautschzonen fungieren können. Die neuen Modelle verfügen über ein integrales Sicherheitskonzept, das neben der Sicherheitskarosserie noch weitere Elemente beinhaltet: Das patentierte Keilzapfen-Türschloss mit zwei Sicherheitsrasten verhindert bei einem Unfall das Aufspringen und Verklemmen der Türen, und der »entschärfte Innenraum« umfasst ein gepolstertes Armaturenbrett mit elastischen, zum Teil versenkt angeordneten Bedienungselementen sowie ein Lenkrad mit Polsterplatte. Während das Sicherheitskonzept unter dem Blech liegt und daher von außen nicht sichtbar ist, zeichnen sich die neuen Modelle durch ein sehr prägnantes Gestaltungsmerkmal aus, das auf den ersten Blick ins Auge sticht: die sogenannten »Heckflossen«, ein 1948 bei Cadillac eingeführtes Designelement, das seine Blütezeit im Jahr 1959, dem Premierenjahr der Baureihe W 111, erlebt. Rein modische Aspekte spielen im Mercedes-Benz Karosseriedesign von jeher keine Rolle, und so sind die Heckflossen nicht nur sehr dezent, sie haben darüber hinaus auch eine Funktion: Sie sollen dem Fahrer beim Rückwärtsfahren das Manövrieren erleichtern und anzeigen, wo die Karosserie aufhört. Die von Mercedes-Benz geprägte offizielle Bezeichnung lautet daher »Peilstege«. Dem Volksmund und der Enthusiastenszene ist das egal: Sie prägen die bis heute gebräuchliche Bezeichnung »Heckflossen-Mercedes«. Für das Design des Fahrzeugs zeichnet neben Stilistikchef Friedrich Geiger der Franzose Paul Bracq verantwortlich.

> Die »Heckflossen« verfügen über ein umfangreiches Sicherheitskonzept.

Ein interessanter Aspekt der Mercedes-Benz »Heckflossenmodelle« besteht übrigens darin, dass die 1961 eingeführten Vierzylindermodelle mit dem Baureihencode W 110 zwar über runde statt rautenförmige Scheinwerfer sowie etwas weniger Chromzierrat verfügen, ansonsten jedoch eine von Windschutzscheibe bis Heck identische Karosserie aufweisen. Durch diese sogenannte »Einheitskarosserie« haben sich nicht nur die Kosten für Entwicklung, Fertigung und Ersatzteilhaltung reduziert, die Besitzer eines Vierzylindermodells kommen zugleich auch in den Genuss des gleichen üppigen Raumkomforts und des gleichen geräumigen Kofferraums wie die Oberklasse-Kunden.

In einem Punkt kommt die Einheitskarosserie jedoch an ihre Grenzen: Bei den 1961 präsentierten Coupé- und Cabrioletversionen der Baureihe W 111 wird von den Rohbauteilen des Viertürers nicht ein einziges verwendet, und die Heckflossen mit Peilstegen sind auch verschwunden.

Im Stilistik-Studio in Sindelfingen: Chefstylist Friedrich Geiger und sein Mitarbeiter Paul Bracq präsentieren dem Fotografen die Rahmenbodenanlage des W 111 (Bild oben). Die kunstvolle Darstellung des W 111 auf dem unteren Bild stammt von Paul Bracq, der auch die Karosserie des Fahrzeugs gezeichnet hat.

Frontlenker, Tausendfüßler und Kurzhauber: Lastwagen und Omnibusse der 1950er-Jahre

044

In den 1950er-Jahren entwickeln sich bei Lastwagen und Omnibussen unterschiedliche Konzepte im Hinblick auf die Position von Motor und Fahrer. Während zu Beginn noch die klassischen Langhauber dominieren, die in ihrer Grundkonzeption aus der Vorkriegszeit stammen, beginnt sich ab Mitte der Dekade allmählich das Frontlenkerkonzept durchzusetzen.

Vorteile der Frontlenkerfahrzeuge, bei denen der Fahrersitz unmittelbar hinter der Fahrzeugfront angeordnet ist, sind die bessere Ausnutzung der Fahrzeuglänge und die bessere Übersichtlichkeit für den Fahrer, Nachteile sind – zumindest beim vorn liegenden Motor – die erschwerte Zugänglichkeit des Motors bei Wartungsarbeiten und die geringere Geräuschdämpfung im Fahrerhaus. Als vorteilhaft erweist sich beim Frontlenker das günstigere Verhältnis der Nutzlänge zur Fahrzeuglänge – ein Aspekt, der besonders dann relevant wird, wenn es um die Einhaltung spezieller Zulassungsvorschriften geht.

Um die Bahn zu fördern und die steigende Zahl von Lastwagen zu begrenzen, erlässt die Bundesregierung 1958 neue Vorschriften »zur Entlastung des Straßen- und Güterverkehrs«, die Gewichte, Achslasten und Abmessungen der Lastwagen beschränken. Nach den neuen Regelungen dürfen nur noch dreiachsige Fahrzeuge mit Anhänger eine Gesamtnutzlast von 20 Tonnen erreichen. Technisch ist das problematisch, da die erlaubte Fahrzeuglänge für einen klassischen Dreiachser mit zwei Hinterachsen nicht ausreicht. Die Mercedes-Benz Ingenieure finden jedoch eine innovative Lösung, auch wenn diese auf den ersten Blick etwas skurril anmutet. Sie konstruieren den LP 333, einen Frontlenker mit zwei gelenkten Vorderachsen. Mit seiner genau errechneten Lenkungsgeometrie ermöglicht das ungewöhnliche Konzept besonders gute Kurvenführung und Fahrtrichtungsstabilität, eine gute Bremswirkung und erhöhte Sicherheit bei Reifendefekten. Im Volksmund erhält der LP 333 den Namen »Tausendfüßler«. Als die strengen Auflagen Mitte 1960 wegfallen, geht die Zeit dieser ungewöhnlichen Konstruktion zu Ende.

Mercedes-Benz findet für die vielen verschiedenen Anforderungsprofile technisch und optisch überzeugende Lösungen.

Das tut der Beliebtheit der Frontlenker keinen Abbruch. 1959 hat Mercedes-Benz jedoch noch eine weitere Variante eingeführt: den Kurzhauber, der eine sehr gute Kompromisslösung zwischen Langhauber und Frontlenker bietet. Das Fahrzeug ist kürzer als der klassische Langhauber, der Motor ist sehr gut zugänglich und das Geräuschniveau im Fahrerhaus ist deutlich geringer als beim Frontlenker. Die in verschiedenen Gewichtsklassen angebotenen Kurzhauber zeichnen sich durch höchste

Lange Motorhauben dominieren die Bauweise der Mercedes-Benz Lastwagen bis weit in die 50er-Jahre (links). Der 1950 präsentierte Frontlenker-Omnibus O 321 H ist der erste Mercedes-Benz Omnibus in selbsttragender Bauweise.

Die ab 1959 eingeführten Mercedes-Benz Kurzhauber-Lastwagen bilden im Hinblick auf Nutzlänge und Praxistauglichkeit einen sehr guten Kompromiss zwischen der Langhauber- und der Frontlenker-Konstruktion. Ihre Langlebigkeit und Zuverlässigkeit sind legendär.

Zuverlässigkeit auch unter härtesten Bedingungen aus und bleiben bis in die 1980er-Jahre in Produktion – lange nachdem sie von moderneren Konstruktionen abgelöst wurden. Vor allem in einigen Exportmärkten gilt nur ein Kurzhauber als echter Lastwagen. 1963 ergänzen neue Frontlenkervarianten das Programm der Kurzhauber. Bei den neuen Modellen mit ihrem kantigen Fahrerhaus ist der Motor »unterflur« unter dem Fahrerhausboden untergebracht.

Im Omnibusbereich hat Mercedes-Benz neben den klassischen Haubenfahrzeugen bereits 1951 den Frontlenker-Omnibus O 6600 H mit Heckmotor auf den Markt gebracht. Der Heckmotor hat den Vorteil, dass das Motorgeräusch als deutlich weniger störend empfunden wird. Ende 1954 debütiert der Frontlenker-Omnibus O 321 H der anstelle eines separaten Fahrgestells aber nun eine Rahmen-Boden-Anlage hat, die mit dem mittragenden Aufbau fest verbunden ist. Der gestalterisch als besonders gelungen empfundene Omnibus ist als Stadtomnibus, Überlandbus und Luxusreisebus erhältlich. Von allen Ausführungen des O 321 H, werden bis Ende 1964 insgesamt mehr als 18.000 Stück gebaut. Die Frontgestaltung des neuen Omnibusses wie auch der Frontlenker-Lastwagen der 1950er-Jahre orientiert sich an Designelementen der zeitgleich eingeführten SL-Modelle, während die klassischen Langhauber-Lastwagen und Omnibusse weiterhin den traditionellen Mercedes-Stern auf der Kühlermaske tragen.

Der LP 333 mit zwei gelenkten Vorderachsen ist die Antwort der Ingenieure auf die gesetzlichen Restriktionen der 1950er-Jahre.

1963 erscheint der LP 1620 mit einem Frontlenker-Fahrerhaus in kubischer Form, das sehr gute Sichtverhältnisse bietet.

Von der Pagode zur Pullman-Limousine: 230 SL und 600, 1963

045

Im März 1963 betrachten Fachwelt und Öffentlichkeit die Premiere des neuen Mercedes-Benz 230 SL auf dem Automobil-Salon in Genf durchaus mit gemischten Gefühlen. Einerseits irritiert die Vorstellung, dass der neue Sportwagen aus Untertürkheim nun gleich zwei vollkommen unterschiedliche SL-Modelle ablösen muss: Sowohl der 300 SL Roadster als auch der »kleine Bruder« 190 SL sind im Februar 1963 in Sindelfingen zum letzten Mal vom Band gelaufen.

Die zweite Überraschung ist das Äußere des Wagens, das vor allem von seinem Hardtop dominiert wird. Über »die ungewöhnliche, nahezu provozierende Form« schreibt

Die großen Fensterflächen des Pagodendachs sorgen für eine lichtdurchflutete Atmosphäre und beste Sicht, und der geräumige Kofferraum macht den Pagoden-SL zum vollwertigen Reisewagen.

Reinhard Seiffert in der »Auto, Motor und Sport« vom 23. März 1963: »Man muß diese Form wirklich diskutieren, denn ein Sportwagen soll stets auch Augenweide sein – viele Leute zahlen sogar ausschließlich für das Aussehen. [...] Das Dach dagegen schockiert, weil es, betrachtet man es von vorn oder hinten, nach innen durchhängt. Es bekam intern die durch ostasiatische Tempeldächer inspirierte Bezeichnung ›Pagodendach‹. [...] es verbleibt also trotz allen sachlichen Argumenten die Tatsache eines gewagten Stilelements. Aber warum eigentlich nicht? Müssen alle Autos gleich aussehen? Provozierende Formen waren bisher nicht Sache von Daimler-Benz, und es zeugt von Mut und Beweglichkeit, daß in dieser Hinsicht einmal etwas riskiert wird. Viel riskiert ist ohnehin nicht, denn das Publikum wird das Dach als neuesten Schrei akzeptieren, und vermutlich wird es bald nachgemacht.«

Der neue Mercedes-Benz 600, fotografiert 1963 vor dem Schloss Rosenstein in Stuttgart.

Seiffert liegt richtig: Der »Pagoden-SL« (W 113), der auf Bodengruppe und Aggregaten der »Heckflossen-Limousine« basiert, kommt trotz – oder wegen – seines Dachs beim Publikum auf Anhieb sehr gut an und wird in seinen Varianten 230 SL, 250 SL und 280 SL bis 1971 insgesamt 48.912-mal gebaut.

Bereits ein halbes Jahr nach der Premiere des 230 SL präsentiert Mercedes-Benz auf der IAA die nächste Sensation: den als exklusives Repräsentationsfahrzeug für höchste Ansprüche konzipierten Typ 600, der als fünf- bis sechssitzige Limousine und als sieben- bis achtsitzige Pullman-Limousine angeboten wird. Höchsten Komfort für alle Fahrgäste, gerade auch auf den Rücksitzen, höchste Sicherheit sowie hervorragende Fahrleistungen hat man den Entwicklern ins Lastenheft geschrieben.

Der »Pagoden-SL« kommt trotz – oder wegen – seines Dachs auf Anhieb sehr gut an.

Als Antriebsaggregat kommt, erstmals bei Daimler-Benz, ein V8-Einspritzmotor zum Einsatz, der aus 6,3 Liter Hubraum 250 PS schöpft und in Verbindung mit dem serienmäßigen Automatikgetriebe sportwagenmäßige Fahrleistungen mit einer Höchstgeschwindigkeit von 205 km/h und einer Beschleunigung von 10 Sekunden von 0 auf 100 km/h ermöglicht. Das neue Spitzenmodell ist serienmäßig mit technischen Besonderheiten ausgestattet, die in ihrer Summe einzigartig sind und den Stand der Technik darstellen. Zur Grundausstattung zählt neben Luftfederung, Servolenkung und Zentralverriegelung auch eine elektronisch geregelte Heizungs- und Lüftungsanlage. Eine einzigartige Komfort-Hydraulik regelt die Verstellung von Vordersitzen und Rückbank sowie das Öffnen und Schließen der Wagentüren, der Kofferraumklappe, der Seitenfenster und des auf Wunsch lieferbaren Schiebedachs.

In seinem Fahrbericht über das neue Flaggschiff schreibt Chefredakteur Heinz-Ulrich Wieselmann in der »Auto, Motor und Sport« vom 5. Oktober 1963: »Dies Automobil scheint schier zu bersten von all dem Geist, Wissen und Können, von der Begeisterung, die das wahrscheinlich beste Auto-Ingenieur-Team unserer Tage hineingebaut hat. Nach Ansicht seiner Väter ist es der bis jetzt bestliegende Mercedes-Benz. Die Techniker neigen zu Untertreibungen. Es ist das fortschrittlichste und komfortabelste Automobil schlechthin, es ist auch der schnellste Mercedes, der augenblicklich produziert wird, und mit Abstand der teuerste.«

Trotz dieser positiven Einschätzung aus berufenem Munde bleiben die Verkaufszahlen weit hinter den Erwartungen zurück, und bis 1981 entstehen nur 2.677 Exemplare des W 100, darunter 590 Pullman-Limousinen und -Landaulets. Die an Extravaganz grenzende Auffälligkeit des exklusiven Fahrzeugs steht am Ende wohl einer größeren Verbreitung im Weg.

Grand-Prix-Sieger, Busstandard und Weltmeister: neue Reisebusse und Linienomnibusse

046

In Nizza, dem Ort, an dem 65 Jahre zuvor die Marke Mercedes geboren wurde, gewinnt Mercedes-Benz im Mai 1965 den Grand Prix. Diesmal geht es allerdings nicht um Motorsport, sondern um den Grand Prix Louis Bolandard, der im Rahmen der Semaine de Car, der internationalen Omnibuswoche von Nizza, für die beste Gesamtleistung vergeben wird. Preisträger dieser wertvollsten internationalen Auszeichnung, mit der ein Omnibus gekürt werden kann, ist der Mercedes-Benz O 302, der kurz zuvor nach gut zehnjähriger Produktionszeit den O 321 H abgelöst hat. Wie sein Vorgänger ist er als Reisebus, Überlandbus und Stadtlinienbus lieferbar. Er hat einen Heckmotor und einen Bodenrahmen mit selbsttragender Karosserie und ist zudem auf Wunsch mit Luftfederung sowie mit hohen gebogenen Seitenscheiben erhältlich. Die zwei Monate vor der Omnibuswoche angelaufene Serienfertigung erreicht schnell höhere Stückzahlen als bei ihrem Vorgänger.

Gut zwei Jahre später erhält der Grand-Prix-Sieger Konkurrenz aus den eigenen Reihen, und zwar speziell im Segment der Stadtlinienbusse und Überlandomnibusse. Hier ist zwar bereits seit 1958 als erster Großraum-Omnibus der O 317 etabliert, doch auf der IAA in Frankfurt debütiert im September 1967 der Prototyp des nüchtern-futuristisch anmutenden Stadtlinienbusses O 305, der dieses Segment dominieren wird. Der Neuling ist nach den vom Verband Öffentlicher Verkehrsbetriebe (VÖV) definierten Vorschlägen für einen Standard-Linienbus mit mehr Fahrgast-, Bedien- und Wartungsfreundlichkeit konzipiert. Weitgehend ähnliche Fahrzeuge mit herstellerspezifischen Eigenheiten werden auch von den Wettbewerbern Büssing und Magirus-Deutz entwickelt.

Nach seinem Produktionsstart im Dezember 1968 wird auch der O 305 schnell zum Erfolgsmodell, das den O 317 bis 1977 verdrängt – wozu auch die 1973 eingeführte Überlandausführung O 307 und der ab 1977 produzierte Schubgelenkbus O 305 G beitragen. Diese ersten Standard-Linienbusse sind so erfolgreich, dass nach dem gleichen Prinzip eine zweite Generation entwickelt wird und Ende 1984 in Produktion geht.

Fast am Ende seines Lebenszyklus spielt der Grand-Prix-Sieger von 1965 noch eine wichtige Rolle in der Weltmeisterschaft. Wieder geht es nicht um Motorsport, sondern diesmal um die Fußball-WM, die vom 13. Juni bis 7. Juli 1974 in Deutschland stattfindet. Um zwischen den über die Republik verteilten Austragungs- und Unterbringungsorten komfortabel und sicher reisen zu können, erhalten die 16 an der WM teilnehmenden Mannschaften je einen Luxusreisebus des Typs O 302. Mercedes-Benz, seit 1972 Sponsor des Deutschen Fußball-Bunds, stellt die Fahrzeuge zur Verfügung. Jedes der 16 Exemplare ist gelb lackiert und mit dem Landesnamen sowie den Nationalfarben des jeweiligen Teams versehen. Die WM-Teilnehmer kommen aus Argentinien, Australien, Brasilien, Bulgarien, Chile, der DDR, Deutschland, Haiti, Italien, Jugoslawien, den Niederlanden, Polen, Schottland, Schweden, Uruguay und Zaire.

Während der Fußball-WM 1974 stellt Mercedes-Benz allen 16 Mannschaften einen Luxusreisebus vom Typ O 302 zur Verfügung.

Im Finale, das am 7. Juli um kurz nach 16 Uhr im Münchner Olympiastadion angepfiffen wird, schlägt die deutsche Elf die Nationalmannschaft der Niederlande 2:1. Nach der WM reisen nicht nur die Fußballteams zurück in ihre Heimatländer, auch die WM-Busse werden in alle Winde zerstreut. Dies muss fast 30 Jahre später das Team, das die Konzeption des neuen Mercedes-Benz Museums erarbeitet und die Exponate definiert, leidvoll erfahren. Der deutsche WM-Bus, der einen Platz im Collectionsraum 4 »Galerie der Namen« erhalten soll, ist partout nicht aufzutreiben. Auch von den 15 übrigen Bussen fehlt jede Spur. Am Ende muss das Museumsteam einen O 302 der gleichen Basisausfüh-

Im Rahmen der Abschlussfeier vor dem Finale am 7. Juli 1974 absolvieren die Teambusse eine Abschiedsrunde im Münchner Olympiastadion.

rung erwerben, museumsreif restaurieren und dank altgedienten Mitarbeiten des Omnibuswerks Mannheim bis ins Detail originalgetreu zum WM-Bus aufrüsten. Seit der Eröffnung am 19. Mai 2006 zählt der auf diese Weise nachempfundene bundesdeutsche WM-Bus zu den beliebtesten Exponaten des Mercedes-Benz Museums.

Der O 302 ist vor allem als Reisebus populär (Bild links). Im Bild Mitte der O 302 der bundesdeutschen Elf – einer von 16 Luxusbussen, die Daimler-Benz den Teams der Fußball-WM 1974 zur Verfügung stellt. Als Standard-Linienbus der ersten Generation läutet der O 305 eine neue Ära im öffentlichen Personen-Nahverkehr ein (Bild rechts).

Vom Biedermann zum Million Seller: die »Strich-Acht«-Modellreihe

047

Das Jahr 1968 beginnt für Mercedes-Benz mit einem Paukenschlag: Unter der nüchternen Bezeichnung »Die neue Mercedes-Benz Generation« präsentiert die Marke mit dem Stern der Presse in Sindelfingen ein rundum erneuertes Pkw-Modellprogramm. Auch wenn der »Pagoden-SL« und die Oberklasse-Modelle mit dem S in der Typenbezeichnung leistungsstärkere 2,8-Liter-Motoren erhalten, liegt der Schwerpunkt des Neuheiten-Programms auf einer vollkommen neu entwickelten Mittelklasse-Typenreihe, die nach fast siebenjähriger Produktionszeit die »Heckflossen-Modelle« der Baureihe W 110 ablöst.

Die neue Typenreihe umfasst nun sechs statt bisher drei Modelle und wird intern unter zwei unterschiedlichen Baureihencodes geführt: Während die mit 2- und 2,2-Liter-Diesel- und Benzinmotoren ausgerüsteten Vierzylindermodelle 200 D, 220 D, 200 und 220 der Baureihe W 115 angehören, sind die beiden 2,3-Liter- und 2,5-Liter-Sechszylinder 230 und 250 dem Code W 114 zugeordnet. Mit der brandneuen Typenreihe hat Mercedes-Benz die Abkehr von der Einheitskarosserie, die 1965 mit den Oberklasse-Modellen der Baureihe W 108/109 begonnen hat, nunmehr komplett vollzogen – ermöglicht vor allem durch deutlich gesteigerte Fertigungskapazitäten.

Technisch machen die neuen Modelle, insbesondere mit ihrem Fahrwerk, einen gewaltigen Sprung nach vorn. Als erste Mercedes-Benz Personenwagen haben sie anstelle der bisherigen Eingelenk-Pendelachse eine Schräglenker-Hinterachse erhalten, die nun für 15 Jahre das Maß aller Dinge definiert. Um die Käufer der Oberklasse-Modelle nicht zu verunsichern, prägen die Untertürkheimer Marketing- und Kommunikationsstrategen den Begriff »Diagonal-Pendelachse«.

> Technisch machen die neuen Modelle mit der Schräglenker-Hinterachse einen gewaltigen Sprung nach vorn.

Hinsichtlich der Verkaufspreise sieht sich das Unternehmen mit der am 1. Januar 1968 neu eingeführten Mehrwertsteuer in Höhe von 10 % konfrontiert. Auch wenn es gelungen ist, die Preise auf dem Niveau der Vorgängermodelle zu halten, bedeutet dies für private Käufer dennoch einen Preisanstieg um 10 %. Dies tut dem Erfolg der neuen Modelle allerdings keinen Abbruch: Allein im ersten Jahr rollen in Sindelfingen rund 160.000 Fahrzeuge von den Bändern – gut 30 % mehr als 1967 von den Vorgängern.

Noch im Premierenjahr 1968 wird das Programm der neuen Modellreihe erweitert: Im November präsentiert Mercedes-Benz der Presse auf dem Hockenheimring eine Coupé-Variante mit den Modellen 250 C und 250 CE; sie richtet sich laut Pressetext an Käufer, die Wert auf eine besonders individuelle Note in Form und Ausstattung legen.

Die Exklusivität der neuen Zweitürer macht sich auch im Preis bemerkbar: Der reicht zwar an das Niveau der Oberklasse-Limousinen heran, ist von den Coupés dieses Segments allerdings noch weit entfernt. Die auf der ungekürzten Bodengruppe der Limousine basierenden Neuheiten verströmen einen Hauch von Luxus. Hinzu kommt, dass das Topmodell mit einer Innovation an den Start geht, die bei Mercedes-Benz erstmals zum Einsatz kommt: Die elektronisch gesteuerte Benzineinspritzung stellt im 250 CE ein Leistungsplus von 20 PS (15 kW) bereit und sorgt zudem für reduzierte Abgasemissionen. Auch die Coupés, und hier vor allem der Einspritzer, werden auf Anhieb zum Verkaufserfolg.

Bleibt noch die Frage zu klären, was es mit dem Beinamen »Strich-Acht« auf sich hat. Da die Baureihencodes außerhalb des Unternehmens noch nicht weit verbreitet sind, man aber eine griffige Unterscheidung zwischen den neuen und alten Typen gleichen Namens benötigt, erhalten die Bezeichnungen der neuen Modelle den Zusatz »/8«, der auf das Jahr der Einführung hinweisen soll. Daraus entwickelt

Im Atelier des Stilistikbereichs in Sindelfingen bereiten Stylist Paul Bracq und seine Kollegen die Vorstandspräsentation der Baureihe W 115 vor. Die neue Mittelklasse-Limousine wird zusammen mit einem Interieurmodell sowie aussagekräftigen Lack- und Polstermustern vorgestellt.

sich der allgemein gebräuchliche Begriff »Stricht-Acht« für die Baureihen W 114 und W 115.

Bis 1976 werden insgesamt 1,9 Millionen Fahrzeuge produziert, davon mehr als 67.000 Coupés; damit ist der »Strich-Acht« der erste Million Seller der Marke. Seine große Beliebtheit lässt sich auch daran ablesen, dass die meisten Modelle auch nach der Präsentation der Nachfolgebaureihe W 123 noch fast ein Jahr lang parallel produziert wurden.

Während die Dame den Komfort der Mercedes-Benz »Strich-Acht«-Limousine genießt, gibt sich der Reiter auf dem Rücken seines Rosses mit einer Pferdestärke zufrieden.

Ausflug ins Grüne: Als Besitzer eines Mercedes-Benz »Strich-Acht«-Coupés kann man frohgemut in die Kamera blicken.

Porsche-Schreck mit vier Türen: der 300 SEL 6.3

048

Anfang Dezember 1967 berichtet »Auto, Motor und Sport« unter der Überschrift »Super-Mercedes in Vorbereitung« über ein ungewöhnliches Mercedes-Benz Modell, das man der Untertürkheimer Marke eigentlich nicht zugetraut hätte: »Der kühne Plan, den großen Sechsliter-V8 in den kleineren Limousinen unterzubringen, beschäftigt schon lange die Gemüter in Untertürkheim und dürfte im nächsten Jahr Wirklichkeit werden.« Das bestens vernetzte Stuttgarter Fachblatt liegt auch diesmal richtig, und so ist es kein Wunder, dass der angekündigte »Super-Mercedes« im März 1968 auf dem Automobil-Salon in Genf debütiert.

Eigentlich hat es die knappe Ankündigung perfekt auf den Punkt gebracht: Das 1965 eingeführte Oberklasse-Modell 300 SEL hat man, angeregt durch sportlich orientierte Entwicklungsingenieure, mit dem stärksten verfügbaren Pkw-Motor, dem 6,3-Liter-V8 aus dem Typ 600, ausgerüstet. »Mit 250 PS erreicht dieses komfortable Auto die Fahrleistungen eines Supersportwagens« schreibt Reinhard Seiffert im Fahrbericht der »Auto, Motor und Sport« vom 14. März 1968 und führt dann weiter aus: »Wir übernahmen eines der sorgfältig gehüteten ersten Exemplare, das noch nicht mit der Bezeichnung ›6.3‹ verziert war. Das Fehlen dieser Bezeichnung hat zweifellos einige Porsche 911 und 911 S Fahrer in Verwirrung gebracht, die – sonst Könige der Autobahn – von dem harmlos-distinguiert aussehenden Mercedes abgehängt wurden. Falls einer von Ihnen zufällig diese Zeilen lesen sollte: Er braucht sein Fahrzeug nicht wegen mangelnder Leistung beim Werk zu reklamieren. Es ist vielmehr so, daß der 6,3 Liter Mercedes in der Beschleunigung schneller und in der Spitze etwa genau so schnell ist wie ein Porsche 911 S.«

Seiffert schließt mit den Sätzen: »Zwischen Idee und Ausführung liegt aber bei Daimler-Benz stets ein langer, mit Versuchsreihen ausgefüllter Zeitraum, und dann erst gibt ein Vorstandsbeschluß grünes Licht – oder rotes. Diese schwäbische Gründlichkeit hat ihre Vorzüge, weil das, was schließlich herauskommt, wirklich Hand und Fuß hat.« Die sportliche Luxuslimousine findet schnell Liebhaber und wird trotz ihres hohen Preises von 39.160 D-Mark bis 1972 immerhin 6.526-mal gebaut.

> Die sportliche Luxuslimousine erschreckt nicht nur Porschefahrer auf deutschen Autobahnen, sondern ist auch im Rennsport erfolgreich.

Die etwas skurril anmutende Typenbezeichnung demonstriert anschaulich, wie das Mercedes-Benz Nomenklatursystem mit dem neuen Modell an seine Grenzen gestoßen ist. Da der Typ 600 mit dem gleichen Motor ausgerüstet ist, musste man eine Typenbezeichnung wählen, die eine Position unterhalb des Spitzenmodells erkennen lässt.

Im März 1969 kommt der »Super-Mercedes« auch zu Motorsportehren, als Erich Waxenberger, einer der Initiatoren dieses Modells, das 6-Stunden-Rennen von Macao gewinnt. Ein nächster Einsatz ist für Juli 1969 beim 24-Stunden-Rennen im belgischen Spa-Francorchamps geplant. Die von Jacky Ickx/Hans Herrmann, Rauno Aaltonen/Dieter Glemser und Kurz Ahrens/Erich Waxenberger gesteuerten Wagen erreichen im Qualifying auf dem schnellen Kurs die Plätze 2, 4 und 6. Als Schwachstelle erweisen sich jedoch die Reifen des schweren Wagens, und so ordnet der Vorstand den Rückzug an.

Zwei Jahre später haben die Schwaben auf der gleichen Strecke mehr Glück. Diesmal ist es allerdings nicht das Werksteam, sondern die 1967 gegründete Firma AMG, die das Auto ins Rennen schickt. Heute weltbekannt, ist das von den ehemaligen Daimler-Benz Mitarbeitern Hans-Werner Aufrecht und Erhard Melcher im schwäbischen Großaspach gegründete Tuningunternehmen seinerzeit noch nicht allgemein präsent.

Traum oder Realität? Leere Schnellstraßen und die Hochleistungslimousine 300 SEL 6.3, die neben maximalem Komfort die Fahrleistungen eines Sportwagens bietet.

Ein zweiter Platz des 300 SEL 6.8 AMG von Heyer und Schickentanz bei den 24 Stunden von Spa-Francorchamps macht AMG 1971 auf einen Schlag weltbekannt.

Zusammen mit 59 anderen Renntourenwagen gehen Hans Heyer und Clemens Schickentanz am 24. Juli 1971 mit einem 300 SEL 6.8 an den Start, bei dem die AMG-Gründer den Motor auf 6,8 Liter Hubraum und gut 400 PS (294 kW) gebracht und mit einem ZF-Fünfganggetriebe sowie einer Rennkupplung kombiniert haben. Auf dem in auffälligem Rot lackierten Fahrzeug, das später den Beinamen »Rote Sau« erhält, erzielen sie den zweiten Platz im Gesamtklassement: Ein spektakulärer Erfolg, der die Firma AMG auf einen Schlag weltbekannt macht.

Rollendes Versuchslabor und Design-Ikone: der C 111

049

Die Bombe platzt am 8. April 1969: »Auto-Sensation 69. Mercedes baut neuen Wankel-Wagen« schreibt die »Bild-Zeitung«, und zwei Tage später titelt die »Deutsche Auto Zeitung« in ihrer Erstausgabe: »Mercedes schockte die ganze Autowelt«. Was ist geschehen? Schon seit vier Wochen kursieren Gerüchte über einen Mercedes-Sportwagen mit Wankelmotor, die offenbar vom Neckarsulmer Wankelmotor-Lizenzgeber NSU im Kontext der geplanten Fusion mit der VW-Tochter Audi lanciert wurden. Nun erhalten die Spekulationen neue Nahrung, wohl nicht ganz ohne Zutun der Marke mit dem Stern, die – freilich ohne Nennung der Urheber – erste Designskizzen hat durchsickern lassen. Selbst »Der Spiegel«, der Automobilthemen nicht gerade höchste Priorität einräumt, und der »stern« bringen Berichte.

Kurz zuvor hat der erste noch reichlich unförmig und improvisiert wirkende und daher intern als »Hobel« bezeichnete Prototyp mit 3-Scheiben-Wankelmotor seine ersten Runden auf der Einfahrbahn im Werk Untertürkheim gedreht. Nur drei Monate später ist der erste Traumsportwagen, der unter der Bezeichnung C 111 Berühmtheit erlangen wird, mit seiner Flügeltüren-Karosserie einsatzreif. Auf der IAA in Frankfurt zieht er die Massen an, und die Fachpresse bezeichnet den spektakulären Hochleistungssportler als Star der Ausstellung. Mit seinem expressiven Design, der ungewöhnlichen Farbgebung der Kunststoffkarosserie und den beachtlichen Fahrleistungen ist er Showcar, Design-Studie, Concept Car und Dream Car in einem – und darüber hinaus noch ein echter Versuchswagen, der von den Untertürkheimern bis an die äußerste Belastungsgrenze erprobt wird.

Wie schnelllebig die Zeit auch oder gerade für Showcars sein kann, zeigt sich bereits ein halbes Jahr nach der Messepremiere, als auf dem Automobil-Salon in Genf ein in jeder Hinsicht verbesserter C 111 debütiert. Der Supersportwagen hat seine auffällige Lackierung in Orangemetallic (offizielle Bezeichnung: Weißherbst) ebenso behalten wie das Fahrwerk, das mit seinen Sicherheitsreserven jedem reinrassigen Rennwagen zur Ehre gereicht hätte – alles andere jedoch präsentiert sich in deutlich weiterentwickelter Form.

Trotz überaus positiver Medien- und Kundenresonanz entscheidet sich der Vorstand gegen eine Produktion.

Das Design ist außen und innen gefälliger und eleganter geworden und trägt auch einer verbesserten Alltagstauglichkeit Rechnung: Die Platzverhältnisse im Kofferraum hat man ebenso verbessert wie die Sichtverhältnisse und das Raumgefühl im Interieur. Der Wankelmotor hat eine zusätzliche Scheibe erhalten und ist dank dem damit verbundenen Leistungszuwachs auf 350 PS (257 kW) gut für eine Höchstgeschwindigkeit von fast 300 km/h.

Ungeachtet der überaus positiven Medienresonanz und trotz Kunden, die Blankoschecks überreichen, bleibt der Daimler-Benz Vorstand im Hinblick auf eine Serienproduktion zögerlich und verwirft diesen Gedanken am Ende nach langwierigen und kontrovers geführten Diskussionen. Obwohl die Mercedes-Benz Entwicklungsingenieure inzwischen sowohl die Standfestigkeit als auch die prinzipbedingt problematischen Verbrauchs- und Emissionswerte in die richtige Richtung gebracht haben, ist am Ende nicht der Motor das ausschlaggebende Kriterium. Um für den US-amerikanischen Markt, der als wichtigster Abnehmer des Supersportwagens gilt, alle aktuellen und kurzfristig zu erwartenden Zulassungsvorschriften erfüllen zu können, müsste man den C 111 praktisch von Grund auf neu konstruieren, und dafür fehlen schlicht die Entwicklungskapazitäten. Vor diesem Hintergrund entscheidet sich der Vorstand schließlich gegen eine Serienproduktion.

Dennoch ist der C 111 auch sechs Jahre nach seiner Premiere in Genf nicht veraltet und bildet 1976 die perfekte Basis

Ein Traumsportwagen, der ein Traum bleibt: die erste Version vom Sommer 1969 bei der Erprobung auf dem Hockenheimring (oben) und die bereits im März 1970 präsentierte, noch leistungsstärkere und stilistisch deutlich überarbeitete Variante auf der werkseigenen Versuchsbahn in Untertürkheim.

für eine Dieselrekordfahrt, die das Image der Mercedes-Benz Diesel-Pkw fördern soll. Mit einem 190 PS (140 kW) starken 3-Liter-Turbodiesel ausgerüstet, erzielt der C 111 nach 64 Stunden auf dem Rundkurs in Nardò drei Weltrekorde und 16 internationale Klassenrekorde mit Durchschnittsgeschwindigkeiten jenseits der 250-km/h-Marke.

Forschen für die Zukunft: Gründung des Unternehmensbereichs »Zentrale Forschung«

050

Schneller, höher, weiter: Immer neue Höchstleistungen aus Technik und Wissenschaft lassen den Glauben an den technischen Fortschritt ungebrochen erscheinen. Die amerikanische Weltraumbehörde schickt Neil Armstrong und Edwin »Buzz« Aldrin mit Apollo 11 als erste Menschen zur Landung auf den Mond und die Sonden Mariner 6 und 7 zum Mars, der Jumbojet und die Concorde absolvieren ihren Erstflug. Zur gleichen Zeit tobt der Vietnamkrieg mit unverminderter Härte, die Grenzstreitigkeiten zwischen der Sowjetunion und China eskalieren und der Nordirland-Konflikt verschärft sich. Der im Vorjahr gegründete Club of Rome beschäftigt sich mit Zukunftsfragen der Menschheit, und in den USA müssen seit 1968 alle Neuwagen mit Abgasentgiftern ausgerüstet sein.

Begrenzte Ressourcen und zunehmende Umweltschutz-Diskussionen beginnen, die Zukunftsfähigkeit des Autos infrage zu stellen und betreffen damit in hohem Maße auch die Aktivitäten der Daimler-Benz AG. Das Unternehmen reagiert schnell und gründet auf Initiative von Entwicklungsvorstand Prof. Hans Scherenberg einen eigenen Bereich »Forschung«, der durch wissenschaftliche Grundlagenarbeit Konzepte für die Zukunft entwickeln soll und von Prof. Hans-Joachim Förster geleitet wird.

Der neue Bereich beginnt seinen Geschäftsbetrieb aber nicht bei null: Auch in der Vergangenheit hat das Unternehmen bereits intensiv, allerdings ohne die nun geschaffenen organisatorischen Rahmenbedingungen, an ähnlichen Fragestellungen gearbeitet. Die Arbeit an alternativen Antrieben hat auch schon erste Früchte getragen.

So hat im September 1969, ein wenig im Schatten des spektakulären C 111, auf der IAA in Frankfurt der OE 302 debütiert – ein Elektro-Versuchsomnibus für 66 Fahrgäste, der in Zusammenarbeit mit Bosch und Varta entstanden ist. Der Elektromotor wird aus einer 3,5 Tonnen schweren Bleibatterie mit einer Kapazität von 91 kWh gespeist, die von einem Diesel-Generatoraggregat aufgeladen wird und lokal emissionsfreies Fahren ermöglicht – ein frühes Beispiel für hybride Antriebstechnologie. Der Versuchsbus wird im Raum Stuttgart eingehend erprobt und sogar in Paris vor Vertretern des Verkehrsministeriums und der Elektrizitätswerke in der Praxis demonstriert.

Die Forschungsaktivitäten auf dem Gebiet der alternativen Antriebe beschränken sich jedoch nicht auf den Elektro-Hybridantrieb. Gut zwei Jahre nach dem OE 302 präsentiert Daimler-Benz im Dezember 1971 den Erdgas-Versuchsbus OG 305, einen Standard-Linienbus mit Erdgasantrieb. Der liegend eingebaute 11-Liter-Sechszylindermotor basiert auf dem serienmäßig verwendeten Dieselmotor, wurde aber für den Betrieb mit Erdgas umgebaut. Er arbeitet nun nach dem Otto-Verfahren mit niedrigerer Verdichtung und elektrischer Zündung. Das mit einem Druck von maximal 200 bar in Druckgasflaschen gespeicherte Erdgas entspricht in seinem Heizwert dem von 105 Litern Dieselkraftstoff, und das Mehrgewicht der Druckgasanlage beträgt etwa 700 kg. Vorteile des Erdgasantriebs sind geringere Geräusch- und Schadstoffemissionen sowie ein besonders wirtschaftlicher Betrieb.

> Bei Erprobungsfahrzeugen für alternative Antriebe setzt Mercedes wegen günstiger Platzverhältnisse zunächst auf Omnibusse.

Bei den Versuchsfahrzeugen für alternative Antriebe hat Daimler-Benz wegen der günstigen räumlichen Verhältnisse zur Unterbringung des Antriebs bisher auf Omnibusse gesetzt. Im März 1972 präsentiert das Unternehmen auf einem Fachkongress in Brüssel einen Transporter mit Elektroantrieb. Der LE 306 verfügt über eine Bleibatterie mit einer Spannung von 144 Volt und einer Speicherkapazität von 22 kWh, die Reichweiten von 50 bis 100 km gestattet, je nach Fahrweise und Betriebsart. Um auch eine effiziente Nutzung

Der 1969 präsentierte Elektro-Hybridbus O 302, in einer alltagsnahen Situation fotografiert. Der Unterboden beherbergt ein 3,5 Tonnen schweres Paket aus Bleibatterien.

im Alltag zu ermöglichen, ist der Transporter mit einer neuartigen Batteriewechseltechnik ausgestattet. Anstatt auf das Aufladen der verbrauchten Batterie warten zu müssen, kann das zwischen den Achsen unter dem Ladeboden untergebrachte Batteriepaket mithilfe der Durchschiebe-Querwechseltechnik innerhalb weniger Minuten ausgetauscht werden – eine durchaus praxisnahe Lösung, sofern die entsprechende Infrastruktur zur Verfügung steht …

Der Standard-Linienbus OG 305 mit Erdgasantrieb hat ein im Unterboden untergebrachtes Paket aus 200-bar-Druckgasflaschen (Bild links). Bei dem 1972 präsentierten Elektro-Versuchstransporter LE 306 kann die leere Batterie dank der neuartigen Batteriewechseltechnik in wenigen Minuten durch eine frische ersetzt werden (Bild rechts).

Familienzuwachs: Leichttransporter aus Bremen 051

Das Mercedes-Benz Werk Düsseldorf, in dem seit 1962 die Mercedes-Benz Transporter gefertigt werden, ist am 21. Januar 1971 Schauplatz einer Premiere, die bis heute nachwirkt. Der Stuttgarter Hersteller präsentiert dort die neuen Leichttransporter L 206 D und L 306 D, die der Gewichtsklasse von 2,4 bis 3,3 Tonnen angehören, und rundet sein Nutzfahrzeug-Programm dadurch nach unten ab.

Der Harburger Transporter mit Mercedes-Stern und Mercedes-Benz Dieselmotor in der Ausführung als Kastenwagen.

Gebaut werden die neuen Modelle allerdings nicht im Transporterwerk Düsseldorf, sondern an zwei Fertigungsstandorten in Norddeutschland, die den Produktionsverbund des schwäbischen Herstellers erst kurz zuvor erweitert haben. Die beiden Werke in Bremen-Sebaldsbrück und Hamburg-Harburg haben in der Automobilproduktion eine jahrzehntelange Tradition. Das Werk Bremen-Sebaldsbrück wird 1938 für die »Carl F. W. Borgward Automobil- und Motoren-Werke« gebaut und ist bis zum Konkurs im Jahr 1961 die Fertigungsstätte der Borgward Personenwagen und Lkw. Nach der überraschenden Pleite übernimmt das Traditionsunternehmen Hanomag, seit 1952 eine Tochtergesellschaft der Rheinstahl AG, das Werk, um dort Transporter zu fertigen. Im Besitz der Rheinstahl AG ist auch das 1928 von Otto Vidal gegründete Werk Hamburg-Harburg, in dem zunächst Tempo-Transporter gebaut werden, bevor diese zum sogenannten »Harburger Transporter« der Marke Hanomag weiterentwickelt werden.

Genau diese Harburger Transporter sind es, die ab Anfang 1971 – mit Typenbezeichnung und Dreizackstern von Mercedes-Benz versehen – das Nutzfahrzeug-Programm der Stuttgarter erweitern. Wie ist es dazu gekommen? Die Wurzeln dieser Entwicklung liegen gut zwei Jahre zurück. Ende Dezember 1968 gründet Daimler-Benz gemeinsam mit der Rheinstahl AG die Hanomag-Henschel Fahrzeugwerke GmbH (HHF) in Hannover. Rheinstahl bringt seine Töchter Rheinstahl-Hanomag AG mit den Fertigungsstandorten Bremen-Sebaldsbrück und Hamburg-Harburg sowie Rheinstahl-Henschel AG mit dem Werk Kassel-Mittelfeld in die neue Gesellschaft ein, und die Stuttgarter übernehmen 51 % der Geschäftsanteile. Zum Jahreswechsel 1970/71 übernimmt Daimler-Benz auch die restlichen Anteile, und die HHF wird damit zur 100-%-Tochter.

Die sogenannten »Harburger Transporter« werden an den Standorten Bremen und Hamburg gefertigt.

In Bremen und Hamburg werden weiterhin die Harburger Transporter gebaut, die seit 1970 mit Daimler-Benz Dieselmotoren aus dem Pkw-Modellprogramm ausgerüstet sind und nicht nur als Hanomag-Henschel, sondern ab 1971 parallel auch als Mercedes-Benz vertrieben werden. Ähnliches gilt für die in Kassel gefertigten Hanomag-Henschel Lastwagen, von denen ebenfalls einige Modelle unter beiden Marken angeboten werden. Etwas skurril erscheint die Tatsache, dass die Harburger Transporter und ihre Vorgänger in der Benzinervariante seit 1957 über einen

Auf dem hier nur wenig bevölkerten Marktplatz in Bremen posiert die Kombi-Ausführung des auch in Bremen gebauten Harburger Transporters für den Fotografen.

Austin-Motor verfügen. Die Übernahme von Hanomag-Henschel-Modellen in das Mercedes-Benz Verkaufsprogramm ist keine Einbahnstraße: Von Ende 1970 bis 1974 werden die Kastenwagen und Omnibusse der in Düsseldorf gebauten Mercedes-Benz Transporter auch unter der Marke Hanomag-Henschel vertrieben.

Im Herbst 1973 werden die Werke Bremen, Hamburg und Kassel vollständig in den Produktionsverbund von Daimler-Benz integriert, und die ohnehin rückläufige Produktion der Hanomag-Henschel-Transporter und -Lastwagen wird 1974 eingestellt. Dem Erfolg der Harburger Transporter mit Mercedes-Stern tut dies keinen Abbruch: Bis Sommer 1977 entstehen insgesamt 165.000 Exemplare als Kastenwagen, Kombiwagen oder Pritschenwagen – ab 1972 überwiegend und ab 1976 ausschließlich in Bremen.

Auch die im Frühjahr 1977 präsentierte Nachfolgebaureihe mit den Modellen 207 D, 208, 307 D und 308 geht in Bremen-Sebaldsbrück in Produktion, und die Hanomag-Henschel Fahrzeugwerke werden zum Jahreswechsel 1977/78 vollständig in das Mutterunternehmen integriert. Der Firmengründer und Industriekapitän Carl F. W. Borgward hat die Verbindung des von ihm gegründeten Werks mit dem süddeutschen Traditionshersteller nicht mehr erlebt. Er ist am 28. Juli 1963 im Alter von 72 Jahren verstorben – an Herzschwäche, wie »Der Spiegel« berichtet.

Neuer Name, neue Qualitäten: die Mercedes-Benz S-Klasse

052

Vermutlich haben die Schöpfer des Namens »S-Klasse« 1972 nicht geahnt, welche Tragweite ihre Kreation erlangen sollte. Heute hat sich die Bezeichnung längst als Gattungsname etabliert, ähnlich wie Tesa, Tempo und Zewa – allerdings mit dem Unterschied, dass sie nicht für eine bestimmte Produktgruppe steht, sondern für ein Gütesiegel, beispielsweise als »S-Klasse unter den Sitzmöbeln«. Die Namensschöpfung ist schon deshalb ebenso genial wie praktisch, weil nun eine griffige Bezeichnung für die Mercedes-Benz Oberklasse-Baureihe existiert, die umständliche Formulierungen der Vergangenheit obsolet macht. Das »S« in den Typenbezeichnungen, auf das sich der neue Name der Modellreihe bezieht, geht übrigens ursprünglich zurück auf den 170 S von 1949, bei dem der Daimler-Benz Vorstand den differenzierenden Buchstaben als »das« oder »Spezial« verstanden wissen will.

> Für »Auto, Motor und Sport« ist das Spitzenmodell von Mercedes schlicht »Das beste Auto der Welt«.

Die erste Modellreihe, die den neuen Begriff zum Leben erweckt, debütiert Ende September 1972 mit einer Pressefahrvorstellung an der Costa Brava und eine Woche später auf dem Pariser Automobil-Salon. Die Baureihe W 116 mit den neuen Modelle 280 S, 280 SE und 350 SE verfügt über zahlreiche technische Finessen und innovative Detaillösungen, die das Autofahren sicherer machen. Dazu zählen eine optimierte Sicherheitskarosserie, ein Sicherheitslenkrad mit großflächiger Prallplatte und Pralltopf, Sicherheitstürgriffe, dank denen die Türen bei einem Unfall nicht aufspringen, danach aber leicht zu öffnen sind, ein kollisionsgeschützt über statt hinter der Hinterachse angeordneter Tank sowie die bereits beim »Strich-Acht« eingeführte Schräglenker-Hinterachse. Besonders durchdachte Details sind die großflächigen, auch seitlich gut wahrnehmbaren Blinkleuchten, verschmutzungsarme Seitenscheiben, bei denen das Schmutzwasser bei Regen von den A-Säulen über das Dach abgeleitet wird, und schließlich Rückleuchten, die durch ihre Profilierung auch bei starker Verschmutzung noch einen guten Teil ihrer Leuchtkraft behalten.

Die 2,8-Liter-Sechszylindermotoren mit zwei Nockenwellen sind eine Neuentwicklung, während sich der der 3,5-Liter-V8 bereits drei Jahre lang bei den Vorgängermodellen bewährt hat. Ein halbes Jahr nach Produktionsanlauf kommen noch der 450 SE mit der 4,5-Liter-Variante des V8 sowie der 450 SEL mit 10 cm längerem Radstand hinzu. Der ursprünglich früher geplante 450 SEL 6.9 wird wegen der Ölpreiskrise infolge des Jom-Kippur-Kriegs zurückgestellt und erscheint erst 1975, als sich die Verhältnisse normalisiert haben. Über das Spitzenmodell des Pkw-Programms konstatiert »Auto, Motor und Sport« in seinem Testbericht im Oktober 1975: »Überlegene Leistung, gediegene Ausstattung und hervorragende Fahrwerksqualitäten machen in ihrer Vollkommenheit aus dem 6.9 ein Auto, das in der Welt nicht seinesgleichen hat.« Die Titelseite des Fachblatts formuliert es prägnanter und nennt den 450 SEL 6.9 schlicht und ergreifend »Das beste Auto der Welt«.

Weltspitze demonstriert auch ein anderes Modell der S-Klasse, das im September 1977 auf der IAA debütiert und im Frühjahr 1978 ausschließlich für den nordamerikanischen Markt in Produktion geht: Der 300 SD ist nicht nur die erste S-Klasse mit Dieselmotor, sondern auch der weltweit erste Serien-Pkw mit Turbodieselmotor. Vor dem Hintergrund neuer Verbrauchsbestimmungen auf dem überaus wichtigen US-Markt hat Daimler-Benz das sparsame Dieselmodell entwickelt, um den Durchschnittsverbrauch auf das behördlich vorgeschriebene Maß zu senken. Da in den USA gerade die stärker motorisierten Oberklasse-Modelle besonders gut verkauft werden, sorgt der 300 SD in diesem Punkt für Entlastung. In Deutschland absolut unvorstellbar, wird die S-Klasse mit Dieselmotor in den USA zum absoluten

Die Szene auf der Versuchsbahn im Werk Untertürkheim wird 1974 für eine Werbeanzeige fotografiert, mit der Mercedes-Benz die Wahl der 4,5-Liter-Modelle 450 SE, 450 SEL, 450 SLC und 450 SL zum »Auto des Jahres 1974« kommuniziert.

Verkaufsschlager, von dem bis September 1980 insgesamt 28.634 Exemplare gebaut werden.

Wie schon die »Strich-Acht-Modelle«, wird auch die S-Klasse bis zu zwölf Monate über die Präsentation ihres Nachfolgers hinaus produziert. Insgesamt entstehen in acht Produktionsjahren 473.035 Exemplare.

Der 300 SD mit Turbodieselmotor ist nur in Nordamerika erhältlich und hat die Aufgabe, dort den Flottenverbrauch zu senken.

Eine ganze Reihe von Neuerungen der S-Klasse hat Mercedes-Benz bereits im Vorjahr mit der SL-Baureihe 107 eingeführt, darunter die großflächigen Blinkleuchten sowie die verschmutzungsarmen Seitenscheiben und Rückleuchten. Als Motoren kommen der 3,5-Liter-V8 und die zunächst dem US-Markt vorbehaltene 4,5-Liter-Version zum Einsatz. Der 2,8-Liter-Sechszylinder folgt erst 1974 unter dem Eindruck der Ölkrise. Der Nachfolger des »Pagoden-SL« wird mit zwei großen Modellpflegen in den Jahren 1980 und 1985 am Ende 18 Jahre lang produziert und ist mit 237.287 Fahrzeugen die bis heute meistgebaute SL-Modellreihe. Als Nachfolger kommt im Frühjahr 1989 der R 129 auf den Markt. Das Foto von 1980 zeigt den SL mit Hardtop, mit geschlossenem Verdeck und ganz ohne Dach für unbeschwertes Offenfahren. Das abnehmbare Hardtop, in Mercedes-Benz Diktion Coupédach genannt, ist übrigens bis Anfang 1980 noch eine Sonderausstattung und zählt erst ab März 1980 zum Serienumfang – natürlich zum entsprechend angepassten Preis …

Eine Sonderrolle in der Mercedes-Benz Modellgeschichte nehmen die SLC-Coupés der Baureihe 107 ein. Technisch weitestgehend identisch mit dem SL, haben sie ein festes Dach und einen 360 mm längeren Radstand. Geplant sind diese Coupés ursprünglich allerdings nicht. Um Zeit zu sparen und nicht warten zu müssen, bis ein Zweitürer auf Basis der 1972 eingeführten S-Klasse serienreif ist, macht Karl Wilfert, Leiter der Karosserie-Entwicklung in Sindelfingen, den Vorschlag, das Oberklasse-Coupé diesmal vom SL abzuleiten. Der Ansage von Entwicklungschef Hans Scherenberg, diesen Weg nicht zu verfolgen, folgt sein Team jedoch keineswegs gewissenhaft. Die spätere Frage, wie das neue Coupé trotz Verbot durch den Vorstand dennoch fertig entwickelt werden konnte, beantworten die Sindelfinger Entwickler mit dem Hinweis, sie hätten immer nur in der Frühstückspause – im Schwäbischen Vesperpause genannt – an dem neuen Fahrzeug gearbeitet. Dies führt folgerichtig zu dem internen Beinamen »Vesper-Coupé«.

Erneuerung des Nutzfahrzeugprogramms: eine neue Lkw-Generation und ein Weltmeisterbus

053

Für Mitte der 1970er-Jahre hat Daimler-Benz Großes im Sinn: Es geht um nicht weniger als eine komplette Erneuerung der Nutzfahrzeug-Modellpalette. So beginnt 1973 die Einführung neuer Lastwagen-Modelle, die ganz nüchtern als »Neue Generation« präsentiert werden. Das gesamte Spektrum des schweren und mittelschweren Segments erhält moderne, geräumige und helle Frontlenker-Fahrerhäuser. Den Anfang machen im September 1973 schwere Baustellenfahrzeuge, da in diesem Bereich Nachholbedarf gegenüber dem Wettbewerber Magirus gesehen wird. Bereits acht Monate später debütieren in ihrem Produktionswerk Wörth Pritschenwagen, Sattelzugmaschinen und Fahrgestelle ebenfalls im schweren Gewichtssegment von 16 bis 26 Tonnen. Im September 1975 präsentiert Daimler-Benz auf der IAA Lastwagen im mittelschweren Segment von 10, 12 und 14 Tonnen zulässigem Gesamtgewicht. Die Erneuerung der Lkw-Typenpalette ab 10 Tonnen ist damit abgeschlossen.

Der 1974 eingeführte O 303 wird als Reisebus, Überlandbus und Linienbus erhältlich und bringt es bis 1993 auf gut 38.000 Exemplare.

In der schweren Gewichtsklasse kommt die nach dem Baukastensystem konzipierte V-Motoren-Baureihe 400 zum Einsatz, die vom V6 mit 192 PS (141 kW) über den V8 mit 256 PS (188 kW) bis zum V10 mit 320 PS (235 kW) reicht. Im mittelschweren Segment wird die Leistungsklasse von 130 PS (96 kW) und 168 PS (124 kW) von den seit Langem bewährten Reihensechszylindern mit und ohne Turbolader abgedeckt.

Komfort und Sicherheit genießen bei der Entwicklung der neuen Omnibus-Modellreihe O 303 höchste Priorität.

Im Oktober 1974 hat das Unternehmen auf dem Automobil-Salon in Paris bereits die neue Omnibus-Modellreihe O 303 präsentiert, die den seit fast zehn Jahren gebauten O 302 ablösen soll. Angeboten werden die unterschiedlichsten Varianten mit verschiedenen Längen und Höhen für alle denkbaren Anwendungen: vorwiegend als luxuriöser Reisebus, aber auch als Überlandbus oder Linienbus. Der O 303 steht damit für das vielseitigste Omnibusprogramm am Markt. Bei der Entwicklung hat Mercedes-Benz besonders auf Komfort und Sicherheit Wert gelegt. So ist der O 303 serienmäßig mit Luftfederung ausgestattet, die den Passagieren ein Höchstmaß an Fahrkomfort bietet. Als Antrieb dienen wie bei den neuen Lkw-Typen die V-Motoren der 400er-Baureihe, die sich durch ihre kompakte Bauweise besonders gut für den Heckeinbau eignen und mit einer Leistung von bis zu 320 PS (235 kW) ausreichende Leistungsreserven für ansprechende Fahrleistungen bereitstellen. Auch die Achsen des O 303 stammten aus der Lastwagen-Produktion und zeigen die konsequente Anwendung des Baukastensystems.

Die aktive und passive Sicherheit hat ebenfalls höchste Priorität. Neben energieverzehrenden »Knautschzonen« im vorderen und hinteren Unterbau erhält der O 303 einen integrierten Heckspoiler, der das Verschmutzen des Heckfensters verhindern soll.

Die neue Generation der Mercedes-Benz Lastwagen debütiert im Herbst 1973 zunächst mit schweren Baustellenfahrzeugen wie dem hier abgebildeten Dreiachskipper.

Auch für die weitere Entwicklung der Omnibus-Sicherheit spielt dieses Modell eine wichtige Rolle: 1980 beginnen mit dem O 303 erste Überrollversuche, die in Verbindung mit rechnerischen Simulationen und einer umfassenden Überarbeitung der Prüfvorschriften durch die europäischen Genehmigungsbehörden zur Entwicklung eines überrollfesten Aufbaugerippes führen. Dieses wichtige Sicherheitselement sichert den Passagieren auch bei einem Überschlag des Busses den erforderlichen Überlebensraum und wird 1991 mit dem O 404, der Nachfolgebaureihe des O 303, als Serienstandard eingeführt.

Auch in der aktiven Sicherheit ist der O 303 Schrittmacher des Fortschritts. Anfang 1981 präsentiert Mercedes-Benz das gemeinsam mit dem Bremsenhersteller WABCO-Westinghouse entwickelte Anti-Blockier-System für Nutzfahrzeuge. Das bis dahin nur für Pkw lieferbare System wird als Weltneuheit für Fernlastwagen und den Reisebus O 303 als Sonderausstattung angeboten, später dann für das gesamte Lkw- und Omnibusprogramm.

Der O 303 wird insgesamt noch erfolgreicher als sein Vorgänger O 302 und bringt es in seiner fast 19-jährigen Produktionszeit auf mehr als 38.000 Exemplare – davon fast 26.000 Komplettbusse und mehr als 12.000 Fahrgestelle, die mit Fremdaufbauten ausgerüstet werden. Dieser Produktionsrekord bringt dem O 303 unternehmensintern den Titel »Weltmeister« ein.

Ein Porsche-Enkel macht den Diesel flott: der 240 D 3.0

054

1972 scheint die Automobilwelt noch in Ordnung zu sein: Zu dieser Einschätzung kann man kommen, wenn man sich die Situation bei Daimler-Benz vergegenwärtigt. Das Unternehmen hat 1971 insgesamt 284.230 Personenwagen gebaut und einen ansehnlichen Gewinn eingefahren. Der Diesel-Pkw zählt zu den wichtigsten Aktivposten der Stuttgarter Marke, steht er doch in besonderem Maße für Wirtschaftlichkeit, Zuverlässigkeit und Langlebigkeit. Zudem ist Mercedes-Benz hier beinahe Monopolist – in Europa ist nur noch Peugeot in diesem Segment aktiv, und diese Fahrzeuge spielen in einer anderen Liga. Der Dieselanteil an der Mercedes-Benz Pkw-Produktion liegt 1971 bei 35 %.

Ein Nachteil besteht allerdings darin, dass die beiden verfügbaren Modelle 200 D und 220 D nur über eine Leistung von 55 bzw. 60 PS (40 bzw. 44 kW) verfügen, während der kleinste Benziner immerhin 95 PS (70 kW) mobilisiert. Die Dieselmodelle sind daher im Volksmund auch als »Wanderdünen« verschrien. Zur Modellpflege der »Stricht-Acht«-Baureihe, die für den Sommer 1973 vorgesehen ist, haben die Stuttgarter mit dem 240 D bereits ein drittes Modell eingeplant, das 65 PS (48 kW) mobilisieren soll. Keine Offenbarung, aber zumindest eine Steigerung.

Der erste Fünfzylinder-Pkw überhaupt beruht auf einem Vorschlag und einer Entwicklung Ferdinand Piëchs.

Eigentlich würde man gerne einen Sechszylinder bauen, aber das scheitert an den räumlichen Verhältnissen im Motorraum. An diesem Punkt kommt den Untertürkheimern eine unerwartete Entwicklung bei Porsche zugute. Laut einem Beschluss der Eigentümerfamilie sollen ab Anfang 1972 alle Familienmitglieder ihre Posten in der Geschäftsführung aufgeben, um interne Zwistigkeiten zu beenden und das Management zu professionalisieren.

Der Daimler-Benz Vorstandsvorsitzende Dr. Joachim Zahn sieht darin eine Chance, weil er sich den Porsche-Entwicklungschef Ferdinand Piëch, seines Zeichens Enkel von Ferdinand Porsche, für das Untertürkheimer Unternehmen sichern möchte. Als er bei einem Kennenlerngespräch die Dieselthematik zur Sprache bringt, macht Piëch den skurril anmutenden Vorschlag, auf Basis des 2,4-Liter-Vierzylinders einen Fünfzylinder zu entwickeln. Piëch, der inzwischen – wie einst sein Großvater – ein eigenes Konstruktionsbüro gegründet hat, hat bereits Erfahrungen mit Fünfzylinder-Lkw-Motoren gesammelt und weiß, dass es funktionieren kann. Er wird von Entwicklungschef Dr. Hans Scherenberg beauftragt, den vorgeschlagenen Fünfzylinder zu konstruieren und fünf Exemplare zur Versuchserprobung bauen zu lassen.

Nach fünf Monaten – einen Monat vor Ablauf der Frist, wie er in seinen Lebenserinnerungen betont – liefert Piëch die beauftragten Versuchsmotoren ab. Der Rest ist Geschichte: Zwei Jahre später, im Juli 1974, wird der 240 D 3.0 mit dem 80 PS (59 kW) starken Dieselmotor OM 617 als erster Fünfzylinder-Pkw überhaupt der Presse präsentiert. Die komplizierte Typenbezeichnung ergibt sich daraus, dass man das eigentlich naheliegende 300 D vermeiden möchte, um das Topmodell 280 E nicht anzukratzen. In der Nachfolgebaureihe W 123, die Anfang 1976 auf den Markt kommt, sind diese Überlegungen offenbar nicht mehr relevant, denn von da an heißt das Fünfzylindermodell ganz regulär 300 D.

Der Fünfzylinder ist die Basis für weitere Leistungssteigerungen mit einem Turbolader. Im Rahmen der US-amerikanischen Flottenverbrauchsvorschriften spielt der 3-Liter-Diesel eine wichtige Rolle, weil er in zwei Modellen zum Einsatz kommt, die speziell auf dem nordamerikanischen Markt angeboten werden und in Deutschland auch gar nicht vorstellbar wären: im Diesel-Coupé 300 CD ohne Aufladung und in der S-Klasse 300 SD mit Turbolader. Der auf der IAA 1979 präsentierte 300 TD Turbodiesel wird auch

Dank seinem neuen 3-Liter-Fünfzylindermotor ist der 240 D 3.0 bei seiner Premiere im Juli 1974 der leistungsstärkste Diesel-Personenwagen der Welt.

in Deutschland angeboten, und ab Sommer 1981 sind die Limousine und das Coupé der Baureihe 123 in den USA ebenfalls mit dem 3-Liter-Turbodiesel verfügbar.

Auch die Zusammenarbeit mit Porsche wird Ende der 1980er-Jahre noch einmal aktiviert – einerseits um den damals angeschlagenen Sportwagenbauer aus Zuffenhausen zu unterstützen und andererseits, weil sich fehlende Entwicklungskapazitäten wie ein roter Faden durch die Daimler-Benz Geschichte ziehen. Porsche übernimmt Teile der Entwicklung und der Montage der Hochleistungslimousine 500 E und ist auch an der Entwicklung und Erprobung des Cabriolets 300 CE-24 beteiligt.

Ungewohnter Anblick: Die Kurbelwelle mit fünf Kolben veranschaulicht das neuartige Konzept des Fünfzylindermotors.

Der König ist tot, es lebe der König: die Baureihe 123

055

Die ursprünglich aus Frankreich stammende Redewendung, heute in vielen Lebensbereichen als Sinnbild für Kontinuität verstanden, könnte Anfang 1976 auch die Einführung der neuen Mercedes-Benz Pkw-Baureihe 123 begleiten. Schließlich sind die neuen Modelle dazu auserkoren, zwar keinen König, aber doch einen veritablen Rekordhalter abzulösen – ist doch der acht Jahre zuvor präsentierte »Strich-Acht« die bei Weitem erfolgreichste Pkw-Typenreihe, die Mercedes-Benz bis dahin produziert hat.

Ebenso wie diese, muss auch die neue Modellreihe noch ohne eine griffige und publikumstaugliche Bezeichnung auskommen: E-Klasse werden die Mittelklasse-Limousinen von Mercedes-Benz erst ab 1993 genannt, und die heute recht populären internen Baureihencodes sind damals in der Öffentlichkeit noch wenig präsent. Dieses Fehlen eines klangvollen Namens – heute aus Marketingsicht nur schwer vorstellbar – sollte dem Erfolg der frisch eingeführten Modellreihe jedoch keinen Abbruch tun.

Spektakuläre Design-Innovationen sucht man vergebens, aber das stört weder Fachpresse noch Käufer.

Spektakuläre Design-Innovationen sucht man zwar vergebens, aber das stört seinerzeit weder Fachpresse noch Käufer, zumal das Design bei Mercedes-Benz ohnehin als eher sachlich und zurückhaltend gilt. Der Neue zeigt eine stilistische Nähe zur 1972 eingeführten S-Klasse, und »Auto, Motor und Sport« konstatiert eine kompakte und schlanke Karosserie »fern von jener Biederkeit, die das alte Modell kaum verleugnen kann«.

Für die neue Limousine stehen neun Motorisierungen zur Wahl: vom Vierzylinder-Diesel mit 55 PS (40 kW) bis zum Sechszylinder-Benziner mit zwei Nockenwellen und Benzineinspritzung. Die Topmodelle 280 und 280 E haben im Gegensatz zum Vorgänger zwar keinen separaten Baureihencode erhalten, sind aber für den aufmerksamen Betrachter an einzelnen Details erkennbar: Breitband-Halogenscheinwerfer, um die Ecken gezogene Chrom-Stoßstan-

Vorn im Bild die den Topmodellen 280 und 280 E vorbehaltene Variante mit Breitbandscheinwerfern, dahinter die »normale« Version des W 123 mit Rundscheinwerfern.

MA-RA 605
S-CX 3904

Das schön gezeichnete Coupé der Baureihe 123 ist ein komfortabler Reisewagen und macht auch im Schnee eine gute Figur.

gen und doppelte Auspuff-Endrohre kennzeichnen die Topmodelle, während alle anderen Typen der Baureihe unter einem gemeinsamen Deckglas angeordnete Rundscheinwerfer sowie Stoßstangenecken aus Kunststoff und Einzelendrohre aufweisen.

In puncto Sicherheit – seit jeher eine Domäne von Mercedes-Benz – haben sich die Entwickler einiges einfallen lassen: Von der S-Klasse inspiriert, sind die neu entwickelte Vorderachse und der über statt hinter der Hinterachse kollisionsgeschützt angeordnete Kraftstofftank; dazu kommt die optimierte Karosseriestruktur mit größeren Profilquerschnitten und verstärktem Dachrahmen.

Für das Modellprogramm von Mercedes-Benz spielt die Baureihe 123 eine Vorreiterrolle: Während die Karosserievarianten beim Vorgänger auf Limousine, Langlimousine und Coupé beschränkt sind, ergänzt nun mit dem T-Modell zum ersten Mal ein ab Werk lieferbarer Kombiwagen die Typenpalette. Diese Variante hat man zwar bereits beim »Strich-Acht« fertig entwickelt, doch fehlt damals noch der Mut, diesen für Mercedes-Benz seinerzeit ungewöhnlichen Schritt zu gehen. Zu sehr erinnert diese Karosserieform an Lieferwagen oder Handwerker-Nutzfahrzeuge.

In der zweiten Hälfte der 1970er-Jahre ist nun offenbar die Zeit reif für einen Lifestyle-Kombi, bei dem der Freizeitnutzen oder die Verwendung als Transportmittel für anspruchsvolle Berufsgruppen im Vordergrund steht. Der Name des neuen Fahrzeugs, der ein Segment begründet, bringt dies deutlich zum Ausdruck: beim T-Modell steht das T für »Touristik und Transport«. Eine Herausforderung ergibt sich allerdings aus den sehr begrenzten Produktionskapazitäten im Mercedes-Benz Stammwerk Sindelfingen.

Ein neuer Fertigungsstandort muss her, und so entschließt man sich zu einer Einbeziehung des Werks Bremen, in

Das T-Modell will Mercedes-Benz als Lifestyle-Kombi vor allem für Freizeitaktivitäten und als Transportmittel für anspruchsvolle Berufsgruppen verstanden wissen.

dem gerade eine neue Transporterbaureihe angelaufen ist. Diese Entscheidung wird seinerzeit kontrovers diskutiert, da die Fertigung von Mercedes-Benz Pkw außerhalb des Werks Sindelfingen eigentlich kaum vorstellbar erscheint. Um die Bedenken der Kritiker gerade auch innerhalb des Unternehmens zu zerstreuen, werden Mitarbeiter aus Bremen in Sindelfingen ausführlich geschult und mit der Sindelfinger Produktionsphilosophie vertraut gemacht. Für den eigentlichen Serienanlauf in Bremen ist dann auch eine Delegation aus Sindelfingen verantwortlich. So wird die Fertigung des ersten T-Modells nicht nur für diese Modellvariante, sondern auch für das Werk Bremen zum Beginn einer Erfolgsgeschichte.

Die Fertigung des ersten T-Modells wird für das Werk Bremen zur Erfolgsgeschichte.

Eine Erfolgsgeschichte hat Gert Hack in »Auto, Motor und Sport« bereits im ersten Fahrbericht für die W-123-Limousinen prognostiziert: »Schon nach der ersten Bekanntschaft mit dem neuen Mercedes wird deutlich, daß hier wieder ein überdurchschnittlich gutes Auto auf die Räder gestellt wurde. Wohldosierter Fortschritt, gezielte Weiterentwicklung und die kompromißlose Bereitschaft zur Qualität waren das Rezept hierfür. Um den Erfolg des Neulings braucht man sich im Hause Daimler bereits heute nicht zu sorgen: Mehr als eine Jahresproduktion wurde schon vor seiner Vorstellung geordert.«

Diese Einschätzung wird sich auch auf längere Sicht als zutreffend erweisen: Am Ende laufen in Sindelfingen insgesamt mehr als 2.375 Millionen Limousinen vom Band – mehr als von jeder anderen Mercedes-Benz Baureihe davor und danach. Damit erzielen die Limousinen der Baureihe 123 einen Produktionsrekord, der den der Vorgänger mühelos in den Schatten stellt: »Der König ist tot, es lebe der König.«

Ferdinands Finale

Super, Sport, Kurz – die Bezeichnung des Mercedes-Benz SSK ist typisch Porsche. Porsche? Ja, Porsche. Der Wagen ist die letzte Tat des genialen Ingenieurs für seinen Arbeitgeber in Untertürkheim, bevor der Mercedes-Direktor sich in der Innenstadt von Stuttgart selbstständig macht. Der 7,1-Liter-Wagen wurde 35-mal gebaut und erreichte mehr als 200 km/h. Schnell, Smart, Porsche.

Prêt-à-Porter

Welche Worte können die Anmut dieses Autos benennen? Paul Bracq schuf als Designer der Pagode was Chanel mit dem Etuikleid, dem Kleinen Schwarzen, geschaffen hat. Schlichtheit als höchste Stufe der Eleganz. Chapeau Monsieur – mehr gibt es nicht zu sagen.

S-JT 79

Taxiway

Was verbindet eine DC-7 der Douglas Aircraft Company und den W 120 von Mercedes-Benz? Beide sind in ihrer Epoche das Synonym für Passagier-Transport. Über den Wolken oder ganz bodennah. Der sogenannte Ponton-Mercedes war das erste Modell der Marke mit selbsttragender Karosserie. Das Rendezvous zwischen DC-7 und W 120 beobachte Fotograf Markus Bolsinger 2008 am ehemaligen Berliner Flughafen Tempelhof.

CARRIER

Tragfläche

W 196 Stromlinien-Rennwagen lautet die vollständige Bezeichnung dieses Silberpfeils. Mindestens ebenso beeindruckend ist die Rekonstruktion des »Blauen Wunders«, des speziell gefertigten Renntransporters, der den Sportler offen durch den Wind trägt. »Max Speed 105 m. p. h.« steht auf dem hinteren Kotflügel und bezeichnet die stattliche Höchstgeschwindigkeit – standesgemäß, könnte man sagen.

18
Max. Speed 105 m.p.h.

Rakete auf Rädern

Seine Leistungsfähigkeit als Rakete auf Rädern hätte bereits ausgereicht, um den Blitzen-Benz zur Legende werden zu lassen – schon 1911 fuhr der Wagen schneller als die Eisenbahn und auch schneller als Flugzeuge damals fliegen konnten. Doch dann war da auch noch dies atemberaubende Design.

Transporter, Rekordwagen und Sitzmöbel: Design aus Sindelfingen und Frankfurt

056

»Der Mercedes unter den Transportern«: Mit dieser Kernaussage – Werbefachleute sprechen hier von einem Marketing-Claim – präsentiert Mercedes-Benz im April 1977 eine von Grund auf neu entwickelte Transportbaureihe, die die 1971 von den Hanomag-Henschel Fahrzeugwerken übernommenen »Harburger Transporter« ablöst. Entwickelt unter dem internen Kürzel TN (»Transporter neu«), erhalten die neuen Modelle schnell den Namen »Bremer Transporter« (oder T 1), um sie von der im Werk Düsseldorf gefertigten Baureihe der »Düsseldorfer Transporter« (oder T 2) im nächst höheren Gewichtssegment zu unterscheiden.

Angeboten werden zunächst die vier Grundmodelle 207 D und 307 D mit 65-PS-Dieselmotor sowie 208 und 308 mit 85-PS-Vergasermotor. Aus der Kombination verschiedener Motorleistungen, Radstände, Gewichte und Aufbauarten ergeben sich nicht weniger als 252 serienmäßige Varianten, sodass praktisch für jede Transportaufgabe die richtige Lösung zur Verfügung steht. Wirtschaftlichkeit und Zuverlässigkeit, Lebensdauer und Sicherheit, rationelle Fertigung und hoher Qualitätsstandard sowie Wartungs- und Reparaturfreundlichkeit sind bei der Entwicklung gleichermaßen berücksichtigt worden.

Das moderne und funktionelle Styling der neuen Transporter stammt von Stefan Heiliger.

Das Design – seinerzeit noch als Styling bezeichnet – zählt zwar bei Nutzfahrzeugen nicht zu den vorrangigen Entwicklungsschwerpunkten, es spielt aber in entscheidendem Maße mit den konzeptionellen Eckdaten des Fahrzeugs zusammen.

Charakteristisch für den »Bremer Transporter« sind die kurze Motorhaube, die vorn nach unten gezogenen Seitenscheiben mit gutem seitlichem Ausblick auf die Fahrbahn sowie der seitlich hochgezogene Dachrahmen, der große Türen einheitlicher Abmessungen für alle Dachausführungen sowie beste Raumausnutzung des kubisch gestalteten Laderaums zulässt.

Das moderne, funktionelle Styling der neuen Transporter stammt von Stefan Heiliger, der sich im Lauf seiner Karriere in ganz unterschiedlichen Bereichen einen Namen macht. Aufgewachsen als Sohn des international bekannten Bildhauers Bernhard Heiliger, tritt er nach seinem Studium eine Stelle als Stylist bei Daimler-Benz in Untertürkheim an. Dort entwirft er unter anderem die erste Leichtmetallfelge für Mercedes-Benz Pkw, die später in Szenekreisen als »Barockfelge« bekannt wird; auch für den Wankelsportwagen C 111 erarbeitet er einen Entwurf, der das Wohlgefallen von Entwicklungschef Dr. Hans Scherenberg findet, am Ende aber nicht zum Zuge kommt.

Ungefähr zur gleichen Zeit, als der »Bremer Transporter« auf den Markt kommt, ist Heiliger an einem spektakulären Projekt des Mercedes-Benz Stilistikbereichs beteiligt: Anlässlich der Vorstellung der neuen Mittelklasse-Coupés im März 1977 will man der Presse unter der Überschrift »Von der Idee zur Form« anschaulich demonstrieren, wie das Design eines Fahrzeugs entsteht. Als Beispiel soll eine Aerodynamikstudie dienen, deren Design im Rahmen eines internen Wettbewerbs entwickelt wird. Neben seinen Kollegen Peter Pfeiffer und Gérard Cardiet beteiligt sich auch Stefan Heiliger. Nach umfassender Weiterentwicklung und aufwendiger aerodynamischer Optimierung macht der Entwurf von Peter Pfeiffer das Rennen. Auf dieser Basis entsteht der C 111-III mit Turbodieselmotor, der im April 1978 spektakuläre Rekorde einfährt.

Nachdem Heiliger bereits seit 1974 Lehraufträge an der Hochschule für Gestaltung Offenbach erhalten hat und dort 1977 Dozent geworden ist, verlässt er die Daimler-Benz AG und gründet 1978 sein eigenes Designbüro Heiliger Design in Frankfurt. Dort widmet er sich dem Möbeldesign – vorrangig der Gestaltung von Sitzmöbeln, die er für zahlreiche renommierte Hersteller im In- und Ausland entwirft.

Die ab 1977 in Bremen gefertigte Transporter-Baureihe TN oder T 1 umfasst Kastenwagen mit Hochdach oder normaler Dachhöhe, Kombiwagen und Pritschenwagen.

Der Untertürkheimer Alternativentwurf zum C 111 kann sich im Gegensatz zu den Leichtmetallfelgen am Ende nicht durchsetzen.

Stefan Heiliger (links) im Frühjahr 1977 bei der Arbeit an der Aerodynamikstudie, bei der am Ende der Entwurf von Peter Pfeiffer das Rennen macht.

Und der »Bremer Transporter«? Das Modellprogramm wird 1981 um das Segment mit 4,6 Tonnen Gesamtgewicht erweitert; die Produktion wird von 1980 bis 1984 schrittweise nach Düsseldorf verlegt, und bis 1995 entstehen insgesamt 943.618 Exemplare. Danach findet auch die namenlose Zeit ihr Ende: Der Nachfolger des T 1 geht im Januar 1995 als »Sprinter« an den Start.

Das erste Assistenzsystem: Weltpremiere des ABS

057

»Bremse niemals in einer Kurve!«: Die Warnung, die Generationen von Fahrschülern über Jahrzehnte in Fleisch und Blut übergegangen ist, basiert auf der Erkenntnis, dass Räder vor allen beim scharfem Bremsen auf nassem oder glattem Untergrund zum Blockieren neigen und dann ihre Lenkfähigkeit verlieren. Dann folgt das Fahrzeug unabhängig vom aktuellen Lenkeinschlag entweder seiner momentanen Fahrtrichtung oder es kommt zum Ausbrechen an der Hinterachse. Für Mercedes-Benz Fahrer beginnt die potenzielle Gefährdung durch blockierende Räder ab Ende 1978, ihren Schrecken zu verlieren.

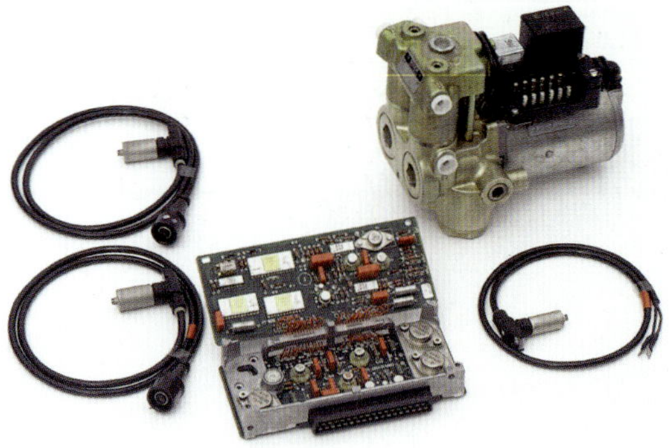

Die Komponenten des ABS: Drehzahlfühler für Vorderräder (links) und Hinterachse (rechts), Steuereinheit (Mitte) und Hydraulikeinheit (oben rechts).

Bereits im Dezember 1970 hat Daimler-Benz der Presse das gemeinsam mit der Heidelberger Teldix GmbH entwickelte Anti-Blockier-System (ABS) der ersten Generation präsentiert. Obwohl sich das System noch in Entwicklung befindet, lassen die bislang erzielten Ergebnisse bereits großes Potenzial erkennen. Durch Sensoren an den Rädern und eine entsprechende Steuerelektronik erfasst das ABS die Drehzahl der einzelnen Räder und registriert, wenn ein Rad zu blockieren beginnt. Sobald dies diagnostiziert wird, verringert eine Hydraulikeinheit über das zugehörige Magnetventil den Bremsdruck an dem betroffenen Rad, um das Blockieren zu verhindern. So garantiert das ABS auch bei Vollbremsungen eine gewisse Lenkfähigkeit des Fahrzeugs.

Die zweite Generation des ABS ist zuverlässiger und auch wirtschaftlich attraktiver.

Die 1970 vorgestellte erste Generation enthält noch eine Elektronik mit analoger Datenverarbeitung. Bei den Vorbereitungen zur Serienproduktion ergeben sich jedoch Schwierigkeiten, da die im Alltagsbetrieb erforderliche hohe Zuverlässigkeit von den elektronischen Bauteilen noch nicht in vollem Umfang erfüllt wird. Außerdem stehen der Einführung des ABS auch preisliche Hindernisse entgegen.

In enger Kooperation mit der Robert Bosch GmbH, die nach der Übernahme von Teldix ihre eigenen langjährigen ABS-Entwicklungen mit denen des Heidelberger Unternehmens zusammengefasst hat, wird bei Daimler-Benz die zweite Generation des ABS entwickelt. Die an Stelle der analogen Datenverarbeitung eingesetzte moderne Digitaltechnik ermöglicht nicht nur die gewünschte Zuverlässigkeit des Gesamtsystems, sondern reduziert zudem die Kosten. Dadurch wird das ABS für einen größeren Interessentenkreis auch wirtschaftlich attraktiv. Bei der gemeinsamen Entwicklung ist Daimler-Benz vor allem für die Festlegung des Gesamtkonzeptes und die Fahrerprobung zuständig, während Bosch die Komponentenentwicklung einschließlich des elektronischen Regelsystems übernommen hat. Nach der Erprobung im Versuchsbetrieb über rund 7.000.000 km ist das System 1978 einsatzreif.

Das ABS besteht aus Drehzahlfühlern an den Vorderrädern und am Antriebskegelrad der Hinterachse, einer Steuereinheit und einer Hydraulikeinheit, die zwischen dem Haupt-

Die mit ABS ausgerüstete weiße S-Klasse bleibt trotz Vollbremsung lenkfähig und umfährt das Hindernis, während das blaue Fahrzeug ohne ABS blockiert und mit der Barriere kollidiert.

bremszylinder und den zu den Rädern führenden Bremsleitungen montiert ist. Die zur Blockierverhinderung vom System ausgelösten Maßnahmen spielen sich dank der ausgefeilten Elektronik und den höchst sensiblen Magnetventilen in kaum vorstellbar kurzen Zeiträumen mit vier bis zehn Regelzyklen pro Sekunde ab. Selbst ein sehr geübter Fahrer könnte mit Intervall- oder »Stotterbremsen« den vom ABS erreichten Effekt nicht erzielen.

Das ABS kann daher zu Recht als erstes Fahrer-Assistenzsystem gelten. Ab Dezember 1978 ist es zum Preis von 2.217,60 D-Mark zunächst in der S-Klasse, ab August 1980 dann für alle Mercedes-Benz Personenwagen erhältlich.

Ähnliches galt und gilt auch für andere Innovationen: Sie werden als Erstes in den Oberklasse-Modellen eingeführt, bei denen der Mehrpreis prozentual geringer ausfällt als bei den kleineren Modellen und bei denen die Kunden zudem eine höhere Affinität zu Innovationen zeigen.

Einen kleinen Wermutstropfen gibt es jedoch: Um das Potenzial des ABS zu nutzen, muss sich der Fahrer an das innovative System gewöhnen und im Gegensatz zum ursprünglich Gelernten auch in Kurven beherzt auf die Bremse treten. Wenn er das aus alter Gewohnheit unterlässt, passiert allerdings auch nichts Schlimmes: Das Auto verhält sich dann wie eins ohne ABS.

Vom Geländewagen zum Legendewagen: Mercedes-Benz G-Modelle und G-Klasse

058

Die Spur führt nach Österreich, genauer gesagt nach Steyr. Dort ist der Sitz der Steyr-Daimler-Puch AG, die 1934 durch Fusion der Steyr-Werke AG mit Austro-Daimler-Puch entstanden ist. Das Unternehmen, zu dessen Ursprüngen auch die Österreichische Daimler-Motoren-Gesellschaft gehört, baut nach dem Zweiten Weltkrieg Lastwagen, Traktoren, Omnibusse, Pkw sowie leichte Geländewagen. Im Sommer 1969 kommt es zu Gesprächen mit der Daimler-Benz AG über eine mögliche Zusammenarbeit. Beide Hersteller haben Fahrzeuge mit exzellenter Geländegängigkeit im Programm: den Mercedes-Benz Unimog und den Steyr-Puch Haflinger.

Nach ersten Ideen im Jahre 1971 treffen die beiden Unternehmen 1972 den Grundsatzbeschluss zur gemeinsamen Entwicklung eines leichten Geländewagens. Bereits 1974 wird der erste fahrbereite Prototyp erprobt, und nur ein Jahr später ist ein Entwurf fertig, der dem späteren Serienfahrzeug nahekommt, auch wenn die endgültige Gestaltung von der Stilistikabteilung in Sindelfingen festgelegt wird. Im Februar 1979 hat das neue Mercedes-Benz G-Modell in Südfrankreich seine Pressefahrvorstellung. Angeboten werden fünf Karosserievarianten in zwei Radständen mit vier verschiedenen Motorisierungen. Die Dieselmodelle 240 GD und 300 GD sowie die beiden Benziner 230 G und 280 GE sind als offener Wagen mit Verdeck, als Kombi – der als Stationwagen bezeichnet wird – und als Kastenwagen erhältlich, wobei die beiden letztgenannten Varianten mit kurzem oder langem Radstand zu haben sind.

Die Fertigung des neuen Geländewagens, der bei Daimler-Benz im Nutzfahrzeug-Bereich geführt wird und den Baureihencode 460 erhalten hat, erfolgt von Anfang an im Puch-Werk in Graz-Thondorf. Die Stuttgarter liefern aus verschiedenen Standorten in Deutschland Motoren, Achsen, Lenkung und Großpressteile für die Karosserie dorthin. Die Serienproduktion, die kurz nach der Premiere anläuft, übernimmt die 1977 gegründete Geländefahrzeug Gesellschaft (GfG), an der beide Unternehmen zunächst 50 % halten; im Herbst 1981 erwirbt Steyr-Daimler-Puch den 50-%-Anteil von Daimler-Benz und fertigt den Geländewagen seitdem im Lohnauftrag.

Mit zuschaltbarem Allradantrieb und voll wirkenden Differenzialsperren an beiden Achsen zeigt die Neukonstruktion eine überragende Geländegängigkeit und wird durch ihre Vielseitigkeit und Robustheit bald zur Legende. Dass sie auch als Militärfahrzeug Verwendung findet, trägt sicherlich auch dazu bei. Diese Varianten verfügen über 24-Volt-Elektrik und sind der Baureihe 461 zugeordnet.

> Vielseitigkeit und Robustheit machen das G-Modell bald zur Legende unter den Geländewagen.

Gut zehn Jahre nach seiner Einführung wird der Mercedes-Benz Geländewagen um eine zusätzliche Modellreihe ergänzt: die auf der IAA im September 1989 vorgestellte Baureihe 463. Damit verfolgt Daimler-Benz das Ziel, den zunehmenden Kundenforderungen nach mehr Komfort zu entsprechen und den Schritt vom nüchternen Zweckfahrzeug zum komfortablen Mehrzweckwagen zu gehen. Die neue Modellgeneration ist nun dem Pkw-Bereich zugeordnet und orientiert sich mit ihrer Innenraumgestaltung an den Mercedes-Benz Personenwagen, wozu auch die in Wagenfarbe lackierte Frontpartie beiträgt.

Zur Komfortsteigerung ist der Antriebsstrang nun mit permanentem statt seither zuschaltbarem Allradantrieb ausgerüstet und verfügt serienmäßig über Differenzialsperren. Das in den Pkw-Modellen bestens bewährte Anti-Blockier-System ABS bleibt auch dem Geländewagen-Kunden nicht länger vorenthalten und wird in einer abschaltbaren Ausführung angeboten. Der offene Wagen wird nun als Cabrio bezeichnet und die beiden Kastenwagen-Varianten entfallen.

1979 debütiert das G-Modell in fünf Ausführungen: als Station-Wagen und als Kastenwagen jeweils mit kurzem und langem Radstand und als »Offener Wagen« mit kurzem Radstand.

Was bei der Markteinführung der neuen Modelle Anfang 1990 niemand ahnen kann, am wenigsten das Herstellerwerk: Die Baureihe 463 wird trotz mehrerer Beschlüsse zur Produktionseinstellung insgesamt 28 Jahre – wenn man die zugrunde liegende Baureihe 460 mitzählt, sogar 38 Jahre – produziert und ist damit die Mercedes-Benz Pkw-Modellreihe mit der bei Weitem längsten Produktionszeit. Auch dies ist noch nicht das Ende: Nach einer umfassenden Überarbeitung im Jahr 2018 wird sie äußerlich fast unverändert heute noch gebaut – ein echter Legendewagen eben.

Auf 280 GE gewinnen Jacky Ickx und Claude Brasseur 1983 das Gesamtklassement der strapaziösen Rallye Paris-Dakar (Bild links). 1990 kommt die Baureihe 463, äußerlich erkennbar am lackierten Grill, auf den Markt.

Leichtbau und Aerodynamik: die S-Klasse Baureihe 126

059

Nach dem Debüt ist vor dem Debüt: Wann immer Mercedes-Benz eine neue Pkw-Baureihe vorstellt, beginnt zeitgleich bereits die Konzeption des Nachfolgers. So ist es auch mit der 1972 präsentierten S-Klasse. Eigentlich könnten sich die Schwaben auf ihren Lorbeeren ausruhen: Die Verkäufe laufen ausgezeichnet, und das Topmodell erhält 1975 sogar den Titel »Das beste Auto der Welt«.

Die neue S-Klasse wirkt nüchterner, setzt bei Verbrauch und Sicherheit jedoch neue Maßstäbe.

Die Ölpreiskrise vom Oktober 1973, ausgelöst durch die politisch motivierte Drosselung der Ölfördermengen, hat jedoch auch für das Auto erhebliche Folgen. Sie führt in Deutschland ab dem 24. November 1973 zu vier autofreien Sonntagen und einem sechsmonatigen Tempolimit von 100 km/h auf Autobahnen und 80 km/h auf Landstraßen. Die Senkung des Kraftstoffverbrauchs wird praktisch über Nacht zu einem vorrangigen Entwicklungsziel.

Um am Grundkonzept der S-Klasse und ihrem in Sachen Komfort und Sicherheit erreichten Niveau festhalten zu können, ergeben sich für die Entwickler zwei Handlungsschwerpunkte: Reduzierung des Fahrzeuggewichts und Optimierung der Aerodynamik. Das Ergebnis ihrer Bemühungen debütiert im September 1979 auf der IAA in Frankfurt.

Im Vergleich zu ihrem Vorgänger wirkt die S-Klasse der Baureihe 126 in ihrem Erscheinungsbild deutlich nüchterner: Die verchromten Stoßstangen sind großzügig dimensionierten, kunststoffummantelten Stoßfängern gewichen, die in Bug- bzw. Heckschürze nahtlos integriert sind. Die ungewohnten Stoßfänger tragen neben dem niedrigeren Kühlergrill, den stärker geneigten Scheiben, den in Ruhestellung verdeckt angeordneten Scheibenwischern und dem eingezogenen Heck zur verbesserten Aerodynamik bei, die mit einem cW-Wert von 0,36 einen neuen Bestwert erreicht.

Obwohl auf die Verwendung von Aluminiumblechen im Karosseriebereich verzichtet wird, sind die neuen Modelle deutlich leichter geworden – je nach Ausführung um 50 bis 100 kg. Neben zahlreichen Detailmaßnahmen, die in Summe rund 50 kg ausmachen, geht ein großer Anteil auf das Konto neuer V8-Motoren: 3,8-Liter- und 5-Liter-Leichtmetallmotoren ersetzen die bisherigen 3,5-Liter- und 4,5-Liter-Aggregate mit Graugussblock. Durch ihre höhere Leistung bei geringerem Gewicht ermöglichen die neuen Achtzylinder verbesserte Fahrleistungen bei reduziertem Benzinverbrauch.

Eine weitere Verbesserung im Vergleich zum Vorgänger haben die Entwickler in puncto Sicherheit erzielt. Dank der innovativen, 1977 zum Patent angemeldeten Gabelträgerstruktur des Vorderwagens, die die Aufprallenergie auch bei einseitiger Stoßeinleitung optimal verteilt, übersteht die Fahrgastzelle nun auch einen versetzten Frontalaufprall – den sogenannten »offset crash« – bei einer Kollisionsgeschwindigkeit von 55 km/h. Die Limousinen der Baureihe 126 sind die weltweit ersten Serienfahrzeuge, die das Kriterium des asymmetrischen Frontalaufpralls erfüllen.

Zwei Jahre nach ihrem Debüt sorgt die S-Klasse in zweifacher Hinsicht für Furore: Im März 1981 präsentiert Daimler-Benz auf dem Automobil-Salon in Genf als Weltneuheit eine bahnbrechende Sicherheitsinnovation: den Fahrer-Airbag und den Gurtstraffer für Beifahrer, die ab Juli zunächst nur in der S-Klasse angeboten und damit in den Automobilbau eingeführt werden. Im September 1981 erscheint dann auf der IAA in Frankfurt mit den Modellen 380 SEC und 500 SEC ein hinreißend schön gezeichnetes Coupé der Baureihe 126, dessen cW-Wert von 0,34 wieder einen neuen Rekord markiert.

Zeitlos-elegant, mit reduziertem Gewicht und optimierter Aerodynamik: Die S-Klasse Baureihe 126 leitet eine neue Ära ein und bleibt fast 12 Jahre in Produktion.

Zwei Jahre nach der S-Klasse Limousine debütiert das ästhetisch perfekte SEC-Coupe, das nur mit V8-Motoren erhältlich ist.

Ein Luftsack als Lebensretter: Der Fahrer-Airbag wird 1981 in der S-Klasse als Weltneuheit in den Automobilbau eingeführt.

Zur Kraftstoffeinsparung hat Daimler-Benz Zukunftsforscher Hubertus Christ in der »Auto, Motor und Sport« vom 2. Januar 1979 festgestellt: »Bessere Ausnutzung der Kraftstoffe beim Fahren, weitere Verringerung der Luftwiderstandsbeiwerte und Gewichtseinsparungen durch Verwendung leichterer Werkstoffe sind die Maßnahmen, die am Fahrzeug getroffen werden können. Einen noch größeren Einfluß hat der einzelne Fahrer. Allein durch gleichmäßige, vernünftige Fahrweise und richtige Gangwahl kann er ganz erheblich den Verbrauch seines Fahrzeugs niedrig halten.« Mit der neuen S-Klasse haben die Entwickler ihren Teil erfüllt …

Zahlreiche Alternativen: Mercedes-Benz Versuchsflotte mit alternativen Antrieben

060

Auf dem Gelände der Versuchsbahn im Werk Untertürkheim präsentiert sich dem Fotografen 1980 eine Versuchsflotte mit den unterschiedlichsten alternativen Antrieben.

Ob Elektroantrieb, Erdgas, Alkohol, Wasserstoff, Gyroantrieb oder Gasturbine: Daimler-Benz erprobt bereits in den 1970er-Jahren. alle denkbaren Varianten alternativer Antriebe. Nach dem Elektro-Hybridbus OE 302 von 1969, dem Erdgasbus OG 305 von 1971 und dem Elektrotransporter LE 306 von 1972 testet das Unternehmen auch zahlreiche andere Treibstoffe und Antriebsarten: Der Kleinbus L 307 mit Wasserstoffantrieb debütiert 1975, ein Citybus mit der gleichen Technologie sowie ein Pkw des Typs 280 E für Wasserstoff-Benzin-Mischbetrieb folgen zwei Jahre später.

1979 gehen in Stuttgart Elektro-Hybridbusse des Typs OE 305 und in Esslingen DUO-Omnibusse mit kombiniertem Batterie-/Oberleitungsbetrieb in die Praxiserprobung im Linieneinsatz. Im gleichen Jahr startet der Versuchsbetrieb mit Alkoholkraftstoffen: M 15, ein Gemisch aus 85 % Super und 15 % Methanol, wird in Transportern des Typs 208 und dem Pkw-Typ 230 E erprobt, Reinmethanol und Reinethanol ab dem Frühjahr 1981 in Versuchsbussen des Typs O 305 und dem Pkw-Modell 280 SE und 280 E. Ein Jahr zuvor hat das Unternehmen bereits einen Citybus mit Gyroantrieb präsentiert.

1982 ergänzt ein T-Modell mit Elektroantrieb die Versuchsflotte: Es ist mit einem 30 kW (41 PS) starken Elektromotor und einer 600 kg schweren Nickel-Eisen-Batterie bestückt und wird unter realistischen Bedingungen im Alltagsverkehr erprobt. Auch wenn die Ergebnisse der Versuche aus heutiger Sicht zum Teil wenig nachhaltig erscheinen mögen, so bilden sie doch die Grundlage für den heute erreichten Stand in der Nutzung alternativer Antriebsenergien.

Nachwuchs dank Flottenverbrauch: der »Baby-Benz«

061

Schuld ist eigentlich die US-Regierung: Ohne den Flottenverbrauch hätte der »Baby-Benz« möglicherweise gar nicht das Licht der Welt erblickt. Der Energy Policy and Conservation Act, 1975 als Folge des Ölpreisschocks im Kongress verabschiedet, ermächtigt die National Highway Traffic Safety Administration, ab dem Modelljahr 1978 für Pkw und leichte Lkw einen verbindlichen Flottenverbrauch als Höchstgrenze festzulegen. Diese Corporate Average Fuel Economy (CAFE) definiert, wie hoch der Durchschnittsverbrauch der von einem Hersteller in den USA angebotenen

Bei der Entwicklung des »Baby-Benz« spielt die Optimierung der Aerodynamik eine wichtige Rolle. Der cW-Wert liegt schließlich bei 0,33.

Fahrzeugflotte maximal sein darf. Der in miles per gallon (mpg) angegebene Wert der Kraftstoffeffizienz liegt für 1978 zunächst bei 18,5 mpg (12,7 Liter/100 km) und soll bis 1985 auf 27,5 mpg (8,6 Liter/100 km) steigen. Wird dieses Ziel verfehlt, drohen dem Hersteller Strafzahlungen.

Zur Senkung des Durchschnittsverbrauchs intensiviert Daimler-Benz die seit Ende 1973 angestellten Überlegungen zu einer dritten Limousinen-Baureihe unterhalb der damaligen Mittelklasse-Modelle, trifft die Grundsatzentscheidung dazu aber erst im Oktober 1977. Zu den konzeptionellen Eckdaten stellt der Vorstandsvorsitzende Prof. Joachim Zahn auf der Bilanz-Pressekonferenz im Mai 1978 fest: »Ein Mercedes wird, unabhängig von seinen Abmessungen, auch in Zukunft unverwechselbar ein Mercedes bleiben.«

Als der neue »kleine Mercedes« Ende 1982 unter der etwas sperrigen Bezeichnung »Kompaktklasse« der Öffentlichkeit präsentiert wird, wird schnell deutlich, dass die Entwickler ihre Hausaufgaben gemacht haben. Der »Baby-Benz«,

Das intern als »Mondauto« bezeichnete Versuchsfahrzeug dient zur Erprobung der insgesamt 40 verschiedenen Achskonstruktionen.

Zwischenziel erreicht: Nach dem Weltrekord über 25.000 Meilen (gut 40.000 km) setzen die 190 E 2.3-16 die Rekordfahrt fort, bis sie nach mehr als 8-tägiger Fahrt insgesamt 50.000 km mit 247,9 km/h Schnittgeschwindigkeit zurückgelegt und drei Weltrekorde erzielt haben.

wie die Baureihe W 201 liebevoll-respektlos genannt wird, zeichnet sich gegenüber der Mittelklasse-Modellreihe W 123 durch kompaktere Abmessungen, geringeres Gewicht und gesteigerte Wirtschaftlichkeit aus, ohne in puncto Fahreigenschaften, Sicherheit und Zuverlässigkeit Kompromisse einzugehen.

Das Rezept für geringeren Kraftstoffverbrauch ist – wie schon bei der 1979 vorgestellten S-Klasse praktiziert – die Kombination aus aerodynamischer Optimierung sowie konsequentem Leichtbau durch Verwendung hochfester Stahlbleche und anderer gewichtsreduzierender Materialien. Auch in der passiven Sicherheit haben die Entwickler die bei der S-Klasse gewonnenen Erkenntnisse übernommen und perfektioniert. Mit der Gabelträgerstruktur des Vorderwagens erfüllt der W 201 trotz kompakterer Abmessungen noch konsequenter als die S-Klasse das Kriterium des asymmetrischen Frontalaufpralls mit 40 % Überdeckung und 55 km/h Aufprallgeschwindigkeit.

Sehr großen Aufwand haben die Untertürkheimer in die Entwicklung des Fahrwerks investiert, um trotz kürzerem Radstand und begrenztem Einbauraum den Mercedes-typischen Fahrkomfort, gepaart mit sicheren Fahreigenschaften, zu erzielen. Aus acht Basiskonzepten wurden dazu nicht weniger als 77 verschiedene Achsen konstruiert und 40 dieser Achskonstruktionen umfassend erprobt. Dazu haben die Entwickler ein spezielles Fahrdynamik-Versuchsfahrzeug gebaut, das intern den Namen »Mondauto« erhält. Vorderachse und Hinterachse können in leicht demontierbaren Modulen beliebig kombiniert und ausgetauscht werden. Insbesondere die Raumlenker-Hinterachse, bei der jedes Hinterrad von fünf unabhängigen Streben geführt wird, ist ein ganz großer Wurf und ermöglicht ein gleichermaßen hohes Niveau an Fahrkomfort wie an Fahrpräzision. Die patentierte Konstruktion gleicht die Seiten- und Längskräfte in allen Fahrzuständen weitestgehend aus und vermeidet dadurch unerwünschte Lenkbewegungen des Rades. Weitere Vorteile sind ihr niedriges Gewicht und ihr geringer Raumbedarf.

Die Vierzylindermotoren der Baureihe M 102 stammen, wie bei Daimler-Benz üblich, aus dem Baukasten: Sie wurden zwar eigentlich für die Kompaktklasse entwickelt, hatten

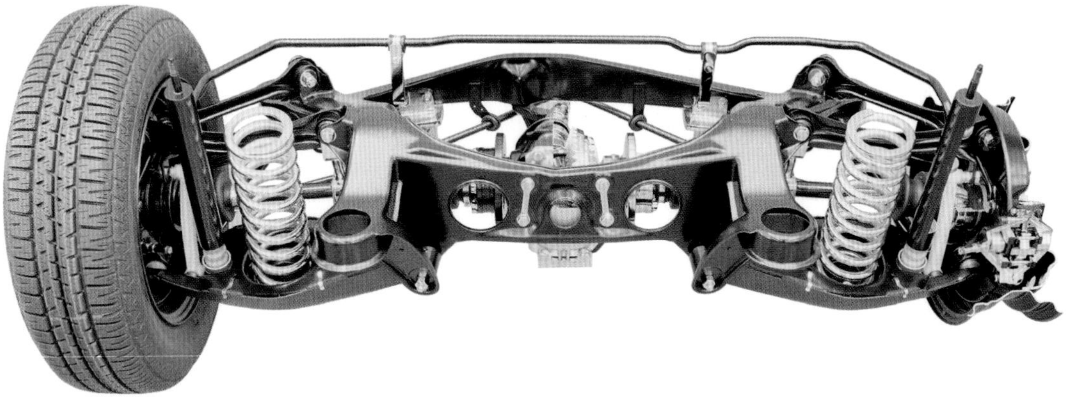

Die beim W 201 eingeführte Raumlenker-Hinterachse ist seit 1982 in puncto Gewicht, Bauraum und Fahreigenschaften das Maß aller Dinge.

ihr Seriendebüt aber bereits im Juni 1980 in der Baureihe 123. Mit ihrer geneigten Einbaulage haben sie eine geringere Bauhöhe als ihre Vorgänger und erlauben daher die für einen geringen Luftwiderstand notwendige niedrige Motorhaube. In der Kompaktklasse kommen sie beim Serienstart als 2-Liter-Vergaser und 2-Liter-Einspritzer zum Einsatz.

Auch wenn Impulse aus den USA die Entwicklung der Kompaktklasse initiiert haben, erfolgt die Einführung zunächst in den europäischen Märkten und erst im Herbst 1983 auch in Nordamerika; nach jahrelangen hochgespannten Erwartungen potenzieller Kunden sind die Reaktionen zunächst etwas verhalten, vor allem in Anbetracht des Preises, aber auch wegen des recht nüchternen Erscheinungsbildes, das auf den gewohnten Chromzierrat vollkommen verzichtet. Die anfängliche Zurückhaltung weicht dann aber recht schnell einem lebhaften Interesse, und in den Jahren 1984 und 1985 werden jeweils rund 200.000 Exemplare hergestellt.

Die Reaktion des nordamerikanischen Markts ist zunächst verhalten, weicht dann aber lebhaftem Interesse.

Diese Stückzahlen sind allerdings auch der Erweiterung der Modellpalette zuzuschreiben: Auf der IAA im September 1983 haben mit dem 190 D und dem 190 E 2.3-16 zwei Modelle Premiere, die das Leistungsspektrum nach unten und nach oben abrunden. Der vollkommen neu konstruierte Dieselmotor OM 601 ist wie die Benziner der Baureihe M 102 nach rechts geneigt eingebaut und zeigt mit 72 PS (53 kW) nicht nur ein ordentliches Leistungsniveau, sondern auch sehr hohe Wirtschaftlichkeit. Zur Verringerung der Geräuschemissionen ist er erstmals mit einer Kapselung versehen, was ihm den Namen »Flüsterdiesel« einbringt.

Das zweite Modell debütiert mit einem Paukenschlag: Bereits einen Monat vor der IAA haben drei 190 E 2.3-16 auf der Versuchsbahn im süditalienischen Nardò spektakuläre Weltrekorde über 25.000 km, 25.000 Meilen und 50.000 km eingefahren: Die größte Distanz legt das Topmodell der Kompaktklasse in 201 Stunden, 39 Minuten und 43 Sekunden mit einer Durchschnittsgeschwindigkeit von 247,9 km/h zurück. Damit demonstriert der »Baby-Benz« nicht nur die Sicherheitsreserven seines Fahrwerks, sondern zugleich auch die Zuverlässigkeit und Standfestigkeit des neuen Motors. Dieser basiert auf dem 2,3-Liter-Einspritzmotor, der seit drei Jahren in der Baureihe 123 Dienst tut, aber im Rahmen einer Kooperation mit der britischen Sportmotorenschmiede Cosworth einen neuen Zylinderkopf erhalten hat, der dank Vierventiltechnik eine Leistung von 185 PS (136 kW) ermöglicht.

Das neue Hochleistungsmodell demonstriert mit seiner komplizierten Typenbezeichnung einmal mehr die Grenzen des Nomenklatursystems der Mercedes-Benz Pkw. Rechtzeitig vor der Markteinführung im September 1984 haben sich die Verantwortlichen noch eine spektakuläre PR-Aktion ausgedacht: Ein Rennen mit 20 identischen Exemplaren des »Sechzehnventilers«, wie der sportliche 190er in der Enthusiastenszene gern genannt wird, bildet am 12. Mai 1984 den Höhepunkt

Das »Race of Champions« zur Einweihung des neuen Nürburgrings am 12. Mai 1984 gewinnt am Ende Ayrton Senna mit knappem Vorsprung vor Niki Lauda.

bei der Eröffnung des neuen Grand-Prix-Kurses am Nürburgring. 20 internationale Rennfahrer, die in den letzten 25 Jahren auf dem Nürburgring gewonnen haben – darunter Alain Prost, Niki Lauda, Keke Rosberg, Ayrton Senna, Klaus Ludwig sowie Stirling Moss, John Surtees, Jack Brabham und Hans Herrmann – kämpfen in diesem »Race of Champions« um den Sieg, den am Ende Ayrton Senna erzielt.

Der 190 E 2.3-16 dient auch als Basismodell für künftige Motorsporteinsätze: Nach seiner Homologation geht es 1985 in der französischen Tourenwagen-Meisterschaft und im Folgejahr auch in der Deutschen Tourenwagen-Meisterschaft DTM an den Start.

Die Produktion der Kompaktklasse-Limousinen ist wegen fehlender Kapazitäten im Stammwerk Sindelfingen von Beginn an eigentlich im Werk Bremen vorgesehen, das in diesem Rahmen stark erweitert und zum reinen Pkw-Werk umgewidmet werden soll. Die Einsprüche von Grundstücksbesitzern und Nachbarn verzögern den Ausbau aber so sehr, dass die Produktion der Kompaktklasse zunächst in Sindelfingen starten muss und erst ab November 1983 parallel auch in Bremen beginnen kann.

Beide Werke bilden dabei einen flexiblen Produktionsverbund: In Bremen werden die Motorhaube, die Bodenanlage, der Kraftstoffbehälter und die Türen gefertigt, während Sindelfingen alle übrigen Blechteile liefert. In speziellen Güterzügen werden die Werke dann über Nacht mit den Teilen des jeweils anderen Produktionsstandorts versorgt. Diese logistische Meisterleistung gestattet es, gleiche Karosserieteile nicht an zwei Standorten parallel fertigen zu müssen und auf doppelt vorgehaltene Fertigungsflächen und -anlagen verzichten zu können. Die Motoren, Getriebe und Achsen beziehen beide Werke wie üblich aus dem Werk Untertürkheim einschließlich seiner Werkteile Mettingen und Hedelfingen.

Am Ende bleibt der »Baby-Benz« nach weiteren Ergänzungen der Modellpalette und einigen Modellpflegen bis 1993 in Produktion und bringt es auf insgesamt fast 1,9 Millionen Fahrzeuge – all dies ursprünglich als Folge des US-amerikanischen Flottenverbrauchs.

Mittelklasse mit Premiumanspruch: die Baureihe 124

062

»Never change a winning team«: Nach diesem Grundsatz handelt auch Daimler-Benz bei der Entwicklung eines Nachfolgers für die Baureihe 123. Die neue Modellreihe 124, die Anfang 1985 als »Mittlere Mercedes-Klasse« auf den Markt kommt, ist nach den gleichen Prinzipien konzipiert wie die Kompaktklasse: Konsequente Gewichtseinsparung und Senkung des Luftwiderstands sind vorrangige Ziele im Lastenheft.

Die Raumlenker-Hinterachse, seit ihrer Einführung das Maß aller Dinge, wird ebenso verwendet wie die ebenfalls beim W 201 eingeführte Dämpferbein-Vorderachse. Die Motoren und Getriebe stammen wie üblich aus dem Baukasten, allerdings erhält der W 124 zwei ganz neu entwickelte Sechszylindermotoren der Baureihe M 103 und zwei neue Dieselmotoren, die gemeinsam mit dem 2-Liter-Vierzylinder des 190 D konzipiert wurden: den 2,5-Liter-Fünfzylinder OM 602 und den 3-Liter-Sechszylinder OM 603.

Abgesehen von ihren Abmessungen, ähnelt die Karosserie in vieler Hinsicht der Kompaktklasse. Einen markanten Unterschied bildet vor allem die Heckpartie mit dem trapezförmig weit heruntergezogenen Kofferraumdeckel und den schrägen Innenkanten der großflächigen trapezförmigen Rückleuchten. Dies ermöglicht eine tiefer liegende Ladekante, die das Beladen des voluminösen Kofferraums erleichtert.

Als wichtigen Beitrag zum Umweltschutz präsentiert Daimler-Benz den Drei-Wege-Kat für alle Benzin-Pkw.

Acht Monate nach der Markteinführung der Limousine debütiert auf der IAA 1985 bereits das T-Modell, das wie sein Vorgänger in Bremen produziert wird. Die Ausstellung hält aber noch weitere Premieren bereit, die nicht nur die Baureihe 124, sondern die gesamte Mercedes-Benz Modellpalette betreffen: So wird das »Mercedes-Benz Fahrdynamik-Konzept« vorgestellt, das mit dem Automatischen Sperr-Differenzial (ASD), der Antriebs-Schlupf-Regelung (ASR) und dem automatisch zuschaltenden Vierradantrieb 4MATIC drei abgestufte elektronisch-automatische Fahrdynamik-Systeme umfasst. Die 4MATIC ist für die Sechszylinder-Limousinen und -T-Modelle der Baureihe 124 verfügbar und beinhaltet außer der komplexen Regelungselektronik einen kompletten zusätzlichen Vorderradantrieb mit Verteilergetriebe und Differenzial, der sich bei Bedarf automatisch zuschaltet. Bis das innovative System wirklich eingeführt wird, müssen sich die Kunden allerdings noch eineinhalb Jahre gedulden.

Außerdem präsentiert Daimler-Benz als wichtigen Beitrag zum Umweltschutz für alle Pkw-Modelle mit Benzinmotor eine geregelte Abgasreinigungsanlage mit Drei-Wege-Katalysator. Basisausführung ist jeweils die sogenannte Rückrüst- oder RÜF-Version, bei der das Fahrzeug ohne Katalysator und Lambdasonde ausgeliefert wird und bei ausreichender Verfügbarkeit von bleifreiem Benzin jederzeit mit Katalysator nachgerüstet werden kann.

Im März 1987 ergänzt eine Coupé-Variante das Typengramm der Baureihe. Sie ist jetzt erstmals auch mit Vierzylindermotor lieferbar. Im Rahmen einer Modellpflege im September 1989 debütieren als neue Topmodelle die Typen 300 E-24, 300 TE-24 und 300 CE-24. Alle drei haben den kurz zuvor im neuen SL eingeführten 3-Liter-Sechszylindermotor mit Vierventiltechnik, der mit Katalysator 220 PS (162 kW) bereitstellt. Ebenfalls aus dem SL stammt der 326 PS (240 kW) starke Vierventil-V8, der ab Anfang 1991 in der spektakulären Hochleistungslimousine 500 E Dienst tut. Im Herbst 1992 werden alle Benziner der Baureihe auf Vierventilmotoren umgestellt.

Im März 1992 ist mit dem im Vorjahr auf der IAA präsentierten 300 CE-24 Cabriolet eine weitere Karosserievariante auf den Markt gekommen. Eine letzte Modellpflege im Juli

Die Mittelklasse-Baureihe 124, Ende 1984 als Nachfolger des W 123 präsentiert, ist nach den gleichen Prinzipien konstruiert wie der 1982 eingeführte »Baby-Benz«.

1993 bringt der Baureihe 124 neben Vierventil-Dieselmotoren dezente Karosserieretuschen mit einem nun in die Motorhaube eingelassenen sogenannten »Plaketten-Kühlergrill« ein. Aus Marketingsicht ebenso wichtig ist der im Rahmen der neuen Nomenklatur eingeführte Name »E-Klasse«, der endlich die umständlichen Bezeichnungen der Vergangenheit obsolet macht. Bis 1997 werden insgesamt 2.737.860 Fahrzeuge produziert – etwas mehr als von der Vorgängerbaureihe 123, wobei Letztere bei der Stückzahl der Limousinen unübertroffen bleibt.

Das T-Modell ergänzt im Herbst 1985 die Modellpalette und wird wie sein Vorgänger in Bremen produziert.

Auf der IAA 1991 debütiert mit dem 300 CE-24 endlich wieder ein viersitziges Cabriolet, das 1992 auf den Markt kommt.

Die im Frühjahr 1987 eingeführte Coupévariante ist mit Vierzylinder- und Sechszylindermotoren erhältlich.

Kunstwerke zum Hundertjährigen: Andy Warhols »Cars« 063

Alles beginnt mit einer Anzeige. Anfang 1986 feiert Daimler-Benz das Jubiläum »100 Jahre Automobil« und wirbt für seine Pionierleistungen mit einer Reihe von Werbeanzeigen. Eine davon präsentiert 18 automobile Meilensteine vom Benz Patent-Motorwagen bis zur neuesten Mercedes-Benz Limousine von 1984.

Den Düsseldorfer Galeristen Hans Mayer inspiriert diese Anzeige zu der Idee, die dort gezeigten Fahrzeuge für Daimler-Benz bei dem US-amerikanischen Pop-Art-Künstler Andy Warhol als Siebdrucke in Auftrag zu geben. Warhol zeigt sich aufgeschlossen, während die Stuttgarter zunächst zögerlich reagieren. Mayer ist von seiner Idee jedoch so

Kunstwerk und Vorbild: Im Juni 2022 haben Interessierte die seltene Gelegenheit, das Original-Kunstwerk von Andy Warhol zusammen mit dem top-restaurierten 300 SL »Flügeltürer«, der 1986 als Vorbild gedient hat, im Mercedes-Benz Museum zu besichtigen.

überzeugt, dass er nach New York zu Andy Warhol reist, um auf eigene Faust die ersten Bilder zu beauftragen. Im Reisegepäck hat er das Buch »Seriensportwagen 1945–1980« mit großformatigen Farbfotos des Kölner Fotografen Frank Oleski.

Auf Basis der im Buch enthaltenen Aufnahme eines 300 SL »Gullwing« fertigt Warhol vier Bilder an, die im Mai 1986 fertig werden. Hans J. Baumgart, bei Daimler-Benz für die 1977 gegründete Kunstsammlung verantwortlich, ist begeistert und überzeugt den Vorstandsvorsitzenden Prof. Werner Breitschwerdt. Im September kommt es zum Vertragsabschluss. Nachdem man sich ausschließlich auf Meilensteine der Daimler-Benz Geschichte fokussiert hat, wird Warhol beauftragt, 20 Fahrzeuge zu porträtieren. Die Arbeiten an den ersten acht Wagen, von Warhol in insgesamt 33 Siebdrucken und 13 Bleistiftzeichnungen verewigt, sind Anfang Januar 1987 fertiggestellt. Drei Großformate, mit Abmessungen von 6,40 x 2,34 m und 4,57 x 4,06 m, entstehen Anfang Februar. Völlig überraschend stirbt Warhol am 22. Februar 1987 an den Folgen einer Routineoperation. Seine Bildserie »Cars« bleibt unvollendet und gehört heute dank der Weitsicht von Hans Mayer, Hans J. Baumgart und Werner Breitschwerdt zu den bekanntesten Werken der Mercedes-Benz Art Collection. 1988 wird die Serie der kunstinteressierten Öffentlichkeit zugänglich gemacht: im Februar/März in der Kunsthalle Tübingen und im Herbst im Guggenheim Museum in New York.

Die Bildserie »Cars« gehört heute zu den bekanntesten Werken der Mercedes-Benz Art Collection.

Damit könnte die Geschichte zu Ende sein – es gibt aber noch eine spannende Fortsetzung. Als 2020 eine in der Nähe von Ingolstadt beheimatete Oldtimersammlung nach dem Tod ihres Besitzers zum Verkauf kommen soll, wissen die Hinterbliebenen zu berichten, dass der 300 SL aus dieser Sammlung Andy Warhol seinerzeit als Vorlage gedient hat. Axel Schütte – Gründer und Chef der Firma Axel Schütte Fine Cars, die das Auto begutachtet – ist skeptisch, weiß er doch aus langjähriger Erfahrung, dass unter Sammlern oft abenteuerliche Geschichten kursieren. Dennoch ist sein Jagdinstinkt erwacht. Der Flügeltürer weist einzelne Details auf, die nicht ganz der Serienkonfiguration entsprechen, und Schütte ist sich irgendwie sicher, das Fahrzeug schon einmal auf einem Foto gesehen zu haben. Das muss im Prachtband »Seriensportwagen« gewesen sein, einem der ersten Bücher in seiner Bibliothek. Da das Buch unauffindbar ist, beschafft sich Schütte antiquarisch ein neues Exemplar, und kurz darauf knallen die Sektkorken: Das Foto von Frank Oleski ist zweifelsfrei die Basis für Warhols Siebdrucke und zeigt genau das Auto, das fast 40 Jahre später zum Verkauf steht – eindeutig erkennbar am polizeilichen Kennzeichen EI-DR 1.

Schütte infiziert mit seiner Begeisterung Ulrich-Joachim Gauffrés, den Technikchef der Bottroper Firma Brabus, die das außergewöhnliche Auto kauft und innerhalb von zwei Jahren originalgetreu restauriert, nachdem Mercedes-Benz Classic mit einer Herstellexpertise die Originalität bestätigt hat. Nach Abschluss der aufwendigen Restaurierung ist Gauffrès überzeugt: Das einzigartige Auto hat es verdient, zusammen mit dem zugehörigen Warhol-Kunstwerk der Öffentlichkeit präsentiert zu werden. Vom 21. bis 26. Juni 2022 ist das Fahrzeug mit der einzigartigen Geschichte zusammen mit dem spektakulären Kunstwerk im Mercedes-Benz Museum ausgestellt. Mit einer Wiederholung dieser Detektivgeschichte ist übrigens nicht zu rechnen: Alle anderen Werke der »Cars«-Serie basieren auf Archivfotos, die Fahrzeuge der unternehmenseigenen Fahrzeugsammlung zeigen.

Tourenwagen und Silberpfeile: der Wiedereinstieg in den Motorsport

064

»Endlich. Daimler-Benz engagiert sich wieder im Motorsport«: Mit diesem Satz beginnt ein Artikel in der »Auto, Motor und Sport« vom 30. Januar 1988. Am 15. Januar hat das Unternehmen bekannt gegeben, sich wieder am Motorsport zu beteiligen, und zwar gleich in zwei Kategorien: im Tourenwagensport der Gruppe A und in der Sportwagen-Weltmeisterschaft der Gruppe C. Für Publikum und Fachwelt ist dies eine Überraschung, hat der Untertürkheimer Hersteller doch über viele Jahre jede Aktivität, die als Motorsport-Engagement hätte verstanden werden können, gemieden wie der sprichwörtliche Teufel das Weihwasser. Erst im Dezember 1980 hat das Unternehmen seine begrenzte Beteiligung am Rallyesport wieder eingestellt.

Der Wiedereinstieg in den Motorsport erfolgt zunächst zurückhaltend, ab 1988 aber auch offiziell.

Das neue Engagement hat in beiden Kategorien eine Vorgeschichte: Für den Tourenwagensport gemäß Gruppe-A-Spezifikation steht mit der Sportlimousine 190 E 2.3-16 seit September 1984 ein ideales Basisfahrzeug bereit. Nach erfolgter Homologation ist damit ab der Saison 1985 ein Renneinsatz möglich – zunächst in der Französischen Produktionswagen-Meisterschaft und ab 1986 dann auch in der Deutschen Tourenwagen-Meisterschaft. Wegen der Motorsportabstinenz, die sich Daimler-Benz Ende 1980 erneut verordnet hat, kommt für das Unternehmen allerdings zunächst nur eine zurückhaltende Unterstützung der jeweiligen Privatteams infrage.

Dies ändert sich 1988 mit dem offiziellen Wiedereinstieg, bei dem die DTM neben der Sportwagen-Weltmeisterschaft eine zentrale Rolle spielt. Schon im gleichen Jahr wird Roland Asch auf 190 E 2.3-16 Vizemeister, und ab der Saison 1991 übernimmt AMG nach Abschluss eines Kooperationsvertrags mit Mercedes-Benz die Entwicklung der DTM-Ausführung. 1992 holt Klaus Ludwig den Titel. Zwei Jahre später, als zum ersten Mal ein neuer DTM-Tourenwagen auf Basis der C-Klasse zum Einsatz kommt, kann Ludwig seinen Erfolg wiederholen. Im folgenden Jahr setzt Bernd Schneider die Erfolgsserie mit dem Titelgewinn fort.

1996 geht die DTM im Rahmen ihrer Internationalisierung in der seit 1995 ausgetragenen International Touring Car Championship auf. Nach stark gestiegenen Kosten für Entwicklung und Einsatz der Rennwagen, ziehen sich Opel und Alfa Romeo nach Saisonende aus der ITC zurück. Mercedes-Benz wäre damit als einziger Hersteller in der Meisterschaft verblieben, und die Rennserie wird zum Bedauern ihrer zahlreichen Anhänger eingestellt.

Auch in der Sportwagen-Weltmeisterschaft der Gruppe C ist Daimler-Benz bereits seit 1985 engagiert – zunächst allerdings nur als Motorenlieferant des schweizerischen Teams von Peter Sauber. Dieses beteiligt sich seit 1982 mit Eigenkonstruktionen, die zunächst von BMW- oder Ford-Cosworth-Motoren angetrieben wurden, an der neu ausgeschriebenen Sportwagen-Weltmeisterschaft der Gruppe C.

Initiiert durch private Kontakte zu Mitarbeitern des Daimler-Benz Entwicklungsbereichs, kommt beim Sauber-Mercedes C 8, dem ersten Gruppe-C-Rennwagen mit Mercedes-Benz Motor, ein aufgeladener 5-Liter-V8 auf Basis des Pkw-Serienmotors M 117 zum Einsatz. Die an sich naheliegende Annahme, dass das C in der Typenbezeichnung für die Gruppe C steht, trifft übrigens nicht zu: der Vorname seiner Ehefrau Christiane hat den Teamchef stattdessen inspiriert. 1986 erzielt der C 8 beim 1.000-Kilometer-Rennen auf dem Nürburgring seinen ersten Gesamtsieg. Das ab 1987 eingesetzte Nachfolgemodell C 9 setzt den Trend fort: Beim Nürburgring Supersprint, einem Lauf zum international ausgeschriebenen ADAC Würth Supercup, holt Jean-Louis Schlesser im September 1987 gegen starke Konkurrenz den Sieg.

1988, im Jahr des offiziellen Werkseinstiegs, wird Roland Asch auf Mercedes-Benz 190 E 2.3-16 hinter Klaus Ludwig Vizemeister der DTM.

Klaus Ludwig wechselt zur Saison 1989 in das AMG-Team und gewinnt 1992 den Fahrertitel auf Mercedes-Benz 190 E 2.5-16 EVOLUTION II.

Beim Start zu den legendären »24 Stunden von Le Mans« am 10. Juni 1989 liegen die neuen Sauber-Mercedes C 9 Silberpfeile von Baldi/Acheson/Brancatelli und Schlesser/Jabouille/Cudini in Führung.

Mit dem Werksengagement von Daimler-Benz stellen sich in der Saison 1988 weitere Erfolge ein. Die Bilanz verzeichnet am Saisonende nach elf Rennen, fünf Siege, vier zweite und vier dritte Plätze – und damit einen zweiten Platz in der Gesamtwertung. Die Saison 1989 markiert die Rückkehr der Silberpfeile: die Sauber-Mercedes C 9 gehen nun in silberner Farbgebung ohne Sponsorenaufkleber an den Start. Ihr weiterentwickelter Mercedes-Benz V8-Motor M 119 verfügt nun über Vierventiltechnik und ein noch höheres Leistungspotenzial. Der silbern lackierte C 9 beendet nicht nur sein Renndebüt im japanischen Suzuka mit einem Doppelsieg, im Juni 1989 belegen Jochen Mass/Stanley Dickens/Manuel Reuter und Mauro Baldi/Kenny Acheson/Gianfranco Brancatelli beim traditionsreichen »24 Stunden von Le Mans ebenfalls die ersten beiden Plätze. Nach acht Siegen, fünf zweiten und zwei dritten Plätzen in neun Rennen Rennen gewinnt Jean-Louis Schlesser die Fahrerwertung vor Jochen Mass, und die Markenwertung der WM 1989 geht mit großem Vorsprung an Sauber-Mercedes.

Mit dem C 11, dem neu konstruierten Rennwagen der Saison 1990, kann dieser spektakuläre Erfolg wiederholt werden: Schlesser, Baldi und Mass belegen die ersten drei Plätze der Fahrerwertung. 1990 sammeln auch die Nachwuchsfahrer Michael Schumacher, Karl Wendlinger und Heinz-Harald Frentzen ihre ersten Erfahrungen in der Sportwagen-Weltmeisterschaft. Mit Jochen Mass fahren Schumacher und Wendlinger sogar je einen Sieg ein.

In der Saison 1989 sind die Sauber-Mercedes C 9 überaus erfolgreich und gewinnen die Marken-WM.

Für 1991 und die Folgejahre tritt ein neues Reglement in Kraft, das 3,5-Liter-Saugmotoren vorschreibt. Mercedes-Benz startet mit dem C 291, der einen von Grund auf neu konstruierten, technisch ungewöhnlichen V12-Motor mit 180° Zylinderbankwinkel erhalten hat. Der C 291 hat jedoch mit zahlreichen Kinderkrankheiten zu kämpfen, und am Ende erzielt er nur einen einzigen Sieg, den Michael Schumacher und Karl Wendlinger im Saisonabschlussrennen in Autopolis/Japan einfahren. Das komplett entwickelte und fertiggestellte Nachfolgemodell C 292, Hoffnungsträger für die Saison 1992, kommt nicht mehr zum Einsatz, nachdem Mercedes-Benz Ende November 1991 aus Kostengründen den Ausstieg aus der Gruppe C verkündet hat. Ein Jahr später wird die Meisterschaft insgesamt eingestellt.

Nach 24 Stunden am Ziel: Mass/Reuter/Dickens und Baldi/Acheson/Brancatelli haben einen spektakulären Doppelsieg errungen.

Castrol
Castrol Castrol Castrol
NDIE
62
61

Die Legende lebt: der SL der Baureihe R 129

065

Mit dem R 129 erreicht der Mercedes-Benz SL neue Dimensionen in den Bereichen Leistung, Komfort und Sicherheit.

»Mercedes gewinnt den Großen Preis von Turin mit einem Serienauto«: Mit dieser provokant-kreativen Headline verkündet Mercedes-Benz in einer Werbeanzeige, dass der neueste SL im April 1990 auf dem Automobil-Salon in Turin von einer internationalen Jury mit dem »Car Design Award« ausgezeichnet wurde.

Gut ein Jahr zuvor, im März 1989, ist das Debüt der Sportwagen-Baureihe R 129 auf dem Automobil-Salon in Genf von Publikum und Fachwelt mit ganz besonderer Spannung erwartet worden, nachdem die Vorgängerbaureihe 107 nicht weniger als 18 Jahre in Produktion geblieben war.

Diese selbst für Mercedes-Benz Verhältnisse ungewohnt lange Laufzeit ist einerseits der über Jahre ungebrochenen Beliebtheit des R 107 geschuldet. Andererseits spielen aber auch Faktoren aus dem Entwicklungsbereich eine Rolle: Vor dem Hintergrund sich stetig verschärfender Sicherheitsvorschriften hat die Frage der Dachkonstruktion besondere Bedeutung erlangt, vor allem wenn man auf einen fest montierten Überrollbügel verzichten möchte. Erschwerend kommt außerdem hinzu, dass die Entwicklungskapazitäten – von jeher eine Herausforderung bei Daimler-Benz – durch die neu hinzugekommene Kompaktklasse zusätzlich sehr stark beansprucht wurden.

Dank des automatisch ausfahrenden Überrollbügels besteht der SL den Überschlagtest mit Bravour.

Das elektrohydraulisch betätigte Verdeck lässt sich auf Knopfdruck innerhalb von 30 Sekunden versenken oder ausfahren.

Auch wenn das preisgekrönte Design des neuen SL-Sportwagens – trotz nüchtern-sachlicher Anklänge vor allem im Interieur – zu den Aktivposten des R 129 zählt, sind es doch vor allem die Gesamtkonzeption des Fahrzeugs und seine bahnbrechenden Innovationen, die für Aufsehen sorgen. Angefangen beim 1955 eingeführten 190 SL über den Pagoden-SL von 1963 und schließlich den R 107 haben sich die Vorgänger des neuen SL bislang von Generation zu Generation immer mehr in Richtung Komfort entwickelt. Die damit einhergehende Gewichtszunahme hat trotz kontinuierlicher Leistungssteigerungen Einbußen in der Sportlichkeit zur Folge.

Der R 129 steht für ein Ende dieser Entwicklung und eine Rückbesinnung auf alte Werte. Zwar ist er nicht minder komfortabel als sein überaus erfolgreicher Vorgänger, dank seinem neuen 5-Liter-Vierventilmotor M 119 erreicht er aber eine völlig neue Leistungsdimension von 326 PS (240 kW). Damit knüpft er an seinen Urvater, den 300 SL Gullwing von 1954 an. An Motorsporteinsätze, wie sie der »Flügeltürer« Mitte der 1950er-Jahre mit Bravour absolviert hat, ist natürlich dennoch nicht zu denken – für die sind 1989 die neuen Silberpfeile der Gruppe C und die DTM-Tourenwagen auf Basis des 190ers zuständig.

Der R 129 überzeugt durch sein Leistungsniveau und innovative Sicherheitslösungen.

Neben seinem Leistungsniveau überzeugt der R 129 aber auch durch zahlreiche innovative Konstruktionen, die eine Optimierung der aktiven und passiven Sicherheit, des Bedienungskomforts und des Alltagsnutzens mit sich bringen: So hat der SL die beim 190er eingeführte, inzwischen millionenfach bewährte Raumlenker-Hinterachse erhalten, die bis heute den Stand der Technik definiert. Neu sind auch der sogenannte Integralsitz mit direkt im Sitz integriertem Sicherheitsgurt sowie zwei Systeme, die seit Jahrzehnten den besonderen Mehrwert des SL, das Offenfahren, betreffen.

Ein automatisch ausfahrender Überrollbügel schnellt im Falle eines drohenden Überschlags innerhalb von 0,3 Sekunden aus seiner Ruheposition hoch und sichert den Überlebensraum. Er ermöglicht es, das Fahrzeug im Einklang mit strengsten Sicherheitsbestimmungen zu bauen, ohne dass ein fester, die Optik störender Überrollschutz erforderlich ist.

Noch wichtiger, zumindest für den täglichen Gebrauch außerhalb des Grenzbereichs, ist aber eine weitere Innovation, die lange Furore macht und die Blicke der Außenstehenden auf sich zieht: Das elektro-hydraulisch betätigte Verdeck kann innerhalb von 30 Sekunden vollautomatisch versenkt und wieder ausgefahren werden – heute vielfach eine Selbstverständlichkeit, damals jedoch eine echte Sensation.

Wegen knapper Fertigungskapazitäten im Werk Sindelfingen wird der R 129 im Werk Bremen gebaut. Dort entstehen im Laufe von gut zwölf Jahren 204.940 Fahrzeuge, die sich auch heute, 25 Jahre nach Produktionsende, noch großer Beliebtheit erfreuen.

Strategiewechsel: Integrierter Technologiekonzern und Ausgliederung des Fahrzeuggeschäfts

066

»DAS GROSSE FRESSEN. Ein Superkonzern entsteht«: Auf der Titelseite seiner Ausgabe vom 21. Oktober 1985 zeigt »Der Spiegel« die Motorhaube eines Mercedes-Benz Pkw, der sich die Unternehmen Dornier, MTU und AEG einverleibt. »Mit dem Einstieg bei der AEG, der größten Übernahme der deutschen Wirtschaftsgeschichte, ist Daimler-Benz die Nummer eins in der Industrie«, schreibt das Hamburger Magazin. »Innerhalb weniger Monate verwandelte sich die Stuttgarter Autofirma in einen multinationalen Technik- und Rüstungskonzern mit nunmehr fast 300.000 Beschäftigten. Das Beispiel Daimler signalisiert, dass die Deutschen den weltweiten Wettbewerb gegen Amerikaner und Japaner aufnehmen.«

Die Entwicklung zum Technologiekonzern, die »Der Spiegel« beschreibt, ist Anfang der 1980er-Jahre die Antwort von Daimler-Benz auf eine seinerzeit befürchtete Stagnation des Automobilabsatzes und des sich parallel dazu entwickelnden Trends zu neuen Technologien. Letztere betreffen insbesondere die Bereiche Elektronik und Kommunikationsdienstleistungen sowie Luft- und Raumfahrt. Das Unternehmen plant, an der erwarteten revolutionären Entwicklung dieser Technologien teilzunehmen und damit ein zweites Standbein aufzubauen, um die Abhängigkeit vom Automobilgeschäft zu reduzieren.

Zu diesem Zweck erwirbt die Daimler-Benz AG im Juni 1985 eine Mehrheitsbeteiligung am Flugzeughersteller Dornier GmbH in Immenstaad. Im Februar 1985 hat sie bereits die MTU Motoren- und Turbinen-Union München GmbH, ursprünglich ein Joint Venture mit MAN, vollständig übernommen. Im Oktober 1985 kommt schließlich eine 24,9-prozentige Beteiligung an dem traditionsreichen Elektrokonzern AEG AG hinzu, die im Folgejahr auf 56 % gesteigert wird.

Mit der fortschreitenden Entwicklung zum »Integrierten Technologiekonzern« ändert sich auch die Organisationsstruktur der Daimler-Benz AG, die am 1. Juli 1989 zur geschäftsführenden Holding-Gesellschaft wird. Unter ihrem Dach agieren drei eigenständige Aktiengesellschaften:

Neben der AEG AG wird das Fahrzeuggeschäft in die neu gegründete Mercedes-Benz AG ausgegliedert, und die Luft- und Raumfahraktivitäten werden in der ebenfalls neu gegründeten Deutsche Aerospace AG (Dasa) zusammengefasst. Im Oktober 1989 übernimmt die Dasa auch die Messerschmitt Bölkow Blohm AG.

Am 1. Juli 1990 wird als vierter Unternehmensbereich die Daimler-Benz Inter Services (debis) gegründet. Sie umfasst die Geschäftsfelder Systemhaus, Finanzdienstleistungen, Versicherungen sowie Handel und Marketing Services.

Ausgedehnt werden aber auch die Aktivitäten im Automobilbereich: Mit der 1971 gegründeten AMG Motorenbau und Entwicklungs-GmbH in Affalterbach vereinbart Mercedes-Benz im Rahmen eines Kooperationsvertrags, auf den Gebieten Entwicklung, Fertigung, Vertrieb und Service von Pkw und Pkw-Teilen zusammenzuarbeiten.

> Mit der Entwicklung zum Technologiekonzern will das Unternehmen die Abhängigkeit vom Automobilgeschäft reduzieren.

Ab Mai 1991 ergänzen die AMG-Modelle das Verkaufsprogramm der Mercedes-Benz Niederlassungen und Vertretungen, und der Kooperationspartner übernimmt ab der Saison 1991 auch die Entwicklung des DTM-Tourenwagens auf Basis des Homologationsmodells Mercedes-Benz 190 E 2.5-16 EVOLUTION II.

Faszinierendes Design und neue Technologien: F 100 und C 112

Der im Januar 1991 präsentierte Mercedes-Benz F 100 ist das erste einer ganzen Reihe von Forschungsfahrzeugen, mit der Mercedes seine Zukunftskompetenz demonstriert.

Im Januar 1991 beginnt auf der North American International Auto Show in Detroit ein neues Kapitel in der Geschichte des Stuttgarter Unternehmens: Daimler-Benz beteiligt sich nicht nur zum ersten Mal an der größten Automobilmesse in den USA, sondern präsentiert auch erstmals ein Forschungsfahrzeug, das im Gegensatz zu den Experimentier-Sicherheits-Fahrzeugen der 1970er-Jahre und dem 1981 vorgestellten Auto 2000 vollkommen unabhängig von einem übergreifenden Programm entstanden ist.

Das in auffälligem Violettmetallic lackierte Showcar F 100, bei dem das F in der Bezeichnung auf den Forschungscharakter verweist, ist als innovative Großraumlimousine mit fünf komfortablen Einzelsitzen konzipiert. Der Fahrer hat seinen Sitz in der Mitte, sodass er die vorderen Türen je nach Verkehrslage gleichrangig benutzen kann. Durch den Verzicht auf die B-Säule geben beide, ebenso wie die Schiebetüren im Fond, einen großzügig bemessenen Raum für den Einstieg frei. Mit einem cW-Wert von 0,24 ist das Fahrzeug auch aerodynamisch vorbildlich. Der vorn eingebaute V6-Forschungsmotor kann mit klassischem Otto-Kraftstoff, mit Methanol oder Wasserstoff betrieben werden. Der doppelte Fahrzeugboden ermöglicht aber auch die Unterbringung von Hochenergiebatterien – entweder für rein elektrischen Antrieb oder als Ergänzung zum Verbrennungsmotor. Das Fahrwerk umfasst aktive Komponenten für Federung und Hinterradlenkung. Zu den seinerzeit als revolutionär geltenden Assistenzsystemen zählen ein Navi-

Im September 1991 debütiert das Experimentalfahrzeug C 112 als Studie eines Hochleistungssportwagens, der zum Leidwesen vieler Interessenten nicht in Produktion geht.

gationssystem, eine Kamera zur Überwachung des nachfolgenden Verkehrs sowie eine aus der Heckklappe ausfahrende optische Parkhilfe. Abstandswarn-Radar, Totwinkel- und Heckradar bilden ein dynamisches System zur Umgebungserfassung. Ein Abstands-Regel-Tempomat erleichtert das gefahrlose, automatische »Mitschwimmen« im fließenden Verkehr. Innovative Gasentladungslampen, später als Xenon-Scheinwerfer bekannt, gestatten eine Verdoppelung der Lichtausbeute, und ein in das Dach integrierter Sonnenkollektor sorgt bei unterschiedlichen Wetterlagen für die Einspeisung von rund 100 Watt in das Bordnetz. Auch wenn der F 100 als Gesamtpaket nicht gebaut wird, fließen doch nahezu alle seine innovativen Systeme innerhalb der folgenden Jahre in die Serienproduktion ein.

Auf der IAA in Frankfurt debütiert im September 1991 ein Showcar ganz anderer Art: Mit seinem Namen C 112 knüpft es direkt an die magische Bezeichnung des Wankel-Sportwagens an, der 22 Jahre zuvor an gleicher Stelle präsentiert wurde. Herausragendes Designelement des C 112 sind die Flügeltüren, die bei Mercedes-Benz seit den Tagen des 300 SL und des C 111 für exklusive Supersportwagen stehen. Für das erforderliche Leistungspotenzial sorgt der 300 kW (408 PS) starke 6-Liter-V12 aus der S-Klasse. Innovative Technologien des C 112 umfassen das aktive Fahrwerk Active Body Control (ABC), das Wankneigungen der Karosserie bei Kurvenfahrt wirksam verhindert, eine aktive Hinterradlenkung sowie eine aktive Aerodynamik, bei der ein stufenlos verstellbarer Bugflachspoiler und der Heckflügel automatisch an die jeweilige Fahrsituation angepasst werden. Obwohl der Supersportwagen wie bereits der C 111 von 1969 als Technologieträger und Rollendes Testlabor deklariert wird, schicken zahlungskräftige Interessenten Blankoschecks in der Hoffnung, ein Exemplar erwerben zu können. Der Vorstand entscheidet sich jedoch erneut gegen eine Serienfertigung.

In den Folgejahren präsentiert Mercedes-Benz mit schöner Regelmäßigkeit weitere Forschungsfahrzeuge und Showcars. Jedes von ihnen spiegelt eine klare Strategie wider – mal zeigt es stärker die Technologiekompetenz des Unternehmens, mal liegt der Schwerpunkt auf Ergonomie, mal auf Fahrsicherheit. Manche dienen auch einfach nur der Vorpositionierung neuer Fahrzeugkonzepte oder Design-Trends.

Der C 112 teilt das Schicksal des C 111 und wird trotz positiver Resonanz nicht in Serie produziert.

Was alle diese Fahrzeuge jedoch verbindet, sind ihre perfekte Ausführung und ihr außergewöhnliches Design, mit dem sie, wo immer sie gezeigt werden, Aufsehen erregen und die Faszination der Marke Mercedes-Benz vermitteln.

Das im Jahr 2004 aufgenommene Foto zeigt die Vielfalt der Mercedes-Benz Forschungsfahrzeuge: vom 1981 präsentierten Auto 2000 bis zum F 500 von 2003.

Riese auf Zehenspitzen: die S-Klasse Baureihe 140

068

Kaum eine Mercedes-Benz Modellreihe hat nach ihrem Erscheinen ähnlich kontroverse Diskussionen ausgelöst wie die S-Klasse der Baureihe 140. Mehr als elf Jahre nach der Einführung der Vorgängerbaureihe 126 ist die Premiere eigentlich längst überfällig. Hier zeigen sich einerseits noch immer die Auswirkungen der knappen Entwicklungskapazitäten, nicht zuletzt infolge der zusätzlich eingeschobenen Kompaktklasse, andererseits ist das Marktsegment

Bei ihrer Präsentation im März 1991 ist die neue S-Klasse der Baureihe 140 in jeder Hinsicht ein Auto der Superlative.

stärker umkämpft als beim Debüt des Vorgängers: So ist der Kernwettbewerber BMW seit 1987 mit einem Zwölfzylinder präsent, und seit 1990 drängt mit Lexus eine neue Marke mit Premiumanspruch auf den europäischen Markt. Man wollte und musste also alles richtig machen – kein leichtes Unterfangen unter den gesellschaftlichen und politischen Rahmenbedingungen: Der zweite Golfkrieg ist im Gang und schürt die Ängste vor Benzinverknappung, das wiedervereinte Deutschland ist großen Herausforderungen ausgesetzt, und Umweltschutz sowie Ressourcenschonung spielen eine weiter zunehmende Rolle.

Ein Luxusauto, das 9 cm länger, 6,5 cm (über beide Außenspiegel sogar 16 cm) breiter und 5 cm höher ist als sein schon nicht gerade kleiner Vorgänger, kann da einfach keinen leichten Start haben – gerade auf dem deutschen Markt. Handicaps wie eine anfänglich sehr knapp bemessene Zuladung und die Tatsache, dass das Dickschiff wegen seiner Breite nicht auf die normalen Waggons des Autoreisezugs nach Sylt passt, werden zwar schnell behoben, sorgen aber – ebenso wie die bei Rückwärtsfahrt ausfahrenden Peilstäbe im Heck – für Spott und Häme. Da hilft es auch nicht, dass die neue S-Klasse bereits bei ihrer Entwicklung konsequent auf Recyclingfähigkeit, die Verwendung recycelter Materialien und die völlige Vermeidung der umweltschädlichen Fluor-Chlor-Kohlenwasserstoffe ausgelegt ist. 1992 erhält sie folgerichtig den Stratospheric Ozone Protection Award der US-amerikanischen Umweltbehörde EPA.

Die neue S-Klasse erfährt vor allem im Ausland höchste Wertschätzung und wird vielfach ausgezeichnet.

Abgesehen von der nicht immer freundlichen Würdigung in den Medien sind Publikumsresonanz und Absatz durchweg mehr als zufriedenstellend, insbesondere außerhalb Deutschlands, wo die S-Klasse abseits aller Neiddiskussionen und Sophistereien höchste Wertschätzung erfährt. Auf dem Pariser Automobil-Salon wird sie von einer internationalen Jury aus Fachjournalisten sogar mit dem Titel »The World Car 1992« ausgezeichnet, wobei die Begründung vor allem auf Umweltverträglichkeit, Sicherheit und Komfort abhebt.

Neuerungen der S-Klasse sind der 408 PS (300 kW) starke V12-Motor des Topmodells 600 SEL, die Vernetzung der elektronischen Steuergeräte über einen CAN-Bus und die einzigartige Doppelverglasung aller Scheiben, die eine exzellente Außengeräuschdämpfung ermöglicht. Gestalterisch ist es dem Team um Chefdesigner Bruno Sacco gelungen, trotz wirklich großer Abmessungen eine überraschende Leichtigkeit zu vermitteln. Ein erstmals realisiertes Detail ist der sogenannte »Plakettenkühler«, bei dem der klassische Kühlergrill in die Motorhaube integriert und der Mercedes-Stern direkt auf der Haube montiert ist.

Kurz bevor der Nachfolger – nun wieder turnusmäßig nach sieben Jahren – vorgestellt wird, veröffentlicht die »Frankfurter Allgemeine Zeitung« vom 25. August 1998 einen Nachruf von Wolfgang Peters. Unter der Überschrift »Das Ende des guten Patriarchen. Sentimentaler Abschied: Die S Klasse war immer besser als ihr Ruf«, heißt es darin unter anderem: »[…] Denn kein anderes Auto bot höheren Fahr- und Federungskomfort, und kein anderer Wagen in dieser Größenkategorie ließ sich ähnlich sicher und gleichzeitig agil bewegen. Die S Klasse war ein Riese, dem man das Tanzen auf den Zehenspitzen beigebracht hatte. […] Die neue S Klasse wird ja schlanker und ranker: Uns fehlt der Dicke schon jetzt.«

Was der Artikel nicht erwähnt: Die Plattform der S-Klasse Baureihe 140 ist die technische Basis des Mercedes-Benz Maybach, der als Design-Studie einer High-end-Luxuslimousine im Oktober 1997 präsentiert wurde und 2002 unter der reanimierten Marke auf den Markt kommt. Die Anmessungen der Baureihe 140, die 1991 so viel Aufsehen erregt haben, hat man inzwischen längst übertroffen …

Im Januar 1992 debütieren die S-Klasse Coupés 500 SEC und 600 SEC als exklusive Reisewagen für höchste Ansprüche.

Preis-werter Rettungswagen: die C-Klasse und die Produktoffensive

069

Anfang der 1990er-Jahre steht Mercedes-Benz vor großen Herausforderungen: Neue Technologien und die zunehmende weltweite Vernetzung beschleunigen das Leben und verändern Alltag und Lebensgewohnheiten. Individuelle Wünsche und Vorstellungen bestimmen immer mehr das Selbstbild des Einzelnen. Neue Freiheiten, andere Lebensstile und unterschiedlichste Freizeitinteressen sind die Folge. Dieser veränderten Nachfrage begegnet Mercedes-Benz mit einer Produktoffensive. Im Januar 1993 gibt der Stuttgarter Hersteller eine weitreichende Neuausrichtung seiner strategischen Produktpolitik der nächsten Jahre bekannt. Geplant ist die Wandlung vom traditionellen Oberklasse-Hersteller zum exklusiven Full-Line-Anbieter mit hochwertigen Fahrzeugen in allen Marktsegmenten. Damit sollen Wachstum generiert, Nischen besetzt und jüngere Zielgruppen gewonnen werden – Letzteres auch mit dem Ziel, das Image vom »Senioren-Auto« abzulegen.

Die nächste Mercedes-Benz Pkw-Modellreihe, die nach diesem unerwarteten Strategiewechsel debütiert, ist die C-Klasse der Baureihe 202, die im Juni 1993 die seitherige Kompaktklasse ablöst. Der Wechsel wird gerade auch im Unternehmen selbst von großen Hoffnungen begleitet, nachdem der weltweite Absatz von Mercedes-Benz Pkw 1992 um 5 % zurückgegangen ist. So erhält die C-Klasse intern den Beinamen »Rettungswagen«. Dass Mercedes-Benz seine Marktposition mit dem neuen Modell verbessern kann, hat vor allem zwei Ursachen: So bietet die C-Klasse bei praktisch gleichem Preisniveau mehr Leistung, Komfort und Sicherheit als ihr Vorgänger und verkörpert damit die neue Preis-Wert-Philosophie von Mercedes-Benz. Außerdem geht der W 202 sehr umfassend auf die Individualisierungswünsche seiner Käufer ein, indem er erstmals in vier unterschiedlichen Design- und Ausstattungslinien angeboten wird, deren eigenständiger Charakter vor allem in der Interieurgestaltung zum Ausdruck kommt. Im September 1993 erscheint auf der IAA zudem der C 36 AMG als neues Topmodell der Baureihe mit einem 206 kW (280 PS) starken 3,6-Liter-Sechszylindermotor. Die Sportlimousine ist im Rahmen der Kooperation mit AMG Teil des offiziellen Mercedes-Benz Verkaufsprogramms.

1996 erscheinen faszinierende neue Pkw-Baureihen, die im traditionellen Modellprogramm nicht vertreten waren.

Zeitgleich mit dem C 36 AMG debütiert in Frankfurt die Subkompaktwagen-Studie A 93, die vier Jahre später als A-Klasse auf den Markt kommt. 1996 erscheinen faszi-

Im Mai 1993 erscheint die C-Klasse Baureihe 202, die mit der neuen Preis-Wert-Strategie den Start der Produktoffensive markiert.

Die Aufnahme von 1997 veranschaulicht den damaligen Stand der Produktoffensive: 10 Fahrzeugklassen mit 16 Hauptvarianten (davon zwei G-Klasse Varianten ohne Abbildung).

nierende neue Pkw-Baureihen, die im traditionellen Modellprogramm nicht vertreten waren und die unterschiedlichsten Kundenbedürfnisse erfüllen. Dazu gehören ein weiteres T-Modell auf Basis der C-Klasse, ein kompaktes Roadster-Coupé mit dem Namen SLK, die V-Klasse – eine in Spanien produzierte Großraumlimousine auf Basis des Transporters Vito – und die in einem neuen Werk in den USA gefertigte M-Klasse, die das Segment der Sport Utility Vehicles begründet. Die Modellpalette expandiert deutlich: Bestand sie Anfang 1993 noch aus fünf Klassen mit 13 Hauptvarianten, so sind es 1997 bereits zehn Klassen mit 16 Hauptvarianten.

Um in Anbetracht dieser neuen Vielfalt die Modelle prägnant benennen und leicht voneinander unterscheiden zu können, führt Mercedes-Benz mit dem Verkaufsstart der C-Klasse für alle Mercedes-Benz Pkw eine neue Nomenklatur ein. Die gewohnte dreistellige Zahl bleibt bestehen und gibt nach Multiplikation mit 10 weiterhin den gerundeten Hubraum in Kubikzentimetern an. Neu ist ein voranstehender Buchstabe oder eine Buchstabenkombination – wie C oder SL – zur Angabe der Klassenzugehörigkeit, und die nachgestellten Buchstaben wie D, E, T, S etc., die bisher der Kennzeichnung von Motor- oder Karosserievarianten dienten, entfallen. Damit gehören nicht nur komplizierte Typenbezeichnungen wie 190 E 2.3-16 der Vergangenheit an. Gleiches trifft auch für sperrige Baureihennamen wie »Mittlere Mercedes-Klasse« zu, die im Rahmen der neuen Nomenklatur den klangvollen Namen »E-Klasse« erhält.

Unterstützung aus dem Weltraum: NECAR Forschungsfahrzeuge mit Brennstoffzelle

070

Anfang Februar 1991 besucht Prof. Hartmut Weule, frisch berufener Vorstand für Forschung und Technik der Daimler-Benz AG, die Firma Dornier in Friedrichshafen, um sich einen Überblick über die Forschungsaktivitäten der Konzerntochter zu verschaffen. Darauf hat Dr. Günther Dietrich nur gewartet. Er befasst sich intensiv mit der Entwicklung von Brennstoffzellen zur Energieversorgung des seinerzeit geplanten europäischen Raumgleiters Hermes und ist sich sicher, dass sich Brennstoffzellen auch als zukunftssicherer Antrieb für Fahrzeuge eignen. Weule erkennt sofort das Potenzial von Dietrichs Idee und sorgt umgehend für die richtige Weichenstellung. Die kanadische Firma Ballard Power Systems Inc., die eine neuartige Variante der Brennstoffzelle entwickelt hat, wird als Projektpartner gewonnen. In einer Brennstoffzelle wird ein Brennstoff, sehr häufig Wasserstoff, mit Sauerstoff zur Reaktion gebracht und mit einem sehr hohen Wirkungsgrad in elektrische Energie umgewandelt. Bei der Nutzung als Fahrzeugantrieb speist der dabei erzeugte Strom den Elektromotor des Fahrzeugs.

Bereits am 26. November 1993, nicht einmal drei Jahre nach der ersten Idee, wird das Antriebssystem aus zwölf Ballard-Brennstoffzellen-Stacks mit einer Gesamtleistung von 50 kW und einem Gewicht von 800 kg in einen Mercedes-Benz Transporter des Typs MB 100 eingebaut. Nach umfangreichen Testfahrten ist es so weit: Am 13. April präsentiert Daimler-Benz der staunenden Weltöffentlichkeit in seinem Forschungszentrum das Brennstoffzellen-Fahrzeug mit Namen NECAR (New Electric Car). Als Abgas gibt das Fahrzeug nur den unverbrannten Anteil der Frischluft sowie Wasserdampf ab.

Gut zwei Jahre später, am 14. Mai 1996, debütiert auf dem Potsdamer Platz in Berlin bereits die nächste Evolutionsstufe des innovativen Brennstoffzellen-Fahrzeugs. Das inzwischen verkleinerte Brennstoffzellen-System gleicher Leistung, das nur noch zwei Stacks mit jeweils 150 Brennstoffzellen umfasst, wiegt lediglich 270 kg und erlaubt den Einsatz in der neuen Mercedes-Benz V-Klasse, die neben der Antriebseinheit Platz für sechs Personen bietet. Die beiden je 140 Liter fassenden Wasserstofftanks liegen unter einer Abdeckung auf dem Fahrzeugdach. Die Höchstgeschwindigkeit beträgt 110 km/h, die Reichweite gut 250 km.

Das NECAR 3 ist das weltweit erste Brennstoffzellen-Fahrzeug mit bordeigener Wasserstofferzeugung.

Am 26. Mai 1997 präsentiert Daimler-Benz an seiner Hauptverwaltung in Stuttgart-Möhringen das erste Nutzfahrzeug mit Brennstoffzellen-Antrieb. Der NEBUS (New Electric Bus) auf Basis des Niederflur-Standard-Linienbusses O 405 N ist der erste linientaugliche Bus mit dem innovativen Antrieb. Sechs Jahre nach Anlauf des Projekts »Brennstoffzelle« haben die Arbeiten auf dem Weg zum Serieneinsatz einen ersten Abschluss erreicht. Daimler-Benz hat sich kurz zuvor mit 25 % an der Ballard Power Systems, Inc. beteiligt. Im Dezember 1999 nimmt das Fahrzeug in Hamburg die Erprobung im regulären Linienbetrieb auf. Im September 1997 folgt auf der IAA in Frankfurt ein weiterer Meilenstein bei der Entwicklung des zukunftsweisenden Antriebs. Das NECAR 3 auf Basis der A-Klasse ist das weltweit erste Brennstoffzellen-Fahrzeug mit bordeigener Wasserstofferzeugung. Es wird mit Methanol betankt, aus dem im sogenannten Reformer der benötigte Wasserstoff erzeugt wird. Eine Tankfüllung von 38 Litern reicht für eine Fahrstrecke von 300 km, wobei die Höchstgeschwindigkeit auf 120 km/h begrenzt ist.

Die nächste Evolutionsstufe namens NECAR 4 basiert ebenfalls auf der A-Klasse und wird im März 1999 in Washington, D. C. vorgestellt. Das Antriebssystem ist im Vergleich zum Vorgänger um 40 % leistungsfähiger, wird mit verflüssigtem Wasserstoff betrieben und findet komplett im Unterboden Platz. Das Fahrzeug erreicht eine Höchstgeschwindigkeit von rund 145 km/h, kann mit einer Tank-

Der Entwicklungsstand der Brennstoffzellen-Fahrzeuge im Herbst 1997: NECAR von 1994, NECAR II von 1996 und NECAR 3 sowie der Brennstoffzellenbus NEBUS (unten) von 1997.

füllung bis zu 450 km weit fahren und bietet für fünf Personen mit Gepäck ausreichend Platz.

In den Folgejahren treibt das Unternehmen die Entwicklung weiter voran, fokussiert den Brennstoffzelleneinsatz nach den Fortschritten der Batterieentwicklung aber schließlich auf schwere Fernverkehrs-Lkw.

Einen in Größe und Gewicht reduzierten Brennstoffzellen-Antrieb hat das Ende 2005 präsentierte Forschungsfahrzeug F 600 HYGENIUS.

Kompakt, subkompakt, micro compact: ein smartes Stadtauto macht Furore

071

Eco-Sprinter und Eco-Speedster werden im März 1994 als Prototypen eines zukünftigen subkompakten Stadtwagens präsentiert, der 1998 als smart auf den Markt kommt.

Die Möglichkeit, dass Mercedes-Benz mit der Einführung der Kompaktklasse-Baureihe W 201 noch nicht die untere Grenze des zukünftigen Modellprogramms erreicht haben könnte, nimmt die Öffentlichkeit in ersten Andeutungen bereits im Jubiläumsjahr 1986 wahr. Auf der Wanderausstellung »Weltmobil« debütiert mit dem »Nahverkehrsfahrzeug« NAFA ein subkompakter Stadtwagen, der bereits 1981 entstanden ist, mit seiner äußeren Erscheinung aber nicht recht zum übrigen Programm der Marke passen will. Dass es Mercedes-Benz mit kompakteren Fahrzeugen ernst meint, zeigt sich 1993 auf der IAA in Frankfurt, wo die Vorstellung der Studie »Vision A 93« für eine Sensation sorgt. Noch während die Diskussion über diese Öffnung der Marke anhält, gehen die Stuttgarter noch einen Schritt weiter. Am 4. März 1994 präsentieren sie den Medien im Mercedes-Benz Museum gleich zwei seriennahe Studien eines nur 2,50 m langen Stadtautos. Während der »Eco-Sprinter« vor allem ökologische Aspekte wie die Verwendung hochwertiger natürlicher Werkstoffe betont, zeigt sich der »Eco-Speedster« als besonders jugendliches Stadtfahrzeug, das sich mit wenigen Handgriffen in ein Cabriolet umfunktionieren lässt. Dem Debüt im Museum sind mehr als 20 Jahre Entwicklungsarbeit vorausgegangen. Bereits im Oktober 1972, noch vor der ersten Ölpreiskrise und zeitgleich mit der Präsentation der S-Klasse Baureihe 116, entsteht das Konzept eines ebenfalls nur 2,50 m messenden Fahrzeugs im One-Box-Design. Das Projekt wird zunächst nicht weiterverfolgt, nicht zuletzt wegen offener Fragen der passiven Sicherheit.

Über den Zwischenschritt NAFA geht es Anfang der 1990er-Jahre weiter: Das im Vorjahr gegründete Mercedes-Benz Advanced Design Studio in Irvine/California beginnt 1991 unter der Bezeichnung »Mercedes City Car« MCC 01 mit

Die 1998 als smart City-Coupé eingeführte Serienversion wird in einem smartville genannten neuen Werk im lothringischen Hambach produziert.

der Konzeption eines innovativen subkompakten Stadtwagens. Auf dieser Basis werden die beiden Showcars gebaut, die dann im März 1994 das Scheinwerferlicht der Weltöffentlichkeit erblicken. Ökologische Vernunft, die in kompakten Abmessungen und einem umweltfreundlichen Antriebskonzept zum Ausdruck kommt, ist kombiniert mit jugendlich-frischem und farbenfrohem Design. Die typischen Mercedes-Benz Tugenden Komfort und Sicherheit kommen dennoch nicht zu kurz: Dank der versetzt angeordneten Sitze bieten die Zweisitzer ein großzügiges Raumgefühl, und die ausgeklügelte Karosseriestruktur beschert den Insassen vorbildliche Unfallsicherheit.

Im Gegensatz zu zahlreichen Konzeptfahrzeugen, die keine Chance auf eine Serienproduktion haben, stehen die Ampeln in diesem Fall auf Grün: Zehn Tage vor der Premiere im Museum hat der Vorstand die Produktion des innovativen Stadtautos beschlossen. Projektpartner ist Nicolas G. Hayek – ein Schweizer Unternehmer, der Mitte der 1980er-Jahre die Schweizer Uhrenindustrie mit der Swatch-Uhr wieder auf Erfolgskurs gebracht hatte und nun die Idee eines kompakten Stadtwagens verfolgt. Nachdem seine bereits beschlossenen Pläne für ein Gemeinschaftsunternehmen mit VW am Widerstand des neuen Vorstandsvorsitzenden Piëch gescheitert sind, nimmt Hayek Kontakt zu Mercedes-Benz auf, wo die Entwicklung des Mercedes City Cars (MCC) schon im Gange ist.

Das Showcar vereint kompakte Abmessungen mit frischem Design und typischen Mercedes-Tugenden.

Für Planung, Entwicklung, Produktion und Vertrieb des MCC, dessen Name nun als »Micro Compact Car« neu interpretiert wird, kommt es Ende April 1994 zur Gründung eines Gemeinschaftsunternehmens der Mercedes-Benz AG (51 %) mit Hayeks Uhrenkonzern SMH (49 %). 1995 erhält das smart konzipierte Stadtauto den eingängigen Namen smart, der für »Swatch Mercedes Art« steht. Bis zur Markeinführung dauert es dann zwar noch drei Jahre, bei der Cabrioversion sogar vier, aber der kompakte Flitzer mit Lifestylefaktor bleibt schließlich fast neun Jahre in Produktion, bis er von einem gründlich überarbeiteten Nachfolger abgelöst wird. Für die von Beginn an kommunizierte Version mit Elektroantrieb brauchen Hersteller und Kunden jedoch einen langen Atem: Nach der Weltpremiere im Sommer 2006 beginnt die Serienproduktion schließlich im Herbst 2009.

Rückkehr in die Königsklasse und Sieg bei den Indy 500: das »Beast« aus Brixworth

072

Wie dynamisch sich die Aktivitäten im Motorsport entwickeln können, zeigt beispielhaft das Engagement von Mercedes-Benz in der ersten Hälfte der 1990er-Jahre. Seit Anfang 1991 beginnt sich Mercedes-Benz gedanklich intensiv mit einem Einstieg in die Formel 1 zu beschäftigen – dies vor allem vor dem Hintergrund, dass die überaus erfolgreichen Anstrengungen in der Gruppe C nur ein begrenztes Publikumsinteresse zeigen und sich nicht in einer angemessenen Medienresonanz widerspiegeln. Auch das Engagement in der DTM hat bislang nicht die erhofften Erfolge gezeitigt. Im Rahmen dieser Überlegungen ist angedacht, auch in der Königsklasse des Motorsports auf den bewährten Partner Peter Sauber zu setzen. Nach den Erfahrungen mit dem Gruppe-C-Motor M 291 ist klar, dass eine ähnlich zeit- und kostenintensive Entwicklung des benötigten Formel-1-Triebwerks nicht infrage kommt. Sauber und der von ihm verpflichtete Rennwagen-Konstrukteur Harvey Postlethwaite entscheiden sich für einen V10-Motor der Firma Ilmor Ltd., die einen solchen Motor bereits entwickelt hat. Die unter britisch-schweizerischer Führung stehende, von Mario Illien und Paul Morgan Ende 1983 gegründete Firma in Brixworth/Northamptonshire ist bereits seit Jahren mit großem Erfolg als Motorenkonstrukteur und -lieferant für die in der Indy Car World Series startenden Fahrzeuge tätig.

Der von Ilmor neu konstruierte Motor nutzt eine Lücke im Reglement, die nur für die Indy 500 gilt.

Nach langen unternehmensinternen Diskussionen verkündet der Mercedes-Benz Vorstandsvorsitzende Werner Niefer in einer Pressekonferenz am 28. November 1991, das aktuelle Gruppe-C-Engagement zu beenden und auch vorerst keine Formel-1-Beteiligung anzustreben. Dessen ungeachtet entscheidet sich Sauber schließlich dafür, den Einstieg in die Formel 1 unter eigener Flagge zu wagen. Der erste Sauber Formel-1-Rennwagen, der die Bezeichnung C 12 erhält, trägt auf der Motorabdeckung unübersehbar den Aufkleber »concept by Mercedes-Benz« – eine Folge der im Kooperationsvertrag von 1989 vereinbarten

Bei den legendären Indy 500 am 29. Mai 1994 liegen die Penske-Mercedes von Al Unser, jr. und Emerson Fittipaldi in Führung.

Al Unser, jr. mit seinem Penske-Mercedes PC 23 beim Boxenstopp. Am Ende gewinnt er das Rennen dank seines 753 kW (1.024 PS) starken Motors aus Brixworth.

Zahlungen. Damit steigt Mercedes-Benz 1993 nun doch wieder in die Königsklasse des Motorsports ein – wenn auch lediglich als Motorenlieferant, und dies auch nur indirekt über Ilmor. Nach einem Achtungserfolg in der Debütsaison – einem fünften Platz im ersten Rennen und am Ende einem siebten Rang in der Konstrukteurswertung – trifft Mercedes-Benz im November 1993 die Entscheidung, das Motorsport-Engagement in der Saison 1994 deutlich zu verstärken.

Dies erfolgt auch vor dem Hintergrund, dass Roger Penske, ein US-amerikanischer Rennstallbesitzer und hochrangiger Geschäftspartner der Daimler-Benz AG, kurz zuvor eine Beteiligung der Stuttgarter an der Ilmor Ltd. angeregt hat, an der er selbst 25 % der Geschäftsanteile hält. In den Fokus rückt damit auch ein Engagement in der US-amerikanischen CART IndyCar World Series, die mit Formel-1-ähnlichen Fahrzeugen – genannt IndyCars – auf Rundstrecken, Stadt- und Ovalkursen ausgetragen wird. Besonders interessant wird das Indy-Engagement durch einen von Ilmor vorgelegten Plan, mit einem völlig neu konstruierten Motor eine Lücke im Reglement auszunutzen.

Die seit 1911 ausgerichteten 500 Meilen von Indianapolis, eine der bedeutendsten und traditionsreichsten Motorsportveranstaltungen überhaupt, folgen als einziges Rennen der Indy Car World Series einem leicht abweichenden technischen Regelwerk. Seit 1991 ist es nämlich nur bei den Indy 500 erlaubt, statt des in der Rennserie üblichen 2,65-Liter-Turbomotors mit gut 1,5 bar Ladedruck ein Triebwerk mit einem um 650 cm^3 vergrößerten Hubraum und um rund 0,34 bar erhöhten Ladedruck einzusetzen. Dies allerdings nur unter der Voraussetzung, dass der Motor nur zwei Ventile pro Zylinder hat und die Ventilsteuerung mittels Stoßstangen erfolgt. Damit soll für Teams, die Rennmotoren auf Basis von Serienaggregaten – den technisch eher antiquierten sogenannten »stock blocks« – einsetzen, der Abstand zu den hochgezüchteten Rennmotoren verringert werden. Ilmors geniale Idee besteht darin, eigens für die Indy 500 mit ihrer weltweiten Aufmerksamkeit einen solchen Motor

»The Beast«: Der bei Ilmor in Brixworth konstruierte Motor ist 1994 die Basis für einen der besten Coups im Motorsport.

nach eigentlich überkommenen Prinzipien ganz neu zu konstruieren – ein Triebwerk, das mit dem zu erwartenden Leistungsplus von 147 kW (200 PS) die Konkurrenz wohl klar dominieren würde.

Der Coup gelingt: Nach einer unter strengster Geheimhaltung und größtem Zeitdruck betriebenen Entwicklung erfüllt der brandneue V8 mit der urtümlichen Ventilsteuerung die in ihn gesetzten Erwartungen: Er erreicht eine Leistung von 1.024 PS (753 kW), was ihm intern den Namen »The Beast« einbringt. Penske und Mercedes-Benz präsentieren das Projekt auf einer Pressekonferenz im Indianapolis Speedway Museum. Es ist der 13. April 1994, sechs Wochen vor dem Rennen und damit zu spät für die Wettbewerber, dem Beast irgendetwas entgegenzusetzen.

Am 29. Mai gehen vor fast 250.000 Zuschauern drei Penske-Mercedes PC 23 mit Emerson Fittipaldi, Al Unser, jr. und Paul Tracy an den Start. Der Wundermotor hält, was er verspricht: Zwar scheidet Tracy in der 63. von 200 Runden aus und der lange in Führung liegende Fittipaldi berührt 15 Runden vor dem Ziel eine Begrenzungsmauer, aber Al Unser, jr. fährt seinen PC 23 ins Ziel und erzielt einen spektakulären Sieg. Am Ende gewinnt er mit sechs weiteren Siegen und zwei zweiten Plätzen die Fahrerwertung, Penske holt den Chassis-Konstrukteurstitel und Ilmor die Motoren-Herstellerwertung. Dass die Reglementlücke nach dem triumphalen Erfolg geschlossen würde, war absehbar, und so setzen Penske und Ilmor wieder auf die konventionellen Indy-Motoren mit 2,65 Liter Hubraum.

In den Folgejahren kann das Team nicht an den Sensationserfolg von 1994 anknüpfen, und als Penske 1999 beschließt, keine eigenen Chassis mehr zu entwickeln, endet die Zusammenarbeit mit den Stuttgartern. Nach dem Ende der Saison 2000 betätigt sich Mercedes-Benz auch nicht mehr als Motorenlieferant für andere Teams.

Sehen Sie Mercedes mit anderen Augen: die E-Klasse und ihr Vier-Augen-Gesicht

073

Im Frühjahr 1993 sorgt Mercedes-Benz in der Öffentlichkeit immer wieder für Überraschungen: Ende Januar verkündet der Stuttgarter Hersteller eine Neuausrichtung seiner Produktstrategie und in der Formel 1 geht am 14. März der brandneue Sauber C 12 an den Start – zwar ohne Stern, aber mit dem Sponsorenaufkleber »concept by Mercedes-Benz«. An diesem Tag geht auch der Genfer Automobil-Salon zu Ende, wo Mercedes-Benz einmal mehr für Furore gesorgt hat. Die dort präsentierte Coupé-Studie zeigt mit vier elliptischen Scheinwerfern und rundlichen Formen, wohin in Sachen Design die Reise gehen soll.

Die Fachpresse hat diese Abkehr vom gewohnten Design schon Ende 1991 thematisiert. Die »Auto, Motor und Sport« vom 13. Dezember 1991 attestiert der Stuttgarter Marke auf der Titelseite »Revolutionäres Styling« und bringt eine 6-seitige Story unter der Überschrift »Blühendes Barock«. Es geht um die künftige Mercedes-Benz Mittelklasse-Baureihe, deren Frontdesign in einer relativ späten Entwicklungsphase überraschend eine grundlegend neue Richtung erhält. Die im Artikel gezeigten Zeichnungen werden kontrovers diskutiert, und zehn Monate später erscheint unter der Überschrift »Bald geht's rund« erneut eine Titelgeschichte. Die 1993 in Genf vorgestellte Coupé-Studie präsentiert das neue Design in perfektem Finish und bringt es sehr viel besser zur Geltung als die früheren Visualisierungen der Fachpresse. Die durchaus beabsichtigte Diskussion, die das Showcar in der Öffentlichkeit entfacht, zeigt eine weit überwiegend positive Resonanz.

Die durchaus beabsichtigte Diskussion, die das Showcar entfacht, zeigt eine überwiegend positive Resonanz.

So kommt das neuartige Design im Juni 1995 mit der E-Klasse Baureihe 210 zum ersten Mal auf die Straße. Die Front mit dem ungewöhnlichen »Vier-Augen-Gesicht« ist das im wahrsten Sinne des Wortes augenfälligste Merkmal der von Grund auf neu entwickelten Modellreihe. Den Wechsel von den seit vielen Jahren gewohnten mehr oder weniger rechteckigen Leuchteinheiten zu elliptischen Scheinwerfern, die harmonisch in die entsprechend modellierten Kotflügel integriert sind, begleitet Mercedes-Benz mit dem Slogan »Sehen Sie Mercedes mit anderen Augen«.

Das markante »Vier-Augen-Gesicht«, mit dem die E-Klasse einen Designtrend setzt, wird über mehrere Generationen die Front nahezu aller Pkw-Modellreihen von Mercedes-Benz prägen. Im Januar 1997 debütiert eine Coupé-Modellreihe, die ebenfalls das neue Mercedes-Gesicht zeigt und in vieler Hinsicht an die Studie von 1993 erinnert; die entsprechende Cabrioletversion erscheint gut ein Jahr später. Beide Varianten lösen die entsprechenden Zweitürer der Baureihe 124 ab, firmieren

Das »Vier-Augen-Gesicht« prägt ab 1995 die Front der E-Klasse (links) und des CLK (rechts).

Die E-Klasse Baureihe 210 und das verantwortliche Designteam mit Design-Chef Bruno Sacco (links am Fahrzeug) und seinem späteren Nachfolger Peter Pfeiffer (rechts daneben).

aber nun unter dem neuen Namen CLK. Wie ernst es die Mercedes-Benz Designer mit der perfekten Ausführung der neuen Frontgestaltung meinen, zeigt sich auch daran, dass die E-Klasse bei ihrer großen Modellpflege im Sommer 1999 neben technischen Optimierungen nicht nur wie sonst üblich kleinere optische Retuschen erfährt, sondern eine grundlegend überarbeitete Front erhält. Der zuvor deutlich abgesetzte vordere Stoßfänger wird nun erstmals zum integralen Bestandteil der Frontpartie, die dadurch ein harmonischeres Erscheinungsbild zeigt. Neben der neuen Stoßfängerverkleidung umfasst die Überarbeitung eine um rund 2 cm abgesenkte Frontpartie mit neu gestalteter Motorhaube, Kühlermaske und vorderen Kotflügeln, die eine flachere und niedrigere Einbauposition der Scheinwerfer ermöglichen.

Während die im Herbst 1998 präsentierte S-Klasse Baureihe 220 nur dezente Anklänge an die Frontgestaltung von E-Klasse und CLK erkennen lässt, zeigt das 1999 eingeführte CL-Coupé (C 215) ebenso ein »Vier-Augen-Gesicht« wie die C-Klasse Baureihe 203, die im Frühjahr 2000 auf den Markt kommt, der 2001 präsentierte SL der Baureihe R 230 und nicht zuletzt der 2004 eingeführte SLR McLaren. Eine neue Frontgestaltung der Mercedes-Benz Pkw beginnt sich erst mit den 2004 eingeführten Modellreihen durchzusetzen.

Innovative Transporter, Lastwagen und Omnibusse: die Nutzfahrzeug-Produktoffensive

074

Nichts ist so beständig wie der Wandel: Diese dem griechischen Philosophen Heraklit zugeschriebene, 2.500 Jahre alte Erkenntnis prägt auch bei Mercedes-Benz die Entwicklung. Ähnlich wie bei den Personenwagen, leitet der Stuttgarter Hersteller auch bei den Nutzfahrzeugen eine Neuausrichtung der Produktpolitik ein und begegnet dem verstärkten Wettbewerbsdruck mit umfassenden Maßnahmen zur Steigerung der Effizienz und zur Senkung der Kosten. Die Werke der Tochtergesellschaften in der Türkei und in Spanien, die kostengünstiger produzieren können, konzentrieren sich nun nicht mehr nur auf nationalen und regionalen Absatz, sondern fertigen zunehmend Fahrzeuge für den internationalen Markt. So ist der in der Türkei entwickelte und von 1994 an produzierte Reisebus O 350 Tourismo, der durch sein attraktives Preis-Leistungs-Verhältnis überzeugt, auch auf den westeuropäischen Märkten erhältlich.

Die gleiche Strategie hat auch im Transporterbereich Erfolg: Im spanischen Werk Vitoria wird der nach seinem Herstellerwerk benannte und 1995 eingeführte Mercedes-Benz Vito für den Weltmarkt produziert. Sein bereits am gleichen Standort gefertigter Vorgänger MB 100 ist zwar seit 1987 auch im deutschen Markt eingeführt, der Vito ist aber im Hinblick auf die internationalen Märkte von Grund auf neu entwickelt und hebt die Vernetzung auf ein neues Niveau.

Bei der Nutzfahrzeug-Entwicklung stehen sehr stark auch die Bedürfnisse des Fahrers im Vordergrund.

Die Nutzung von Synergien und die Aussicht auf kostengünstigere Produktion führen 1995 auch zur Gründung der EvoBus GmbH. Durch den Zusammenschluss des Omnibusbereichs von Mercedes-Benz mit der Omnibussparte des traditionsreichen Herstellers Karl Kässbohrer GmbH in Ulm können beide Partner ihre traditionellen Stärken kombinieren. Ein erstes Ergebnis der neuen Konstellation ist der 1996 präsentierte Überlandbus Mercedes-Benz O 550 Integro, der die spezifische Kompetenz der Marke Setra gerade in diesem Segment konsequent nutzt.

Die Produktoffensive im Nutzfahrzeug-Bereich setzt wie im Pkw-Bereich auf ein attraktives Preis-Wert-Verhältnis sowie Innovationen mit hohem Nutzen für den Kunden. Neben dem Mehrwert für den Spediteur oder Omnibus-Unternehmer stehen bei der Entwicklung auch sehr stark die Bedürfnisse des Fahrers im Vordergrund. Die 1995 eingeführte Transporter-Baureihe Mercedes-Benz Sprinter, die wie ihre Vorgänger-Modellreihe T 1 im Mercedes-Benz Werk Düsseldorf gefertigt wird, ist mit Einzelradaufhängung vorn, Scheibenbremsen rundum und ABS ausgestattet und überzeugt dadurch über ein in diesem Segment einzigartiges Maß an Sicherheit und Komfort.

Neue Omnibus-Modellreihen: der in der Türkei produzierte Reisebus O 350 Tourismo (links) und der Linienbus O 530 Citaro aus Mannheimer Fertigung (rechts).

Die im Rahmen der Produktoffensive grundlegend erneuerte Modellpalette der Mercedes-Benz Lastwagen und Transporter stellt sich 1998 dem Fotografen: Actros, Atego, Econic, Vario, Sprinter und Vito.

Die Schwerlastwagen-Baureihe Actros leitet 1996 einen Generationswechsel im Mercedes-Benz Lkw-Programm ein. Neue Motoren setzen Maßstäbe bei Umweltverträglichkeit und Wirtschaftlichkeit, zu der auch die Gewichtsoptimierung von Hinterachsaufhängung und Rahmen beitragen. Die elektronisch geregelte Telligent Bremsanlage mit Scheibenbremsen sorgt für einen um 25 % verringerten Bremsweg, und das automatisierte Getriebe EAS entlastet den Fahrer.

Zu den wichtigsten Zielen der Nutzfahrzeug-Entwicklung gehört die Reduzierung der Total Cost of Ownership (TCO), das heißt der Kosten über den gesamten Lebenszyklus, also aller Ausgaben für Anschaffung oder Leasing, für den Betrieb und für Wartung oder Reparaturen. Verlängerte Wartungsintervalle und eine noch längere Motorlebensdauer, wie sie bei Sprinter und Actros erzielt werden, tragen dazu ebenso bei wie die Umstellung auf Scheibenbremsen. Deren Beläge halten nicht nur länger, sondern können auch schneller ausgetauscht werden, sodass sich die Wartungskosten reduzieren.

In den Folgejahren setzt Mercedes-Benz seine Produktoffensive konsequent fort: 1997 erscheint die Linienbus-Baureihe Citaro, 1998 das innovative Entsorgungsfahrzeug Econic. Ebenfalls 1998 debütiert mit dem Atego eine Modellreihe leichter und mittelschwerer Lkw, und der Reisebus Travego schließt 1999 die erste Phase der Produktoffensive ab. Wie bei den Pkw haben nun auch die Nutzfahrzeug-Baureihen klangvolle Namen erhalten, und umständliche Bezeichnungen wie beispielsweise T 1, »Neue Generation« oder »Schwere Klasse« gehören damit der Vergangenheit an. Der Name Sprinter hat sich sogar, ähnlich wie Tempo oder Tesa, als Gattungsbegriff etabliert und wird heute oft als Synonym für Transporter benutzt.

1996 erscheint der im ehemaligen Kässbohrer-Werk Neu-Ulm gebaute Überlandbus O 550 Integro (links) und 1999 der Luxus-Reisebus O 580 Travego (rechts).

Sportlich, leicht, kompakt: der SLK der Baureihe R 170

075

Ausgerechnet bei der Weltpremiere der spektakulären SLK-Studie im April 1994 sorgt die von Mercedes-Benz herausgegebene Presseinformation, von jeher eine Quelle umfassender und präziser Informationen, für Verwirrung – wird die Bezeichnung SLK hier doch als »sportlich, leicht, kurz« erklärt. Auch wenn sich Interpretationen über die Jahre hinweg ändern können, so scheint dies doch gerade im Kontext mit dem seit 1952 gebräuchlichen magischen Kürzel SL nur schwer vorstellbar. SL bedeutet, so weist es die Presseinformation zum damals brandneuen 300 SL mit Datum vom 12. März 1952 aus, »super-leicht«. Wenn man das K dann noch mit dem von der C-Klasse und ihrem Vorgänger bekannten »kompakt« in Verbindung bringt, dann ist die Verwirrung komplett. Die Studie misst allerdings in der Tat nur 3,99 m, und so wirkt das »kurz« doch auch irgendwie glaubhaft.

Die SLK-Studie von 1994 vermittelt Faszination pur und überrascht Fachwelt und Publikum gleichermaßen.

Derlei Spitzfindigkeiten sind freilich all jenen egal, die den neuen Roadster so faszinierend finden, dass sie ihn am liebsten sofort kaufen würden – und das ist wohl die große Mehrheit derer, die das Fahrzeug auf dem Turiner Salon in Augenschein nehmen können oder doch zumindest die Berichterstattung in den Medien verfolgen. Der SLK erregt derart großes Aufsehen, dass Entwicklungschef Dr. Dieter Zetsche die Studie sogar bei »Gottschalk Late Night« vorstellen darf. Ein halbes Jahr nach dem Debüt in Turin zündet Mercedes-Benz die nächste Stufe und präsentiert eine weitere SLK-Studie, diesmal auf dem Automobil-Salon in Paris. Abgesehen von der innen wie außen auffälligen Farbgebung überzeugt der Neuling vor allem durch eine veritable Innovation, die die Alltagstauglichkeit des Fahrzeugs um ein Vielfaches erhöht. Die Rede ist vom sogenannten »Variodach«, einem Faltdach aus Metall, das auf Knopfdruck innerhalb von 25 Sekunden im Kofferraum verschwindet, dort aber auch im versenkten Zustand noch ein respektables Volumen für Gepäck bietet.

Der SLK wird zum Aushängeschild der Produktoffensive.

Der SLK wird zum Aushängeschild der Mercedes-Benz Produktoffensive, dabei wäre er beinahe gar nicht gebaut worden. Erst der frisch gebackene Entwicklungschef Zetsche stellt die Ampel für das Projekt, das sein Vorgänger zwei Jahre zuvor auf Eis gelegt hat, wieder auf Grün. Zwei Jahre nach der Präsentation der ersten SLK-Studie steht auf dem Turiner Automobil-Salon wieder ein SLK. Diesmal ist es die lang ersehnte Serienversion, die sich von den Studien nur in Details, insbesondere der Frontgestaltung, unterscheidet. Der SLK, der den Baureihencode R 170 erhalten hat, basiert auf der Plattform der C-Klasse Baureihe 202 und ist bei seiner Markteinführung im September 1996 mit zwei bewährten Vierzylindermotoren zu haben: der tendenziell eher brave 2-Liter-Vierventiler liefert 100 kW (136 PS) und ist gut für eine Höchstgeschwindigkeit von immerhin 208 km/h, während der 1995 in der C-Klasse eingeführte 2,3-Liter mit Kompressoraufladung 142 kW (193 PS) mobilisiert und das Roadster-Coupé auf 231 km/h bringt. Ab der Modellpflege im Frühjahr 2000 ergänzen 3,2-Liter Sechszylindermodelle die Typenpalette: der SLK 320 und der 260 PS (354 PS) starke SLK 32 AMG. Nach 311.222 gebauten Fahrzeugen wird der R 170 im Frühjahr 2004 von der Nachfolgebaureihe R 171 abgelöst, deren Nachfolger 2011 erscheint und von 2016

Alles so schön bunt hier: Die Farbpalette unterstreicht das jung-dynamische Erscheinungsbild des neuen SLK, und nicht ohne Grund ist der Gelbton Yellowstone die bevorzugte Farbe in der Kommunikation.

bis zum Produktionsende 2020 als SLC vermarktet wird. In der Presse wird 1996 bei aller Begeisterung auch ein Mangel erwähnt: »Sämtliche SLK, die in diesem und im nächsten Jahr produziert werden sollen, sind bereits verkauft. Wer einen kaufen will, bekommt ihn frühestens 1998.«

Bleibt noch die Frage zu klären, warum das auch langfristig faszinierende Erfolgsmodell nicht mehr Bestandteil des Typenprogramms ist. In gewisser Weise hat sich die mit der Produktoffensive eingeführte und immer weiter vergrößerte Variantenvielfalt am Ende selbst überlebt. Neben dem SLK und dem SL kann der Kunde ab 2017 noch zwischen vier weiteren Cabriolet- und Roadster-Baureihen wählen, und am Ende hat bei den Sportwagen der SL die Nase vorn. Der bis heute währenden Faszination des SLK tut dies aber keinen Abbruch.

Neues Spiel, neues Glück: Titelgewinne in der FIA-GT-Meisterschaft

076

Mit dem Ende der Saison 1996 endet auch eine Motorsport-Ära: Die Deutsche Tourenwagen-Meisterschaft DTM, in der Mercedes-Benz seit 1986 zunächst durch Unterstützung von Privatteams und ab 1988 dann auch durch eine offizielle Werksbeteiligung engagiert ist, wird eingestellt. Diese Entwicklung kommt deshalb überraschend, weil die Meisterschaft im Rahmen ihrer Internationalisierung gerade erst in der seit 1995 ausgetragenen International Touring Car Championship aufgegangen war. Nach stark gestiegenen Kosten für Entwicklung und Einsatz der Rennwagen ziehen sich Opel und Alfa Romeo jedoch unerwartet aus der ITC zurück. Mercedes-Benz wäre damit als einziger Hersteller in der Meisterschaft verblieben, und so wird die Rennserie zum Bedauern ihrer zahlreichen Anhänger eingestellt.

Da ist es eine glückliche Fügung des Schicksals, dass der Automobil-Weltverband FIA Anfang Dezember 1996 ankündigt, dem Rennsport mit GT-Sportwagen bereits ab der Saison 1997 eine eigene Rennserie zu widmen. Für Mercedes-Benz ist dies ein willkommener Anlass, die durch den Wegfall der DTM und ITC entstehende Lücke zu schließen. Das Reglement der neuen FIA GT-Serie sieht straßenzulassungsfähige Extremsportwagen vor, von denen mindestens 25 Stück hergestellt und zum Verkauf an Privatleute bereitgestellt werden müssen. Im Gegensatz zum äußeren Erscheinungsbild sind unter der Außenhaut tiefgreifende technische Veränderungen erlaubt.

Das Reglement sieht zulassungsfähige Extremsportwagen vor, von denen 25 an Privatleute verkauft werden müssen.

Nur 128 Tage nach der FIA-Entscheidung, gerade rechtzeitig zum ersten Rennen am 13. April 1997, ist der vom Kooperationspartner AMG entwickelte Mercedes-Benz CLK-GTR einsatzbereit. Nur zwei Tage zuvor hat das Unternehmen die Homologationsversion des Rennsportwagens präsentiert. Sie besitzt ein als Mittelmotor angeordnetes 6,9-Liter-V12-Triebwerk mit 412 kW (560 PS) und eine Karosserie aus Kohlefaser-Verbundwerkstoff. Seinen ersten Sieg erzielt der CLK-GTR beim vierten Saisonlauf auf dem Nürburgring. Von den sieben folgenden Läufen gewinnt er fünf, davon drei mit einem Doppelsieg, und am Ende verhilft er Bernd Schneider im Oktober 1997 zum Titelgewinn.

Der CLK-GTR wird vom Werksteam auch in den ersten beiden Rennen der Saison 1998 noch in der FIA-GT-Meisterschaft eingesetzt; das Team Persson Motorsport geht mit zwei Fahrzeugen in blauem Finish sogar bis Saisonende an den Start.

Im Frühjahr entsteht unter der Bezeichnung CLK-LM eine stark überarbeitete Version des Erfolgsautos, die im Juni 1998 bei den 24 Stunden von Le Mans startet und danach

Der in nur 128 Tagen entwickelte CLK-GTR gewinnt die FIA-GT-Meisterschaft auf Anhieb; die Straßenversion (rechts) wird ab Ende 1998 ausgeliefert.

Noch erfolgreicher als der CLK-GTR ist der CLK-LM: Er gewinnt alle acht FIA-GT-Rennen, bei denen er an den Start geht, davon vier mit einem Doppelsieg.

im Werksteam AMG-Mercedes den CLK-GTR ablöst. Der Le-Mans-Einsatz verläuft zwar enttäuschend, weil beide Einsatzautos ausfallen, dafür siegt der CLK-LM aber in allen acht FIA-GT-Rennen, bei denen er zum Einsatz kommt. Am Ende gewinnen Klaus Ludwig und Ricardo Zonta vor Bernd Schneider und Mark Webber mit großem Vorsprung vor den Drittplatzierten die Meisterschaft.

Nachdem die FIA-GT-Meisterschaft 1999 nicht mehr für GT1-Renwagen ausgeschrieben wird, entwickelt AMG speziell für den Le-Mans-Einsatz im Juni einen GT-Prototyp, bei dem Seriennähe nicht relevant ist. Der neue Rennwagen ist nicht nur mit seiner Bezeichnung CLR, sondern auch optisch in einzelnen Punkten an die gerade eingeführten CL Coupés angelehnt und aerodynamisch auf sehr hohe Geschwindigkeiten ausgelegt. Als der von Peter Dumbreck gesteuerte Wagen bei einem Überholvorgang mit sehr hoher Geschwindigkeit von der Strecke abkommt und sich rückwärts überschlägt, werden die anderen beiden Fahrzeuge aus dem Rennen genommen, und der CLR kommt nie wieder zum Renneinsatz.

Die Kleinserienproduktion der Straßenversion des CLK-GTR läuft erst im November 1998 in Affalterbach an; mit einem Kaufpreis von 2,65 Mio. D-Mark – inklusive der 16-prozentigen deutschen Mehrwertsteuer sogar 3,074 Mio. D-Mark – ist der Supersportwagen CLK-GTR seinerzeit der teuerste Serienwagen der Welt.

Neue Strategien: Fokussierung aufs Kerngeschäft, Hochzeit im Himmel und Projekt Zukunft

077

Edzard Reuter, Vorstandsvorsitzender von Daimler-Benz und Architekt des Integrierten Technologie-Konzerns, geht 1995 in den Ruhestand. Sein Nachfolger Jürgen E. Schrempp stößt eine strategische Neuausrichtung des Konzerns an, da ein Großteil der bestehenden Geschäftsbereiche keine günstige Wettbewerbsposition hat. Eine Portfoliobereinigung sieht die Trennung vom erst 1993 mehrheitlich übernommenen Flugzeughersteller Fokker, den Verkauf der Dornier Luftfahrt GmbH und die Auflösung der AEG vor. Zusammen mit Maßnahmen zur Steigerung der Wettbewerbsfähigkeit verfolgt der Konzern damit die Absicht, seine Ertragskraft zu stärken und das Kerngeschäft wieder in den Mittelpunkt zu stellen. Vor diesem Hintergrund initiiert Schrempp eine neue Organisationsstruktur des Konzerns, und zum 1. April 1997 wird die 1989 ausgegliederte Mercedes-Benz AG wieder auf die Muttergesellschaft verschmolzen.

Die hochgesteckten Erwartungen an die »Welt AG« erfüllen sich nicht.

Der nächste Coup, den wohl niemand für möglich gehalten hätte, überrascht Wirtschaft und Finanzwelt gut ein Jahr später. Am 6. Mai 1998 platzt eine veritable Bombe, als Daimler-Benz und die US-amerikanische Chrysler Corporation die Absicht zum Zusammenschluss ihrer Unternehmen bekannt geben. Endgültig vollzogen wird die Fusion zur DaimlerChrysler AG, von Schrempp als »Hochzeit im Himmel« tituliert, am 12. November 1998 mit dem Eintrag der Kapitalerhöhungen ins Handelsregister. Die Hauptziele dieses größten Industriezusammenschlusses aller Zeiten bestehen darin, durch Synergien, Kosteneinsparungen und eine breitere Modellpalette langfristig wettbewerbsfähig zu bleiben. Daimler-Benz betrachtet die Fusion als Chance, stärker in den lukrativen amerikanischen Markt einzutreten, während Chrysler Zugang zu den fortschrittlichen Technologien und der globalen Reichweite von Daimler-Benz erhalten möchte.

Der 17. November 1998 ist der erste Börsenhandelstag des neuen Unternehmens und wird als »Day One« gefeiert; jeder Mitarbeiter erhält zur Begrüßung ein nicht frei erhältliches Sondermodell der Swatch-Uhr. Als die Bilanz des Geschäftsjahrs 1999 einen Gewinn von umgerechnet 7,7 Mrd. Euro ausweist, zu dem die Chrysler-Marken über 5 Mrd. Euro beitragen, sehen sich die Treiber der Fusion bestätigt. Die Vision von der »Welt AG« führt Mitte 2000 sogar noch zur Übernahme eines 34-prozentigen Anteils an Mitsubishi Motors und einer gut 10-prozentigen Beteiligung an der koreanischen Hyundai Motor Company. In der Folge wird aber schnell deutlich, dass sich die hochgesteckten Erwartungen nicht erfüllen: Im Jahr 2000 bricht der Gewinn der Chrysler-Gruppe um 90 % ein, und 2001 werden daraus 5,2 Mrd. Euro Verlust. Der Ergebnisbeitrag von Chrysler gleicht einer Berg- und Talfahrt: 2002 wird wieder ein Gewinn von gut 600 Mio. Euro erwirtschaftet, im Folgejahr dann erneut ein Verlust, diesmal von mehr als 500 Mio. Euro. Immerhin erscheinen mit dem Chrysler Crossfire und der Chrysler 300 C zwei Pkw-Modellreihen, die als augenfälliges Beispiel für die viel beschworenen Synergien zahlreiche Technikkomponenten von Mercedes-Benz nutzen.

2004 hat dann sogar der deutsche Partner einen Gewinneinbruch zu verzeichnen: von den gut 3 Mrd. Euro der Vorjahre auf weniger als 1,7 Mrd. Euro. Die Kleinstwagenmarke smart und die 2002 reaktivierte Luxusmarke Maybach erzielen trotz Milliardeninvestitionen keine Gewinne und belasten die Bilanz. Sechs Jahre nach der Fusion ist das Unternehmen nur noch halb so viel wert wie beide Partner vor dem Zusammenschluss. Um gegenzusteuern, werden 2004 und 2005 die Beteiligungen an Hyundai und Mitsubishi wieder abgestoßen – ein Minus von 2 Mrd. Euro. Als Chrysler für 2006 erneut einen Verlust in vierstelliger Millionenhöhe ausweist, zieht Dr. Dieter Zetsche, seit dem Jahresbeginn 2006 als Nachfolger von Schrempp Vorstandsvorsitzender, die Reißleine und leitet den Verkauf an das

Investmentunternehmen Cerberus ein. Am 4. Oktober 2007 endet eine verlustreiche Ära, als die Aktionäre auf einer außerordentlichen Hauptversammlung die Umbenennung des Konzerns in Daimler AG beschließen. Was bleibt, zumindest den Mitarbeitern der ersten Stunde, ist die am Day One ausgegebene Swatch-Uhr.

Die Frage nach der in dynamischen Zeiten richtigen Unternehmensstrategie beschäftigt Vorstand und Aufsichtsrat des Stuttgarter Automobilherstellers auch in den Folgejahren. Gemäß der alten Börsenweisheit »Der Aktienkurs lügt nicht« gehört es von jeher zu den vorrangigen Zielen des Konzerns, das Unternehmen für Investoren attraktiv zu halten und damit positive Auswirkungen auf den Börsenkurs zu erreichen. Vor diesem Hintergrund beschäftigt sich die Daimler AG seit Anfang 2018 unter dem Titel »Projekt Zukunft« einmal mehr mit Überlegungen zur Restrukturierung des Konzerns. Die Aufteilung in rechtlich selbstständige Einheiten, die sich den Sparten Pkw und Vans sowie Lastwagen und Bussen widmen, soll eine größere Nähe zum Kunden, eine höhere Flexibilität und größere unternehmerische Verantwortung ermöglichen. Durch eine damit verbundene gesteigerte Transparenz soll die Attraktivität des Konzerns am Kapitelmarkt steigen.

2019 erfolgt die Ausgliederung der Daimler Truck AG.

Ende Juli 2018 erteilt der Aufsichtsrat nach vorausgegangenen Gesprächen mit Anteilseignern und Arbeitnehmervertretern die Zustimmung zur Umsetzung von Projekt Zukunft und damit zur Umstrukturierung in drei rechtlich selbstständige Gesellschaften unter dem Dach der Daimler AG: die Mercedes-Benz AG für das operative Geschäft von Mercedes-Benz Cars & Vans, die Daimler Truck AG für Daimler Trucks & Buses und die Daimler Mobility AG in Nachfolge der bereits rechtlich selbstständigen Daimler Financial Services AG. Die Hauptversammlung der Daimler AG stimmt am 22. Mai 2019 mit 99,75 % der abgegebenen Stimmen der Restrukturierung zu. Wirksam wird die Ausgliederung mit ihrer Eintragung in das Handelsregister am 31. Oktober 2019, wobei der Vermögensübergang rückwirkend zum 1. Januar 2019 erfolgt.

Die außerhalb der Daimler AG zunächst wenig relevante Änderung erlangt am 10. Dezember 2021 eine deutlich höhere Tragweite, als die Ausgliederung mit dem Börsengang der Daimler Truck AG einen entscheidenden Schritt weitergeht. Die bisherigen Aktionäre der Daimler AG erhalten für je zwei ihrer Daimler-Aktien eine Aktie der neuen Daimler Truck Holding AG. Dadurch werden 65 % der Anteile an der Daimler Truck AG direkt übertragen, während eine Minderheitsbeteiligung von 35 % zunächst bei der Daimler AG verbleibt. Im Zuge der Aufspaltung wird die Muttergesellschaft zum 1. Februar 2022 in Mercedes-Benz Group AG umbenannt, um die Fokussierung auf das Pkw- und Van-Geschäft auch im Namen deutlich zu machen.

Und der Aktienkurs? Der Kurs der Daimler-Aktie liegt am 9. Dezember 2021 bei 72,23 Euro und am 13. Dezember 2021 bei 74,11 Euro. Zusammen mit den Schlusskursen der Daimler-Truck-Aktie von 29,90 Euro bzw. 32,93 Euro scheint sich die Ausgliederung für die Anleger gelohnt zu haben. Wie nachhaltig die Kursentwicklung beider Aktien am Ende sein wird, muss wohl die Zukunft zeigen.

Born in the USA: die M-Klasse aus Tuscaloosa

078

Als der Daimler-Benz Vorstand im Oktober 1976 beschließt, das zukünftige T-Modell der Baureihe 123 im Werk Bremen und nicht am Traditionsstandort Sindelfingen zu produzieren, wird das innerhalb des Unternehmens kontrovers diskutiert. Nachdem dieses Experiment zur vollsten Zufriedenheit funktioniert hat, geht man in Stuttgart noch einen großen Schritt weiter: 1993 fällt die Entscheidung, das im Rahmen der Produktoffensive geplante Freizeitfahrzeug mit Allradantrieb in einem neuen Werk in den USA zu bauen. Hintergrund dieser Entscheidung ist einerseits, dass in den deutschen Standorten keine ausreichenden Kapazitäten zur Verfügung stehen, andererseits aber auch, dass die Absatzperspektiven in den USA sehr günstig eingeschätzt werden und die erwartete Wettbewerbsintensität in dem angestrebten Marktsegment möglichst niedrige Fertigungskosten erfordert. Ende September 1993 wird Tuscaloosa im US-Bundestaat Alabama als Standort ausgewählt.

Das 1996 präsentierte Showcar AAVision gibt einen Vorgeschmack auf die im Folgejahr eingeführte M-Klasse.

Mit dem ersten Spatenstich am 4. Mai 1994 beginnt der Bau des neuen Werks, während in Untertürkheim und Sindelfingen die Entwicklung des Fahrzeugs vorangeht. Bereits drei Monate später startet die eigens für die Entwicklung, Planung und Produktion gegründete Mercedes-Benz U. S. International, Inc. (MBUSI) eine Kampagne, um qualifizierte Mitarbeiter für das neue Werk zu gewinnen. Im Frühjahr 1995 werden die ersten Mitarbeiter eingestellt und in Deutschland, unter anderem in Sindelfingen, auf ihre neuen Aufgaben vorbereitet. Im Januar 1996 kann sich die Öffentlichkeit ein erstes Bild des allradgetriebenen Allzweckfahrzeugs machen, als Mercedes-Benz die Konzeptstudie »AAVision« präsentiert – sinnigerweise auf der North American International Auto Show in Detroit. Das künftige All Activity Vehicle (AAV) ist gleichermaßen als Freizeitautomobil, Familienwagen und Offroader nutzbar. Im März 1996 hat dieser Prototyp eines Sport-Utility-Fahrzeugs seinen ersten Europaauftritt auf dem Genfer Automobil-Salon, wo auch erstmals die Bezeichnung »M-Klasse« kommuniziert wird.

Wegen der hohen Nachfrage muss die Produktionskapazität ab 1999 erhöht werden.

Am 21. Mai 1997 erlebt die Serienversion des neuen Sport-Utility-Fahrzeugs ihre Weltpremiere in ihrem Produktionswerk in Tuscaloosa, das der Daimler-Benz Vorstand am gleichen Tag in Anwesenheit von mehr als 5.000 Gästen feierlich eröffnet. Die M-Klasse vereint Komfort und Fahrsicherheit eines Mercedes-Benz Pkw mit der Geländetauglichkeit und Robustheit eines Geländewagens; darüber hinaus bietet sie das Raumangebot und die Variabilität einer Großraumlimousine. Ihr Antriebsstrang ist für permanenten Allradantrieb konzipiert, verzichtet im Gegensatz zu herkömmlichen Allradfahrzeugen allerdings auf Differenzialsperren konventioneller Bauart. Ermöglicht wird dies durch eine für den Allradantrieb modifizierte Variante des elektronischen Traktionssystems ETS.

Die Modellbezeichnungen der M-Klasse sind insofern etwas ungewöhnlich, als die Klassenzugehörigkeit anstelle des Buchstaben M mit dem Kürzel ML zum Ausdruck gebracht

Die M-Klasse ist das erste Sport Utility Vehicle der Marke und wird im neu errichteten US-amerikanischen Werk in Tuscaloosa/Alabama gebaut.

wird. Der Hintergrund dieser Maßnahme besteht darin, mögliche Komplikationen und Verwechslungen mit den M-Modellen von BMW zu vermeiden. In ihrer dritten Generation wird die M-Klasse dann 2015 in GLE umbenannt, um die Segmentzugehörigkeit zur E-Klasse herauszustellen.

Seit März 1998 ist die M-Klasse auch in Europa und weiteren Märkten erhältlich. Die Produktionskapazität muss aufgrund der hohen Nachfrage von den ursprünglich geplanten 65.000 Fahrzeugen ab 1999 auf 80.000 Einheiten erhöht werden.

Im Mai 1999 startet die Fertigung auch im Steyr-Daimler-Puch-Werk im österreichischen Graz, wo seit 20 Jahren bereits die G-Klasse vom Band läuft. Neben dem auf den Weltmärkten angebotenen ML 320 mit Sechszylindermotor steht in Europa der ML 230 als preisgünstigeres Einsteigermodell mit 2,3-l-Vierzylinder-Reihenmotor zur Verfügung, ab Herbst 1999 ergänzt um die Dieselvariante ML 270 CDI und den sportlichen ML 55 AMG. Die ursprünglichen Bedenken wegen der Fertigungsqualität der außerhalb von Deutschland gefertigten Mercedes-Benz Pkw haben sich übrigens schnell zerstreut …

Der »Elchtest« und die Folgen: die A-Klasse

079

Der Begriff »Elchtest«, bis dato im deutschen Sprachgebrauch vollkommen unbekannt, ist Ende Oktober 1997 in aller Munde und bringt eine neue Mercedes-Benz Modellreihe in die Schlagzeilen der Weltpresse. Was ist geschehen? Nach der spektakulären Entscheidung des Mercedes-Benz Vorstands, im Rahmen der Produktoffensive auch ein Pkw-Modell des Subkompaktsegments auf den Markt zu bringen, debütiert im September 1993 auf der IAA die Studie »Vision A 93«, die nach einer geradezu euphorischen Aufnahme durch Medien und Publikum zum Serienmodell mit dem folgerichtigen Namen A-Klasse entwickelt wird. Da es für das innovative und völlig ungewohnte Fahrzeug im Mercedes-Benz Modellprogramm keinen Vorgänger gibt, wird die Öffentlichkeit ab Herbst 1995 in sorgfältig geplanten Schritten über den erreichten Entwicklungsstand informiert und auf die Markteinführung vorbereitet. Der Verkaufsstart erfolgt schließlich am 5. Mai 1997, und die für 1997 geplante Jahresproduktion ist binnen Kurzem ausverkauft.

Raumkomfort und Sicherheit der A-Klasse erreichen das Niveau einer Mittelklasse-Limousine.

Auf der IAA im September 1997 ist zum ersten Mal die Serien-Ausführung der A-Klasse in den drei verfügbaren Design- und Ausstattungslines ausgestellt. Zur gleichen Zeit beginnt, rechtzeitig zur Markteinführung am 18. Oktober, die Hauptserienproduktion. Fertigungsstandort ist das 1992 eingeweihten Werk Rastatt, das bis 1995 der Fertigung der E-Klasse Baureihe 124 vorbehalten war. In der A-Klasse sind mehr als 20 technische Innovationen verwirklicht, die es in dieser Fahrzeugkategorie bislang nicht gegeben hat. Dank ihres einzigartigen Sandwich-Prinzips erreicht die neue Modellreihe in puncto Raumkomfort und Crash-Sicherheit das Niveau einer Mittelklasse-Limousine. Die innovative Fondsitzanlage und der auf Wunsch demontierbare Beifahrersitz bieten die Variabilität eines Mini-Vans und ermöglichen eine Verwandlung des Fünfsitzers zum Vier-, Drei -, Zwei- oder Einsitzer. Der ebene Boden, die große Heckklappe und die niedrige Ladekante erleichtern das Beladen des Kofferraums. Der passiven Sicherheit kommen quer eingebaute, neu konstruierte Motoren zugute, die im Falle einer Kollision unter den Sandwichboden abgleiten, sodass die Sicherheitsfahrgastzelle erhalten bleibt.

Was hat es nun mit dem Elchtest auf sich? Bei einem extremen Fahrmanöver während des Fahrtests einer schwe-

Die Präsentation der Studie Vision A 93 (links) auf der IAA 1993 sorgt für eine regelrechte Sensation. Trotz einer Länge von nur 3,57 m ist die A-Klasse ein echtes Raumwunder (rechts).

Elchtest extrem: Nach der serienmäßigen Ausrüstung mit dem innovativen Fahrsicherheitssystem ESP besteht die A-Klasse auch Extremtests unter wenig praxisnahen Bedingungen.

dischen Zeitschrift kommt es am 21. Oktober 1997 zum Sturz, und der dadurch ausgelöste weltweite Medienrummel droht das Image des neuen Produkts und der Marke Mercedes-Benz nachhaltig zu schädigen. Das in Schweden zum Teil auch als »Elchtest« bekannte Fahrmanöver, dessen Extremvariante mit voller Beladung und hoher Geschwindigkeit der A-Klasse zum Verhängnis geworden ist, wird über Nacht weltbekannt.

Die zwischenzeitlich weitgehend emotional geprägte Diskussion gelangt am 11. November wieder auf den Boden der Tatsachen zurück, als Daimler-Benz die Lösung präsentiert. Über Detailmodifikationen an der Fahrwerksabstimmung hinaus beschließt der Vorstand die serienmäßige Ausrüstung der A-Klasse mit einer weiterentwickelten Variante des Fahrsicherheitssystems ESP, das die Schleudergefahr in kritischen Fahrsituationen durch gezielten Bremseingriff an einzelnen Rädern verringert. Damit besteht die A-Klasse nun auch Grenzsituationen im realen Fahrgeschehen, die kein anderes Fahrzeug dieses Marktsegments meistert: auf Schnee, auf Eis und bei Fahrbahnnässe. Um das neue Konzept auch in der Großserie umsetzen zu können, wird die Auslieferung der A-Klasse für zwölf Wochen unterbrochen. Rückblickend hat der »Elchtest« der A-Klasse und dem Unternehmen nicht geschadet, sondern eher genutzt, nachdem man den Fehler öffentlich eingestanden und schnell eine wirksame Lösung gefunden hat.

In einem Punkt hat die A-Klasse die Erwartungen des Unternehmens jedoch nicht erfüllt: Der Plan, mit dem innovativen Fahrzeug zunehmend junge Käufergruppen für Mercedes-Benz zu gewinnen, geht nicht auf. Das Design scheint, zumindest in den Augen jüngerer Fahrer, nicht begehrenswert genug zu sein – ein Umstand, der wohl auch dadurch verstärkt wird, dass das Fahrzeug bevorzugt von Senioren genutzt wird, die das bequeme Ein- und Aussteigen und die hohe Sitzposition sehr schätzen.

Schlanker, leichter, sparsamer: die S-Klasse Baureihe 220

080

Weniger ist mehr: Diese dem Architekten Mies van der Rohe zugeschriebene Weisheit befolgt Mercedes-Benz Anfang der 1990er-Jahre bei der Entwicklung der nächsten S-Klasse – zumindest im Hinblick auf Abmessungen, Gewicht und Kraftstoffverbrauch. Nach Einführung der in jeder Hinsicht gewachsenen S-Klasse der Baureihe 140, die in bisher ungewohntem Maße von Kritik und Häme begleitet war, wird in diesen Punkten dringender Handlungsbedarf gesehen. Als das Lastenheft 1993 verabschiedet wird, ist die Baureihe 140 gerade einmal zwei Jahre auf dem Markt, und die vorgegebenen Entwicklungsziele erscheinen nicht nur sehr anspruchsvoll, sondern zum Teil auch konträr. Gefordert werden mehr Leistung bei weniger Verbrauch, mehr Sicherheit bei weniger Gewicht trotz umfangreicherer Ausstattungen, mehr Raum bei reduzierten Außenabmessungen und ein neues, schlankeres Design.

In der S-Klasse der Baureihe 220 ist das Interieur-Design harmonisch auf das gesamte Erscheinungsbild des Fahrzeugs abgestimmt.

Dass dieser Spagat gelungen ist, demonstriert die S-Klasse der Baureihe 220 im Oktober 1998 bei ihrer Weltpremiere, dem sogenannten »Big Bang« im Mercedes-Forum in Stuttgart. Wie bei den Mercedes-Benz Oberklasse-Limousinen seit Generationen üblich, wird auch die neue Modellreihe in zwei verschiedenen Radständen angeboten, wobei die Verlängerung von jetzt 120 mm bei der Langversion ausschließlich der Beinfreiheit im Fond zugutekommt. Trotz geringerer Außenabmessungen, die nun wieder auf dem Niveau der Baureihe 126 liegen, bietet die neue S-Klasse ihren Passagieren einen ebenso guten Raumkomfort wie das Vorgängermodell. So ist die Innenraumlänge der Langversion um 37 mm gewachsen, obwohl das Außenmaß des Fahrzeugs um 55 mm reduziert wurde. Durch eine modifizierte Sitzposition wurde der Kopfraum für Fahrer und Beifahrer ungeachtet der um 41 mm reduzierten Fahrzeughöhe nochmals um 6 mm vergrößert. Die lang gestreckte Karosserieform hat einen um 13 % reduzierten cW-Wert von 0,27, sodass die neue S-Klasse weltweit zu den strömungsgünstigsten Serienautos gehört.

Das Lastenheft fordert mehr Leistung, weniger Verbrauch, mehr Sicherheit und weniger Gewicht.

Durch den gezielten Einsatz von Aluminium, Kunststoffen und hochfestem Stahl ist die S-Klasse gegenüber ihrem Vorgänger durchschnittlich 210 kg leichter. Ausstattungsbereinigt beträgt der Gewichtsvorteil je nach Modell sogar bis zu 300 kg, entsprechend einer Verringerung von mehr als 16 %. Das Zusammenspiel von modernem Leichtbau, vorbildlicher Aerodynamik und modernster Motorentechnik ermöglicht eine Kraftstoffeinsparung von 13 bis 17 % gegenüber dem Vorgängermodell. In puncto Sicherheit ist die neue S-Klasse serienmäßig nicht nur mit Fahrer- und Beifahrer-Airbag sowie Sidebags in den vorderen und hinteren Türen, sondern auch mit dem sogenannten »Windowbag« ausgestattet. Bei einem Unfall entfaltet sich das Luftpolster innerhalb von 25 Millisekunden wie ein Vorhang von der A- bis zur C-Säule. Der Windowbag schützt die vorderen wie die Fondsitz-Passagiere und reduziert das Risiko von Kopfverletzungen.

Die 1998 präsentierte S-Klasse wirkt leichter und zurückhaltender als ihr sehr präsenter Vorgänger; das traumhaft schöne CL Coupé (links) folgt dieser Linie und ist zudem mit dem innovativen aktiven Fahrwerk ABC ausgerüstet.

Eine weltweit einmalige Sicherheitsinnovation bietet die S-Klasse der Baureihe 220 seit einer großen Modellpflege im Herbst 2002. Das vorbeugenden Insassenschutzsystem PRE-SAFE® kann einen drohenden Unfall bereits im Voraus erkennen und Insassen wie Fahrzeug präventiv darauf vorbereiten. Dazu gehört die sekundenschnelle Straffung des Gurtbandes, die Fahrer und Beifahrer schon vor einer drohenden Kollision in die bestmögliche Sitzposition bringt, damit die Airbags beim Aufprall optimal arbeiten können. Gleichzeitig werden der Beifahrersitz und die elektrisch einstellbaren Einzelsitze der Fondpassagiere in optimale Positionen gebracht und bei einem Schleudern des Fahrzeugs zusätzlich das Schiebedach geschlossen. Die im März 1999 präsentierte Coupé-Version, seit 1996 unter der neuen Bezeichnung CL geführt, hat erstmals einen von der Limousine abweichenden Baureihencode erhalten und ist auch technisch sehr innovativ. Die CL Coupés der Baureihe C 215 sind als weltweit erste Serien-Pkw mit dem aktiven Fahrwerksystem »Active Body Control« (ABC) ausgerüstet. Mit ihrer Arbeit bestätigen die Entwickler der neuen S-Klasse und der CL Coupés die Einschätzung von Mies van der Rohe: Weniger ist mehr.

Vom Motorenlieferanten zum Titelgewinner: das Formel-1-Engagement von Mercedes-Benz

081

Nach dem ordentlichen Abschneiden des Sauber-Teams in seiner Debütsaison 1993 verstärkt Mercedes-Benz sein Engagement und gibt in einer Pressekonferenz am 3. November 1993 bekannt, sich künftig auf drei Rennserien zu fokussieren: die DTM mit der neuen C-Klasse »made by Mercedes-Benz«, die Formel 1 gemeinsam mit den Partnern Sauber und Ilmor unter dem Label »concept by Mercedes-Benz« und ab 1995 die IndyCar World Series unter dem Signet »powered by Mercedes-Benz« mit einem in Kooperation mit Ilmor entwickelten und vom Penske-Team eingesetzten Rennmotor. In der Formel 1 liefern Mercedes-Benz und Ilmor die Motoren, während das Sauber-Team in Abstimmung mit den Stuttgartern die Verantwortung für Fahrzeug und Einsätze übernimmt und die Beschaffung der erforderlichen Budgets von Sponsoren-Partnern verantwortet.

Ab der Saison 1995 wird McLaren zum neuen Kooperationspartner und von Mercedes mit V10-Motoren beliefert.

Nachdem dies auch für 1994 nicht gelungen ist, muss die Stuttgarter Marke für das Formel-1-Engagement anstelle der eingeplanten Sponsorengelder nun selbst deutlich höhere Beträge als vorgesehen aufbringen, wodurch das vereinbarte Kooperationsmodell grundsätzlich infrage gestellt wird. Dementsprechend zieht Mercedes-Benz die Reißleine und verkündet am 28. Oktober 1994, noch vor dem Ende der Saison, dass die Kooperation mit Sauber beendet wird und McLaren ab der Saison 1995 zum neuen Kooperationspartner in der Formel 1 wird. Das renommierte und erfolgreiche Formel-1-Team unter der Führung von Ron Dennis hat in den Vorjahren mehrfach den Motorenlieferanten gewechselt. Ab 1995 wird es mit V10-Rennmotoren von Mercedes-Benz beliefert und nennt sich fortan Team McLaren-Mercedes. Die Motoren kommen weiterhin von der Firma Ilmor, an der Mercedes-Benz seit dem Herbst 1993 25 % der Geschäftsanteile hält.

Stammfahrer in der ersten Saison der neuen Konstellation sind der Finne Mika Häkkinen und der neu verpflichtete Nigel Mansell, Formel-1-Weltmeister von 1992 und IndyCar-Meister von 1993. Im Training zum Saisonfinale in Adelaide erleidet Häkkinen einen schweren Unfall, und für die Saison 1996 wird der Brite David Coulthard verpflichtet, der neben dem wieder genesenen Finnen an den Start geht. Coulthard ist es auch, der im Saison-Auftaktrennen 1997 in Melbourne den ersten Sieg für McLaren-Mercedes einfährt.

Beim Großen Preis von Deutschland, dem 10. von 16 Rennen der Saison 1999, kämpft Mika Häkkinen mit Ferrari-Pilot Eddie Irvine um die Führung in der WM.

Freude und Erleichterung nach dem Saisonfinale 1999: Beim Abschlussrennen in Suzuka erringt Häkkinen (Bildmitte) mit nur zwei Punkten Vorsprung seinen zweiten WM-Titel.

Einen weiteren Sieg erzielt er im September in Monza, und beim Abschlussrennen in Jerez de la Frontera fahren Häkkinen und Coulthard einen Doppelsieg ein.

1998 wird dann das Jahr des Mika Häkkinen. Der Finne dominiert im McLaren-Mercedes MP4-13 seine Gegner und siegt bei acht von 16 WM-Läufen. Damit sichert er sich den Fahrertitel vor Michael Schumacher und seinem Stallgefährten David Coulthard. McLaren-Mercedes erringt zudem die Konstrukteurs-Weltmeisterschaft vor Ferrari. 1999 gelingt es Häkkinen, mit fünf Siegen seinen Fahrertitel zu verteidigen, während sein großer Konkurrent Michael Schumacher auf Platz 5 landet. In der Konstrukteurswertung reicht es diesmal aber nur zum zweiten Platz. In der Saison 2000 belegen Häkkinen und Coulthard die Plätze 2 und 3, die Konstrukteurswertung geht aber erneut an Ferrari. 2001 wird die letzte Formel-1-Saison des Finnen, der von einigen Ausfällen geplagt wird und am Ende nur Platz 5 erreicht, während sein Teamkollege Coulthard Vizeweltmeister wird.

Nach einigen zweiten und dritten Plätzen in der Konstrukteurswertung, einer Durststrecke mit wenig Saisonsiegen bis hin zu einer sieglosen Saison 2006 geht es 2007 für McLaren-Mercedes wieder bergauf. Allerdings ist diese Saison von der sogenannten »Spionageaffäre« überschattet, die das Vertrauen zwischen den Partnern erschüttert: Das McLaren-Team wird beschuldigt, durch Spionage technische Details und Baupläne der Rennwagen von Ferrari beschafft zu haben und wird mit Abzug aller Weltmeisterschaftspunkte in der Konstrukteurswertung bestraft. Es gibt aber auch Grund zur Freude: Das Nachwuchstalent Lewis Hamilton erringt aus dem Stand mit nur einem Punkt Rückstand den Vizeweltmeistertitel. Die Saison 2008 krönt er dann sogar mit dem Gewinn des Weltmeistertitels.

F1 goes A8

McLaren-Technik und Formel-1-Image wollte Mercedes mit dem SLR auf die Autobahn bringen. Schmetterlingstüren erinnerten ans legendäre Uhlenhaut-Coupé, heute der wertvollste Wagen der Welt, die CfK-Karosserie sparte Gewicht, der 5,5-Liter-Motor lieferte 460 kW (626 PS). Es war angerichtet. Mehr als 2.000-mal wurde der Supersportler verkauft.

Sonntagsanzug

W 110, W 111 und W 112 bezeichnen im Kanon von Mercedes-Benz eigentlich fast das Gleiche: die legendäre Heckflosse. Hier dient der Vierwaldstätter See als Sonntagsnachmittagskuchenkulisse für die große, elegante Limousine, die neben Anleihen an das amerikanische Design ihrer Zeit auch fortschrittliche passive Sicherheitsmerkmale zeigte.

S-NK 210

B-69475

Sprinter

Welch eleganten Ahnen die Armada der weißen Sprinter hat, die unsere Autobahnen zur Lieferkette einer ganzen Nation macht, hat der große Mercedes-Fotograf Markus Bolsinger in München auf Film fixiert. Der Mercedes-Benz 540 K Autobahnkurier war 2008 eines der Highlights einer Ausstellung in der Pinakothek der Moderne. Linke Spur, Lichthupe, absolut glaubwürdig.

Make it Simplex

Wilhelm Maybachs Bedeutung für Mercedes-Benz ist kaum hoch genug einzuschätzen. 1902 erschien der Mercedes-Simplex 40 PS. Dank Maybach beherrschte der Wagen das automatische Auskuppeln. Komfort anno 1902. Das Modell bot eine extrem fortschrittliche UX – User Experience, wie es heute heißt. Maybachs Simplex machte das Fahren simpler, im besten Sinne. Komplex inszeniert wurde der Simplex im Rohbau des Mercedes-Benz Museums im Jahr 2005.

Sternfahrt

Intern trägt er die 100, außen firmiert er als 600er. Dieser Mercedes ist die Staatslimousine schlechthin. Mehr ging nicht. Vier Varianten gab es: die normale Limousine für Wirtschaftsgrößen und Industriemagnate – fünfeinhalb Meter lang; den vier- oder sechstürigen Pullman für die Großen der Welt, Länge 6,24 Meter; das Landaulet für Gottes Stellvertreter und Staatsoberhäupter mit besonderem Repräsentationsbedarf. Die bescheidene Bonner Republik lieferte die prestigeträchtigste Form automobiler Repräsentation. Der glänzendste Stern einer jungen Nation.

FAHRER M. WAGEN BLEIBEN
LICHT UND MOTOR AUS
FESTSTELLBREMSE FEST
S-MB 1898
F

Kraftvoll und effizient: neue Turbodiesel mit Common-Rail-Direkteinspritzung

Dezember 1999: Während die Welt die letzten Vorbereitungen für den Übergang in die 2000er-Jahre trifft und sich sorgenvoll fragt, ob der Millennium-Bug ohne Folgen bleiben wird, setzt Mercedes-Benz einen weiteren Meilenstein: Das gesamte Pkw-Modellprogramm vom smart bis zur S-Klasse ist nun mit hochmodernen, effizienten und leistungsstarken Dieselmotoren erhältlich. Die Motorenpalette reicht vom 0,8-Liter-Dreizylinder mit 30 kW (41 PS), dem im smart cdi eingesetzten kleinsten Pkw-Diesel der Welt, bis zum 4-Liter-V8 des S 400 CDI. Das neueste Modell der S-Klasse ist der erste Serien-Personenwagen mit Achtzylinder-Dieselmotor und mit 184 kW (250 PS) der leistungsstärkste Diesel-Pkw der Welt.

Zwei Jahre zuvor hat Mercedes-Benz, seit Jahrzehnten Pionier des Fahrzeug-Dieselmotors, der langen Liste seiner Technologie-Innovationen eine weitere hinzugefügt. Die gemeinsam mit Bosch entwickelte Common Rail Direct Injection (CDI) debütiert auf der IAA 1997 im C 220 CDI, dessen 2,2-Liter-Vierzylinder 92 kW (125 PS) leistet und bereits ab 1.500/min ein Drehmoment von 235 Nm liefert.

Die Common-Rail-Direkteinspritzung unterscheidet sich in wesentlichen Punkten von herkömmlichen Direkteinspritzungen. Während diese den Druck für jeden Einspritzvorgang neu erzeugen, arbeiten CDI-Motoren mit einer gemeinsamen Leitung (Common Rail), in der der Druck gespeichert und über Magnetventile an die Einspritzdüsen verteilt wird. Der hohe Einspritzdruck von bis zu 1.350 bar, der bereits bei niedrigen Drehzahlen zur Verfügung steht, sowie die variable Steuerung des Einspritzvorgangs bewirken eine deutlich verbesserte Gemischaufbereitung, die in einem niedrigen Kraftstoffverbrauch und geringen Abgasemissionen resultiert.

> Der hohe Einspritzdruck sorgt für niedrigen Verbrauch und geringe Abgasemissionen.

Nur wenige Monate nach ihrem Debüt feiert die CDI-Technologie auch in der E-Klasse und der A-Klasse Premiere. Im

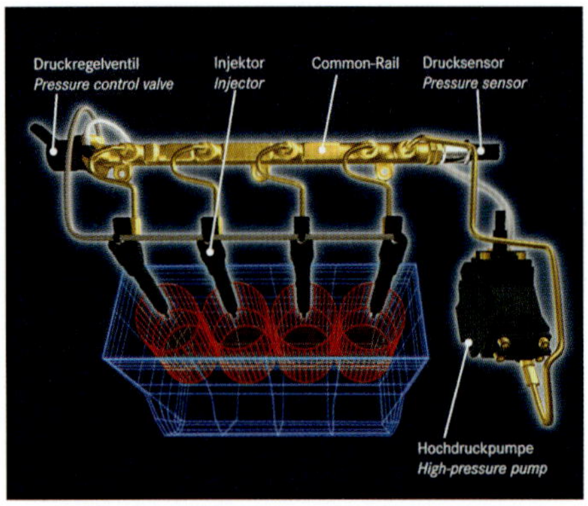

Leistung und Effizienz vom Dreizylinder bis zum V8: Die innovativen Turbodiesel mit Common-Rail-Direkteinspritzung sorgen bei den Diesel-Pkw von Mercedes-Benz und smart für Fahrspaß gepaart mit Wirtschaftlichkeit.

Nach einer 30-tägigen Tag-und-Nacht-Fahrt in Laredo/Texas sind die E 320 CDI am Ziel: Weltrekorde über 100.000 km, 50.000 und 100.000 Meilen mit einem Schnitt von gut 224 km/h.

letzten Jahr des zu Ende gehenden Jahrtausends rollt Mercedes-Benz die innovative Dieseltechnik in weiteren Baureihen aus: Ein 2,7-Liter-Fünfzylinder kommt in der E-Klasse und der M-Klasse zum Einsatz, ein 3,2-Liter-Sechszylinder in der E-Klasse und S-Klasse, und der 4-Liter-V8 ebenfalls in der S-Klasse. Diese Motoren sind bereits mit einer weiterentwickelten Einspritzanlage der zweiten Generation ausgerüstet. Neu ist dabei ein auf bis zu 1.600 bar erhöhter Einspritzdruck sowie eine doppelte Piloteinspritzung, die zur Reduzierung des Verbrennungsgeräuschs im Abstand von wenigen Millisekunden zwei winzige Kraftstoffmengen vorab einspritzt. Die wichtigste Neuerung ist jedoch ein VLN-Turbolader mit variabler Turbinen-Geometrie (Variable Nozzle Turbine), der seine Leitschaufeln je nach Betriebszustand des Motors elektrisch verstellen kann, um dadurch die größtmögliche Abgasmenge für die Komprimierung der Ansaugluft und den Aufbau des Ladedrucks zu nutzen.

Alle CDI-Motoren sind Vierventiler mit zwei Einlass- und zwei Auslassventilen pro Zylinder und, wie bei Mercedes-Benz Pkw-Dieselmotoren seit 1993 üblich, serienmäßig mit Oxidationskatalysator ausgerüstet. 2005 ergänzen wartungsfreie Ruß-Partikelfilter die Serienausstattung. Wie zuverlässig und langlebig diese Abgastechnologie ist, demonstriert Mercedes-Benz im Mai 2005 mit einer 30-tägigen Rekordfahrt auf der Hochgeschwindigkeitsstrecke in Laredo/Texas: Für die Strecken über 100.000 km, 50.000 und 100.000 Meilen erzielen drei serienmäßige Limousinen des Typs E 320 CDI-Weltrekorde mit Durchschnittsgeschwindigkeiten von mehr als 224 km/h.

In ihrem Leistungsniveau stehen die Mercedes-Benz CDI-Modelle ihren Pendants mit Benzinmotor kaum nach; mit ihrem bereits bei niedrigen Drehzahlen hohen Drehmoment vermitteln sie Fahrspaß und überzeugen durch geringen Kraftstoffverbrauch und hohe Wirtschaftlichkeit. Das kommt beim Kunden an, und so erhöht sich der Dieselanteil der Mercedes-Benz Personenwagen von 21 % im Jahr 1995 auf 29 % im Jahr 2000. Fünf Jahre später erreicht er sogar 35 %. Und den gefürchteten Millennium-Bug hat die Menschheit auch ohne größere Blessuren überstanden.

Ein SL in der Formel 1: die SL-Baureihe R 230

083

Ein SL in der Formel 1? Das kann doch nur ein Irrtum sein. Möglich wird das Unerwartete im Jahr 2001 durch AMG, eines der klangvollsten Akronyme der automobilen Welt. Die Affalterbacher AMG GmbH, 1967 als Tuningunternehmen gegründet und von 1990 an Kooperationspartner von Mercedes-Benz, ist seit dem Jahresbeginn 1999 Teil der neu gegründeten Mercedes-AMG GmbH, an der die Stuttgarter zunächst 51 % der Anteile übernommen haben. Seit der Saison 1996 stellt AMG das offizielle Safety Car der Formel 1, das immer dann für Ordnung und Sicherheit sorgt, wenn die Rennen für kurze Zeit unterbrochen werden. 1996 ist dies zunächst ein C 36 AMG. Ein Fahrzeug des gleichen Typs dient als Medical Car und gewährleistet bei Bedarf die schnellstmögliche ärztliche Notfallversorgung verunglückter Formel-1-Fahrer oder Streckenposten. In den Folgejahren kommen unterschiedliche AMG-Modelle auf den Formel-1-Strecken der Welt zum Einsatz.

AMG ist von Beginn an in den Entwicklungsprozess des neuen SL eingebunden, was dem SL 55 AMG zugutekommt.

Zu Beginn der Saison 2001 geht als Safety Car wie im Vorjahr der von Bernd Mayländer gesteuerte CL 55 AMG an den Start. Ab dem Großen Preis von Deutschland auf dem Hockenheimring, dem 12. Saisonrennen am 29. Juli, kommt dann jedoch der brandneue SL 55 AMG zum Einsatz. Der Clou besteht darin, dass nicht nur die AMG-Variante, sondern die ganze Modellreihe noch gar nicht Premiere gefeiert hat. Dies erfolgt erst am 31. Juli, zwei Tage nach dem Rennen, in den Hamburger Deichtorhallen. Der SL 500 ist das erste Modell der Baureihe R 230, die nach gut zwölf Jahren den erfolgreichen R 129 ablöst. Ein besonderes Merkmal des neuen Sportwagens ist das vom SLK bekannte Variodach, das nun erstmals auch im SL zum Einsatz kommt. Auf Wunsch ist auch das im CL eingeführte aktive Fahrwerk »Active Body Control« (ABC) erhältlich, das Wank- und Nickbewegungen der Karosserie beim Anfahren, bei Kurvenfahrt oder beim Bremsen fast vollständig kompensiert.

Als Folge der Kooperation mit AMG sind die Affalterbacher von Beginn an in den Entwicklungsprozess des neuen SL-Sportwagens eingebunden, und dies kommt dem SL 55 AMG unmittelbar zugute. Das Topmodell der Baureihe, das im September 2001 auf der IAA debütiert, verfügt wie der SL 500 über einen V8 der Motorenbaureihe M 113, dieser wurde allerdings durch Verlängerung des Kolbenhubs auf 5,5 Liter Hubraum gebracht und hat zudem einen Kompressor erhalten. So bringt es der neue Sportler auf 350 kW (476 PS), satte 125 kW (170 PS) mehr als der SL 500. Im Folgejahr erreicht die Höchstleistung sogar die magische Grenze von 500 PS (368 kW).

Die Fachpresse attestiert dem SL 55 AMG »das Temperament eines Supersportwagens«. Für den Sprint von 0 auf 100 km/h benötigt der AMG-SL nur 4,7 Sekunden, und die elektronische Abregelung der

Der neue Mercedes-Benz Sportwagen der Baureihe R 230 ist der erste SL mit dem komfortablen Variodach.

Gleich bei seinem Renndebüt, dem Großen Preis von Deutschland, kommt das neue Safety Car der Formel 1 auch schon zum Einsatz, als Michael Schumachers Ferrari kurz nach dem Start in einen Unfall verwickelt wird. Safety-Car-Pilot Bernd Mayländer gibt Schumacher eine Mitfahrgelegenheit zur Ferrari-Box, wo das – damals noch erlaubte – Ersatzauto bereitsteht.

Höchstgeschwindigkeit auf 250 km/h kann der Kunde gegen Aufpreis auf 300 km/h anheben lassen. Derartige Kenndaten sind natürlich hilfreich für den Einsatz in der Formel 1. Auch hier kann weniger aber manchmal mehr sein. Im Juli 1999 – gut zwei Jahre vor dem ersten Einsatz des SL Safety Cars, als noch der CLK 55 AMG Dienst tut – schreiben David Coulthard, Michael Schumacher und Alexander Wurz für die Grand Prix Drivers Association an FIA-Renndirektor Charlie Whiting und gehen dabei auch auf den Safety-Car-Einsatz beim Großen Preis von Frankreich ein (original in Englisch): »Wir möchten uns ganz herzlich für den perfekten Einsatz des Safety Cars während des Rennens bedanken. Gibt es jedoch eine Möglichkeit, dem Safety Car mitzuteilen, dass es zu schnell fährt? Eine Reihe von Fahrern hatte Schwierigkeiten, mit dem Tempo mitzuhalten.« Ein besseres, wenn auch indirektes Lob für die Leistungsfähigkeit der AMG Safety Cars kann es wohl kaum geben.

Ab Saisonbeginn 2002 kommt eine modifizierte Version des SL 55 AMG Safety Cars zum Einsatz; Bugschürze, Motorkühlung, Bremsanlage und Fahrwerk wurden überarbeitet. Ab Mitte 2003 ist diese Variante – allerdings ohne die Lichtsignalanlage auf dem Dach – auch für den Normalbürger zu haben, wenn er für gut 11.000 Euro das Performance Package ordert. Das Safety Car hat in diesem Jahr erneut gewechselt: Zum Einsatz kommt der neueste CLK 55 AMG.

Meisterschaftsjäger: Mercedes-Benz in der neuen DTM 084

Wenn sich eine Tür schließt, öffnet sich eine andere. Diese Erkenntnis hat sich mehr als einmal im Motorsport bewahrheitet. Nach Ende der Saison 1998 wird die FIA-GT-Meisterschaft als Folge von Differenzen zwischen der FIA, der für Planung und Organisation verantwortlichen Firma SRO und den beteiligten Herstellern eingestellt, zumindest für die Klasse der GT1-Fahrzeuge – reinrassiger Rennwagen, die auf Straßenfahrzeugen basieren müssen. HWA, die 1998 ausgegründete Motorsportabteilung von AMG, entwickelt zwar 1999 noch den GT-Prototyp CLR für eine Beteiligung bei den 24 Stunden von Le Mans. Aber der Einsatz missglückt, nachdem die Wagen nach Aerodynamikproblemen aus dem Rennen genommen werden.

Als Ersatz für die nach nur zwei Rennjahren beendete FIA-GT-Meisterschaft kommt es ab Ende 1998 auf Initiative von Opel zu Verhandlungen über eine Wiederaufnahme der 1996 eingestellten Deutschen Tourenwagen-Meisterschaft bzw. International Touring Car Championship ITC. Tatsächlich geht die DTM im Jahr 2000 unter neuem Namen und mit neuem Reglement wieder an den Start. Die prägnante Kurzbezeichnung ist zwar geblieben, steht aber jetzt für

Bernd Schneider auf CLK-DTM gewinnt in der Saison 2000 den ersten Meistertitel der neuen DTM und kann den Titel im Folgejahr verteidigen.

Deutsche Tourenwagen Masters. Die Fahrzeuge, die im engeren Sinne des Internationalen Sportgesetzes der FIA keine Tourenwagen, sondern Rennwagen sind, haben einen im Reglement klar definierten Aufbau mit zahlreichen Einheitskomponenten, die die Chancengleichheit erhöhen und die Kosten senken sollen. Es handelt sich um reine Silhouettenfahrzeuge, die nur in ihrem Äußeren die entsprechenden Serienmodelle widerspiegeln.

> In der neuen DTM erhöhen Einheitskomponenten die Chancengleichheit und senken die Kosten.

In der Premierensaison gehen die Renntourenwagen von Audi, Opel und Mercedes-Benz mit zweitürigen Karosserien an den Start, die aktuellen Coupé-Modellen der Hersteller nachempfunden sind. Bei Mercedes-Benz ist das 1997 eingeführte CLK. Der Rennkalender umfasst neun Rennen mit jeweils zwei Läufen. Meister wird mit sechs Siegen, drei zweiten und vier dritten Plätzen der 36-jährige Bernd Schneider, der schon 1995 den DTM- und ITC-Titel geholt hat und 1997 die FIA-GT-Meisterschaft gewonnen hat. In der Saison 2001, in der erstmals wieder auch im Ausland DTM-Rennen stattfinden, kann er den Erfolg wiederholen und seinen Titel mit großem Vorsprung verteidigen.

In den Folgejahren gewinnt Schneider auf AMG-Mercedes noch zwei weitere DTM-Meistertitel: 2003 mit einem CLK-DTM auf Basis des 2002 eingeführten Modells und 2006 mit einem C-Klasse Renntourenwagen, nachdem die Meisterschaft 2004 auf viertürige Silhouetten umgestellt wurde. 2005 siegt der 24-jährige Brite Gary Paffett, und 2010 ist es erneut ein Fahrer aus Großbritannien: der 22 Jahre alte Schotte Paul di Resta. Nach einer Durststrecke von vier Jahren gewinnt 2015 der 21-jährige Pascal Wehrlein den ersehnten Fahrertitel. 2018 siegt dann noch einmal Gary Paffett – 13 Jahre nach seinem ersten Triumph.

Für Mercedes-Benz ist dieser achte Fahrertitel der Deutschen Tourenwagen Masters, gepaart mit dem zehnten Markentitel, ein willkommenes Abschiedsgeschenk, nachdem man bereits im Juli 2017 bekannt gegeben hat, sich nach Saisonende 2018 aus der DTM zurückzuziehen. Hintergrund der Entscheidung ist eine Umstrukturierung des Motorsport-Engagements mit einem für 2019 vorgesehenen Einstieg in die Formel E. Kurz nach dem Ausstieg von Mercedes-Benz kommt es in der DTM zum Umbruch. 2020 verlässt das erst im Vorjahr eingestiegene Aston-Martin Team R-Motorsport die DTM, der Rennkalender leidet unter der Covid-19-Pandemie und muss mehrfach angepasst werden, und auch Audi kündigt für das Saisonende seinen Rückzug an. Damit ist BMW als einziges Werksteam übrig geblieben.

Um die Markenvielfalt wieder zu vergrößern, werden die ab 2021 gültigen Rahmenbedingungen grundlegend geändert: die Fahrzeuge müssen nun dem GT3-Reglement entsprechen. Da AMG-Mercedes derartige Fahrzeuge im Kundensport einsetzt, bietet sich ein Wiedereinstieg in die DTM an. Das Comeback wird zum vollen Erfolg: Den Fahrertitel holt der 35-jährige Maximilian Götz, und die Markenwertung geht mit großem Abstand an Mercedes-Benz.

Nach seinem ersten Sieg im Jahr 2005 gelingt es dem Briten Gary Paffett, 2018 erneut den Fahrertitel zu erringen.

Gleich nach dem Wiedereinstieg in die nach neuem Reglement gefahrene DTM holt Maximilian Götz 2021 auf Mercedes-AMG GT3 den Meistertitel.

Raumkomfort und Luxus für höchste Ansprüche: die Highend-Luxuslimousine Maybach

Strategiewechsel gehören von Beginn an zur Geschichte der Maybach-Automobile. Nach Ende des Ersten Weltkriegs wendet sich das Friedrichshafener Unternehmen, bis dahin nur Motorenhersteller, dem Bau komfortabler und luxuriöser Automobile zu, deren erstes Modell ab 1922 in Serie produziert wird. Mit dem Maybach Typ 12, der 1929 als erster deutscher Serien-Personenwagen mit Zwölfzylindermotor debütiert, erklimmt das Unternehmen den Olymp des Automobilbaus. Wenig später auf den klangvollen Namen »Maybach Typ Zeppelin« getauft, gilt das Luxusautomobil aus Friedrichshafen als Pendant zum Rolls-Royce. Nach dem Zweiten Weltkrieg konzentriert sich Maybach wieder auf den Motorenbau. Das Unternehmen wird ab 1960 in mehreren Stufen von Daimler-Benz übernommen und fließt 1969 in die MTU Motoren- und Turbinen-Union GmbH Friedrichshafen ein, an der Daimler-Benz mit 84 % beteiligt ist. Ende der 1990er-Jahre wird dann erneut ein gänzlich neues Kapitel aufgeschlagen.

Im Oktober 1997, etwa zur gleichen Zeit, als sich BMW und Volkswagen ein Tauziehen um die Übernahme von Rolls-Royce Motor Cars liefern, präsentiert Daimler-Benz auf der Tokyo Motor Show die Designstudie Mercedes-Benz Maybach, die »einen Ausblick auf die Technik und Ausstattung der Luxusautomobile von morgen« geben soll. Der Ort der Weltpremiere ist kein Zufall, wurde das extravagante Design der Studie mit seiner Zweifarblackierung, der auffälligen Leuchteinheit und dem seitlichen Lichtband doch im japanischen Design-Center von Mercedes-Benz entwickelt. Zur Luxusausstattung zählen elektrisch einstellbare Liegesitze für die Fondpassagiere, eine Bord-Bar für heiße und kalte Getränke, ein gläsernes Dach mit elektrochromem Glas sowie ein aufwendiges Kommunikationssystem. Mit dem Namen der Studie verweisen die Stuttgarter in erster Linie auf den ehemaligen DMG-Chefkonstrukteur Wilhelm Maybach, darüber hinaus aber auch auf die legendären Maybach-Automobile der 1920er- und 1930er-Jahre. Design und Konzept entfachen kontroverse Diskussionen, kommen aber so gut an, dass der Vorstand im Juli 1998 beschließt, die Studie zur Serienreife zu entwickeln und im Werk Sindelfingen zu fertigen.

> Design und Konzept der Maybach-Studie kommen gut an, sodass der Vorstand 1998 die Serienfertigung beschließt.

So spektakulär wie das ganze Auto ist auch die Weltpremiere der Highend-Luxuslimousine: Das erste Serienfahrzeug – wenn man hier den profanen Begriff Serie verwenden mag – verlässt am 24. Juni 2002 die Manufaktur des Werks Sindelfingen. Zwei Tage später tritt sie die Reise über den Atlantik an – natürlich nicht auf einem gewöhnlichen Containerschiff, sondern in einer überdimensionalen Glasvitrine an Bord des Ocean Liners »Queen Elizabeth II«. Von dort bringt ein Helikopter die wertvolle Fracht am 2. Juli an Land, und begleitet von einer Polizeieskorte fährt die Luxuslimousine in die Wall Street, wo Vorstandsmitglied Jürgen Hubbert sie vor 350 Journalisten aus aller Welt präsentiert. Inzwischen ist die Entscheidung gefallen, das der Baureihe 240 zugeordnete Topmodell in zwei Varianten unterschiedlicher Länge zu bauen und es im Gegensatz zur Studie nicht als Mercedes-Benz, sondern unter der eigenständigen Marke Maybach zu vermarkten. Die Modellbezeichnung der beiden Varianten 57 und 62 ist ebenso einfach wie folgerichtig: Sie bezieht sich auf die gerundete Gesamtlänge des Fahrzeugs von 5,73 m bzw. 6,17 m.

Der großzügige Raumkomfort, die luxuriöse Ausstattung und die gediegene Ausführung der Maybach-Limousinen finden Anerkennung und nicht zuletzt auch Käufer, denen ihr exklusives Fahrzeug knapp 360.000 bzw. 418.000 Euro wert ist. Die vollmundig verkündeten jährlichen Absatzziele von 1.000 Fahrzeugen werden allerdings, ähnlich wie 40 Jahre zuvor beim Mercedes-Benz 600, nicht annähernd erreicht. Da hilft es auch nicht, dass das Modellprogramm mit den ab 2005 angebotenen Varianten 57 S und 62 S, dem ab 2008 verfügbaren Landaulet und den 2009 eingeführten

Der Ende 2002 eingeführte Maybach 62 ist das Flaggschiff des Modellprogramms und verkörpert ultimativen Luxus.

Zeppelin-Modellen eine Attraktivierung erfährt. Im November 2011 verkündet Vorstandschef Dr. Zetsche einen Strategiewechsel, der wie eine Bombe einschlägt: Die Fertigung des Maybach wird zugunsten zusätzlicher Varianten der zukünftigen S-Klasse bis Ende 2012 eingestellt. Im Januar und Februar 2013 entstehen die letzten drei von insgesamt nur 3.321 gefertigten Maybach-Fahrzeugen.

Die geänderte Strategie kann nur als voller Erfolg gewertet werden: 2014 unter der neuen Submarke Mercedes-Maybach eingeführt, erreicht die S-Klasse Variante mit einem 20 cm längeren Radstand jährliche Produktionszahlen von durchschnittlich rund 11.000 Fahrzeugen und trägt damit, im Gegensatz zum Vorgänger, auch positiv zum Konzernergebnis bei. Mission erfüllt.

Mit der Studie Mercedes-Benz Maybach hat Daimler-Benz 1997 das Potenzial einer Serienfertigung ausgelotet.

Gran Turismo für das 21. Jahrhundert: Supersportwagen SLR McLaren

086

In euphorischer Stimmung nach der nicht einmal zwei Monate zurückliegenden Fusion zur DaimlerChrysler AG präsentiert Mercedes-Benz im Januar 1999 auf der North American International Motor Show in Detroit die Vision SLR. Laut offizieller Presseinformation ist der Neuling »die Studie eines Gran Turismo für das 21. Jahrhundert, die Stilelemente des aktuellen Formel 1-Silberpfeils und der SLR-Sportwagen aus den Fünfzigerjahren zu einem neuen, faszinierenden Konzept vereint«. Die Frontpartie orientiert sich gestalterisch an dem Formel-1-Rennwagen, mit dem Mika Häkkinen zwei Monate zuvor die Weltmeisterschaft gewonnen hat.

Auch technologisch hat die Studie einiges zu bieten. Die Karosserie besteht aus einer Kombination von Faserverbund-Werkstoffen und Aluminium, die sich neben vorbildlicher Crash-Stabilität auch durch ihren Gewichtsvorteil von rund 40 % gegenüber vergleichbaren Stahlkonstruktionen auszeichnet. Das innovative elektro-hydraulische Bremssystem berechnet den Bremsdruck mithilfe von Sensoren

Die beiden 1999 präsentierten Studien Vision SLR (hinten) und Vision SLR Roadster bilden in fast unveränderter Form die Grundlagen für die 2004 und 2007 eingeführten Serienfahrzeuge.

und Mikroprozessoren je nach Fahrsituation und bietet bei Kurvenfahrt oder auf glatten Fahrbahnen deutliche Sicherheitsvorteile. Die Bremsscheiben aus faserverstärkter Keramik halten extremen Belastungen stand. Vorder- und Hinterachse sind vorwiegend aus Aluminium gefertigt. Die Frontscheinwerfer mit adaptiven Lichtsystemen und neuartigen Hochleistungs-Leuchtdioden folgen automatisch dem Lenkeinschlag und passen sich der jeweiligen Fahrsituation an. So verbessert sich die Fahrbahnausleuchtung bei Kurvenfahrt oder beim Abbiegen deutlich. Der 5,5-Liter-V8 ermöglicht dank Kompressoraufladung und Wasser-Ladeluftkühlung fulminante Fahrleistungen und eine Höchstgeschwindigkeit von 320 km/h.

Im Juli 1999 berichtet »Auto, Motor und Sport«, dass der SLR beim Formel-1-Partner McLaren entwickelt und gefertigt werden wird und 2003 eingeführt werden soll. Auf der IAA im September 1999 ist bereits der Vision SLR Roadster zu bewundern, der technisch der geschlossenen Version entspricht. Zur Rolle des künftigen Supersportlers zitiert die Fachpresse den frisch gebackenen Designchef Peter Pfeiffer: »Es war für uns keine Frage, dass wir auf der sportlichen Seite ein Äquivalent zum Maybach benötigen«.

Für den neuen Designchef Peter Pfeiffer ist der SLR das sportliche Äquivalent zum Maybach.

Vier Jahre nach der Roadster-Studie debütiert die Serienversion des Coupés im September 2003 auf der IAA in Frankfurt. Der Supersportwagen ist der Baureihe 199 zugeordnet und trägt jetzt die offizielle Bezeichnung Mercedes-Benz SLR McLaren; der V8-Kompressormotor der Baureihe M 155 mobilisiert nun 460 kW (626 PS) und beschleunigt den Supersportler in 3,8 Sekunden auf 100 km/h. Das erste für einen Kunden bestimmte Exemplar wird im Rahmen einer Charity-Auktion zugunsten der Laureus Sport for Good Foundation bei Christie's in New York versteigert und am 18. Dezember 2003 an den erfolgreichen Bieter übergeben, dem der Supersportwagen 1,5 Mio. Euro wert war. Ganz so viel müssen die zukünftigen Käufer des Boliden nicht anlegen: Als die Serienproduktion im April 2004 anläuft, liegt der reguläre Listenpreis bei 440.800 Euro.

Im Fahrbericht der »Auto, Motor und Sport« schreibt Götz Leyrer im Dezember 2003: »So kombiniert der SLR das Beste zweier Welten. Er präsentiert sich als noch ausreichend komfortabler Tourer ebenso wie als Sportwagen reinsten Wassers.« Das sehen wohl auch die Käufer so – allein bis Ende 2005 werden gut 1.000 Stück verkauft. Im Juli 2006 erscheint das auf 150 Exemplare limitierte leistungsgesteigerte Sondermodell »722 Edition«, und im September 2007 löst die Roadsterversion das Coupé ab. Eine ganz besondere Variante für Hardcore-Fans debütiert im Januar 2009 auf der Motor Show in Detroit – exakt zehn Jahre, nachdem an gleicher Stelle der Vision SLR das Licht der Öffentlichkeit erblickt hatte. Der auf 75 Exemplare limitierte SLR Stirling Moss bildet als hochkarätiger Speedster den Abschluss der SLR-Baureihe 199 und ist mit einem Kaufpreis von 750.000 Euro auch die teuerste Variante. Die DaimlerChrysler AG ist zu diesem Zeitpunkt bereits seit 15 Monaten Geschichte.

In jeder Hinsicht spektakulär ist die auf 75 Exemplare limitierte Sonderserie des Speedsters SLR McLaren Stirling Moss.

Neuartige Viertürer: CLS Coupé und Shooting Brake 087

Die betörenden Formen des 2004 eingeführten viertürigen Coupés Mercedes-Benz CLS kommen in der Lackierung Titanrot metallic besonders gut zur Geltung.

Die Einschätzung, dass die Entwicklung des Automobils im Wesentlichen abgeschlossen ist und eigentlich nicht mehr viel Neues erwartet lässt, ist fast so alt wie das Automobil selbst. Wie wenig dies mit der Realität übereinstimmt, zeigt sich mit schöner Regelmäßigkeit auf den großen Automobilmessen, wo die Hersteller ihre neuesten Fortschritte in Technologie und Design präsentieren. In beiden Disziplinen zählt Mercedes-Benz seit jeher zu den profiliertesten Akteuren.

Deutlich wird dies einmal mehr auf der IAA im September 2003, wo die Stuttgarter Marke der Öffentlichkeit mit dem Vision CLS erneut etwas gänzlich Unerwartetes vorstellt. Mit der seriennahen Studie eines viertürigen Coupés feiert ein neuartiges Fahrzeugkonzept Weltpremiere, das die Eleganz und Dynamik eines Coupés mit dem Komfort und der Funktionalität einer Limousine verbindet. Platzangebot, Kofferraumvolumen und Alltagstauglichkeit liegen auf dem Niveau einer Limousine, während die Linienführung durch den emotional geprägten Charakter eines Coupés anspruchsvolle Ästhetik und pure Faszination vermittelt. Zwar wurden in vergangenen Jahrzehnten viertürige Fahrzeuge bereits vereinzelt als Coupés vermarktet, im Gegensatz zum CLS, der einen Design-Trend begründet hat,

In der zweiten Generation des CLS debütiert 2012 auch ein Edelkombi, der als viertüriger Shooting Brake vermarktet wird. Im Bild das Showcar von 2010.

handelt es sich dabei aber weder um gestalterisch stimmige noch nachhaltige Konzepte.

Dass der CLS beim Publikum auf Begeisterung stößt, war eigentlich vorherzusehen, und so debütiert die Serienversion schon ein halbes Jahr später auf dem Automobil-Salon in Genf. Auch die Fachpresse zeigt sich durchaus angetan. So schreibt Birgit Priemer in der »Auto, Motor und Sport« vom 18. August 2004: »Braucht man wirklich ein viertüriges Coupé? Unbedingt – das hat bereits die Begegnung mit dem neuen Mercedes CLS ergeben. [...] Es ist der Reiz des Unbekannten, welcher dem CLS jenen Schuss Exklusivität vermittelt, die kein anderes Auto dieser Klasse bietet.«

Der CLS ist nicht einfach nur ein Design-Meisterstück, er überzeugt auch mit der bewährten Technik der zwei Jahre zuvor eingeführten E-Klasse Baureihe 211, auf deren Plattform und Komponenten er basiert. Die Eigenständigkeit des neuen Traumautos kommt jedoch nicht nur im Design und in der Bezeichnung CLS zum Ausdruck, sondern auch im abweichenden Baureihencode C 219. Der CLS findet viele Bewunderer und erfreulicherweise auch genügend Käufer, und so werden bis zum Produktionsende im Jahr 2010 mehr als 173.000 Exemplare gebaut – vom sparsamen und zugleich leistungsstarken Dieselmodell CLS 320 CDI bis zum überaus sportlichen CLS 63 AMG mit 378 kW (514 PS).

Der CLS ist nicht nur ein Design-Meisterstück, er überzeugt auch mit bewährter E-Klasse-Technik.

Nach der sehr positiven Resonanz auf den C 219 steht es für die Verantwortlichen bei Mercedes-Benz außer Frage, dass es einen Nachfolger geben wird. Die Messlatte hängt in diesem Fall besonders hoch, aber die Designer legen sich einmal mehr ins Zeug, und so debütiert im Oktober 2010 auf dem Automobil-Salon in Paris der CLS der Baureihe C 218, der das Konzept des viertürigen Coupés fortsetzt. Mercedes-Benz hat aber noch einen weiteren Pfeil im Köcher, mit dem erneut eine Überraschung gelingt: Bereits ein halbes Jahr vor der CLS-Premiere in Paris hat die Marke auf der Auto China in Peking das »Concept Shooting Break« präsentiert – einen Edelkombi auf Basis des neuen CLS, der Faszination vermittelt und Begehrlichkeit weckt, zugleich aber – wie schon beim ersten CLS – ein neuartiges Karosseriekonzept einführt.

Shooting Break – verbreitet ist auch die Schreibweise »Shooting Brake« – bezeichnen im Automobilbau eine in den 1960er-Jahren eingeführte, tendenziell exotische Karosserievariante, die sich am ehesten als Kombi-Coupé umschreiben lässt und ausschließlich als Zweitürer geläufig war. Mit dem CLS Shooting Brake, dessen Serienversion im Juni 2012 im britischen Brooklands Weltpremiere feiert, bringt Mercedes-Benz nun erstmals eine viertürige Version auf den Markt. Diese wird wie das Coupé begeistert aufgenommen, findet aber bis 2017 nur wenig mehr als 31.000 Käufer – nicht genug für die Stuttgarter Produktstrategen und Controller, und so kommt die dritte Generation des CLS 2017 nur als Coupé auf den Markt.

Harnstoff, Wasserstoff, Ökostrom: der Weg zur nachhaltigen Mobilität

Seit Ende der 1960er-Jahre verfolgt das Stuttgarter Unternehmen durch systematische Forschungs- und Entwicklungsarbeit den Weg zur nachhaltigen Mobilität. Von zentraler Bedeutung ist dabei von Beginn an die Optimierung der Verbrennungsmotoren, bei der Mercedes-Benz 2004 einmal mehr einen wichtigen Meilenstein setzt. Die auf der IAA Nutzfahrzeuge in Hannover präsentierte und Anfang 2005 eingeführte BlueTec-Technologie reduziert die Emissionen von Dieselmotoren, und die damit ausgerüsteten Fahrzeuge – zunächst die Schwerlastwagen Mercedes-Benz Actros und die Linienbusse Mercedes-Benz Citaro – erfüllen je nach Konfiguration die ab Oktober 2006 bzw. Oktober 2009 geltenden Abgasnormen Euro 4 oder Euro 5. Die neue Dieseltechnologie basiert auf hocheffizienten Motoren und einer Abgas-Nachbehandlung auf Basis der Selective Catalytic Reduction (SCR). Hierbei werden die bei der Verbrennung entstehenden unerwünschten Stickoxide durch Einspritzen von »AdBlue«, einer ungiftigen und geruchlosen Harnstofflösung, in einem Katalysator in unschädlichen Stickstoff und Wasserdampf umgewandelt. Von Bedeutung ist dies auch deshalb, weil gesteigerte Effizienz der Dieselmotoren höhere Einspritzdrücke und Verbrennungstemperaturen erfordert, die wiederum einen höheren Ausstoß an Stickoxiden mit sich bringen.

Ohne den Aufwand und die Meilensteine der Vergangenheit wäre der heutige Stand nachhaltiger Mobilität nicht denkbar.

2006 führt Mercedes-Benz die fortschrittliche Technologie auch im Pkw-Bereich ein – zunächst im Mercedes-Benz E 320 BLUETEC und in Folge dann in allen anderen Baureihen. Zeitgleich debütieren die ersten Modelle mit strahlgeführter Benzin-Direkteinspritzung, die auch bei den Ottomotoren neue Maßstäbe in puncto Effizienz definiert und ebenfalls in allen Baureihen ausgerollt wird. Zudem nutzt Mercedes-Benz unter dem Label BlueEFFICIENCY ab 2008 ein umfassendes Maßnahmenpaket aus Leichtbau, verbesserter Aerodynamik, reduziertem Rollwiderstand, optimierten Motoren und intelligentem Energiemanagement, um die Umweltverträglichkeit der

Mit der innovativen BlueTec-Technologie erfüllen die Mercedes-Benz Actros Schwerlastwagen ab 2005 die ab 2009 geltende Abgasnorm Euro 5.

Auf dem Schlossplatz in Stuttgart präsentiert die Daimler AG ihre aktuelle Flotte elektrisch betriebener Fahrzeuge: vom smart electric drive über A-Klasse E-Cell und Vito E-Cell bis hin zu den Brennstoffzellen-Fahrzeugen B-Klasse F-Cell und Citaro FuelCell-Hybrid.

Pkw-Modelle zu verbessern. Einen weiteren Schwerpunkt bildet die effizienzsteigernde Hybridtechnologie, eine Kombination von Verbrennungsmotor und Elektroantrieb, die der Konzern serienmäßig in Stadtlinienbussen und Lastwagen anbietet und 2009 mit dem Mercedes-Benz S 400 HYBRID erstmals auch in einem Serien-Personenwagen der Oberklasse verfügbar macht.

2009 bringt das Unternehmen auch zwei Elektroautos auf die Straße, die in Kleinserie produziert werden und ihre Alltagstauglichkeit in Kundenhand unter Beweis stellen: den smart fortwo electric drive mit batterieelektrischem Antrieb und die B-Klasse F-CELL. Der erste unter Serienbedingungen gefertigte Elektro-Pkw mit Brennstoffzellen-Antrieb tankt Wasserstoff, hat nach offiziellen Angaben eine Reichweite von 385 km und stößt als Abgas lediglich Wasserdampf aus. Am 29. Januar 2011, dem 125. Geburtstag des Automobils, starten drei B-Klasse F-CELL zum »F-Cell World Drive«, bei dem sie Welt umrunden und innerhalb von 125 Tagen jeweils eine Strecke von ca. 30.000 km zurücklegen. 2010 debütieren weitere lokal emissionsfreie Fahrzeuge mit batterieelektrischem Antrieb und gehen im Alltagsbetrieb in die Praxiserprobung: die A-Klasse E-CELL mit einer Reichweite von 200 km und der Vito E-CELL – ein Transporter für 620 kW Zuladung mit 60 kW (82 PS), 89 km/h Höchstgeschwindigkeit und 130 km Reichweite.

Nach den gewaltigen Fortschritten, die seither erzielt wurden, mag der 2010 erzielte Stand zum Schmunzeln anregen und vielleicht sogar skurril anmuten, doch ohne die kontinuierliche, mit sehr großem Aufwand betriebene Arbeit der Vergangenheit und die dabei erzielten Meilensteine wäre der heute erreichte Stand wohl kaum vorstellbar. Mercedes-Benz setzt seine Arbeit an innovativen Konzepten und einer Weiterentwicklung der aktuellen Technologien fort und bietet nachhaltige Mobilitätslösungen, die die Anforderungen der Kunden erfüllen – sei es mit umweltschonenden Verbrennungsmotoren oder mit fortschrittlichen Elektroantrieben.

Vermeiden und schützen: die Vision vom unfallfreien Fahren

Nach dem 1978 eingeführten ABS bringt Mercedes-Benz 1995 mit dem ESP ein weiteres bahnbrechendes Fahrsicherheitssystem auf den Markt, das Unfälle vermeiden hilft.

»Wer Visionen hat, sollte zum Arzt gehen«: Was der damalige Bundeskanzler Helmut Schmidt einst im Wahlkampfmodus geäußert haben soll, mag auf manchen Lebensbereich zutreffen, sicher jedoch nicht für die technische Entwicklung. Schon viele Jahre, bevor staatliche Institutionen in den USA und in Deutschland die Verbesserung der Fahrzeugsicherheit aufgreifen, hat Daimler-Benz durch visionäres Handeln die Bedeutung dieses Themas erkannt und zu einem vorrangigen Entwicklungsziel gemacht. Davon zeugen zahlreiche Innovationen, die das Unternehmen in den Serienautomobilbau eingeführt hat, beispielsweise das Sicherheitstürschloss, die Sicherheitskarosserie mit Knautschzonen, die Sicherheitslenkung, den Airbag oder das vorbeugende Insassenschutzsystem PRE-SAFE.

Neben den Maßnahmen der passiven Sicherheit, die die Folgen eines Unfalls für die Insassen reduzieren sollen, kommen durch Fortschritte in der Sensorik und der elektronischen Datenverarbeitung auch zunehmend Systeme der aktiven Sicherheit zum Einsatz, die das Ziel verfolgen, es gar nicht erst zum Unfall kommen zu lassen. Als erstes dieser Assistenzsysteme führt Mercedes-Benz 1978 das Anti-Blockier-System ABS ein, das die Lenkfähigkeit des Fahrzeugs auch unter erschwerten Bedingungen verbessert.

Ein Mercedes-Benz CL-Coupé bei der Demonstration der 2006 eingeführten PRE-SAFE-Bremse, die eine drohenden Auffahrunfall durch eine automatische Bremsung verhindert oder entschärft (links). Im gleichen Jahr kommt das System als Aktiver Bremsassistent ABA auch in den Actros Schwerlastwagen auf den Markt (rechts).

Ein weiteres Musterbeispiel intelligenter Technik ist das Elektronische Stabilitätsprogramm (ESP), das Mercedes-Benz 1995 als weltweit erster Hersteller in den Limousinen und Coupés der S-Klasse und im SL einführt. Dieses innovative Fahrsicherheitssystem, das die Schleudergefahr in kritischen Fahrsituationen durch gezielten Bremseingriff an einzelnen Rädern verringert, kommt Ende 1997 auch in der A-Klasse zum Einsatz und gehört ab Sommer 1999 zur Serienausstattung aller Mercedes-Benz Pkw-Modelle. Unfallstatistiken belegen, dass Mercedes-Benz Personenwagen seit dem serienmäßigen ESP-Einsatz weitaus seltener an folgenschweren Fahrunfällen beteiligt sind als Automobile anderer Marken. Seit November 2014 ist das ESP in der Europäischen Union für alle neu zugelassenen Pkw gesetzlich vorgeschrieben.

Statistiken belegen, dass Mercedes-Pkw mit ESP seltener an folgenschweren Unfällen beteiligt sind.

2001 wird die Stabilitätsregelung auch für Mercedes-Benz Lkw, 2003 zudem für Transporter und Omnibusse angeboten. Im Sprinter Safety Van präsentiert Mercedes-Benz 2006 das erweiterte Adaptive ESP, das auch Beladung und Schwerpunkt des Fahrzeugs berücksichtigt. Eine Schlüsselrolle bei der Vision vom unfallfreien Fahren spielt ebenfalls ab 2006 die in S-Klasse und CL erhältliche PRE-SAFE Bremse, die einen drohenden Auffahrunfall erkennt und eine automatische Teilbremsung – ab 2009 in weiterentwickelter Form eine Vollbremsung – durchführt, dem Fahrer jedoch die Chance lässt, dem Aufprall doch noch auszuweichen. Als Aktiver Brems-Assistent ABA wird das System 2006 auch im Mercedes-Benz Actros Safety Truck und Travego Safety Coach präsentiert. Weitere von Mercedes-Benz eingeführte Assistenzsysteme wie der Nachtsicht-Assistent, der Totwinkel-Assistent, der Spurhalte-Assistent oder der Müdigkeitswarner ATTENTION ASSIST dienen ebenfalls der Sicherheit und erhöhen zugleich den Komfort.

Alle diese Beispiele sind Bestandteile der umfassenden Sicherheitsphilosophie für die Mercedes-Benz Personenwagen und Nutzfahrzeuge, die auf drei Säulen basiert: Erstens wird der Fahrer durch eine Vielzahl sorgfältig aufeinander abgestimmter Einzelmaßnahmen umfassend entlastet, damit er seine volle Aufmerksamkeit der jeweiligen Fahrsituation schenken kann. Zweitens hilft das Fahrzeug dem Fahrer, schwierige Situationen aktiv zu meistern. Radargestützte oder kamerabasierte Assistenzsysteme senden frühzeitig Warnhinweise und greifen unterstützend ein, wenn der Fahrer nicht reagiert. Die Fahrzeuge werden zu mitdenkenden Partnern. Drittens wird der Verkehrsteilnehmer durch eine Vielzahl von Maßnahmen optimal geschützt, um die Folgen eines Unfalls zu minimieren, etwa durch eine perfektionierte Sicherheitskarosserie, vielfältige Airbag-Systeme, Gurtstraffer und Maßnahmen zum Fußgängerschutz. So bewahrt die schrittweise Realisierung der visionären Ziele jeden Tag unzählige Autofahrer und ihre Partner im Verkehrsgeschehen vor Unfällen und ihren Folgen. Da sage noch einer, dass Visionen keinen Nutzen haben.

Avantgarde und Tradition: das Neue Mercedes-Benz Museum

090

»Tradition ist nicht die Anbetung der Asche, sondern die Weitergabe des Feuers.« Das bekannte Bonmot umschreibt sehr treffend den Umgang der Stuttgarter Marke mit ihrer einzigartigen Geschichte. Schon in den frühesten Anfängen pflegen die beiden Ursprungsunternehmen ihre Tradition, bewahren historische Fahrzeuge und nutzen sie für die Kommunikation ihrer aktuellen Aktivitäten. Anfang 1961 wird anlässlich des Jubiläums »75 Jahre Motorisierung des Verkehrs« sogar ein eigens zu diesem Zweck errichtetes Museum eröffnet, das 1985 zur bevorstehenden Geburtstagsfeier »100 Jahre Automobil« grundlegend neu gestaltet und nach der Einweihung am 1. Februar 1986 noch fast 20 Jahre genutzt wird. Das Mercedes-Benz Museum dient gewissermaßen als gute Stube des Unternehmens und wird alljährlich von mehreren Hunderttausend Menschen aus aller Welt besucht, es unterliegt aber auch Einschränkungen. So fehlt der Platz für eine Fortführung der Pkw- und Motorsportgeschichte und für die Präsentation von Nutzfahrzeugen. Zudem ist die Lage mitten im Werksgelände im Hinblick auf Sicherheit und Verkehrsanbindung nur bedingt geeignet.

Mit dem ersten Spatenstich beginnt 2003 ein äußerst ambitioniertes Bauprojekt.

Eine auch im Hinblick auf die Zukunft angemessene Präsentation der außergewöhnlichen Geschichte von Unternehmen

Im Mythosraum 1 beginnt der Rundgang der Besucherinnen und Besucher mit der Erfindung des schnelllaufenden Benzinmotors und des Automobils durch Gottlieb Daimler, Wilhelm Maybach und Carl Benz.

Der Collectionsraum 1 präsentiert unter dem Titel »Galerie der Reisen« die Entwicklung des Reisens nach nah und fern im Pkw und im Omnibus von den Anfängen bis in die Gegenwart.

Die Rundgänge durch die Mythosräume und die Collectionsräume enden beide in Mythosraum 7, der mit rund 40 Fahrzeugen die Motorsportgeschichte des Unternehmens präsentiert.

und Marke ist nur in einem Neubau darstellbar, und so wird 2001 ein internationaler Architektenwettbewerb veranstaltet, zu dem zehn renommierte Büros eingeladen werden. Ende Januar 2002 fällt die Wahl auf den Entwurf des Amsterdamer UN Studio von Ben van Berkel und Caroline Bos, einen der geometrisch anspruchsvollsten, aber auch faszinierendsten Beiträge des Wettbewerbs. Für die Ausstellungskonzeption und -gestaltung zeichnet das Stuttgarter Büro HG Merz Architekten Museumsgestalter verantwortlich.

Neu ist der konzeptionelle Ansatz, den Museumsgästen zwei unterschiedliche, nach dem Prinzip einer Doppelhelix miteinander verwobene Rundgänge durch das mit 16.500 m² Ausstellungsfläche sehr große Museum anzubieten. Einer der beiden führt den Besucher durch sechs sogenannte Mythosräume, die in chronologischer Reihenfolge und inszenierter Anordnung der Exponate die Meilensteine der Automobilentwicklung von Mercedes-Benz und den Ursprungsmarken präsentieren. Der andere umfasst fünf Collectionsräume, von denen jeder einem abgeschlossenen Thema, wie beispielsweise Gütertransport, Reisen, Prominentenfahrzeuge gewidmet ist und dieses in seiner Entwicklung von den Anfängen bis in die Gegenwart darstellt. Beide Rundgänge, zwischen denen der Besucher immer wieder wechseln kann, enden im besonders großen Ausstellungsraum »Rennen und Rekorde«, der die Motorsportgeschichte anhand von 40 Exponaten in einer Steilkurve präsentiert.

Mit dem ersten Spatenstich im September 2003 beginnt ein äußerst ambitioniertes Bauprojekt, das in vieler Hinsicht Neuland betritt. Trotz mancher technischen Herausforderung wird der Bau termingerecht fertiggestellt und mit den zuvor ausgewählten 160 Fahrzeugexponaten bestückt, was wegen der komplexen Geometrie des Gebäudes ebenfalls

Der Mythosraum 5 widmet sich der Entwicklung in den Wirtschaftswunderjahren, vom »Adenauer-Mercedes« bis zum »Kurzhauber«.

Das Mercedes-Benz Museum zieht zahlreiche Besucher aus aller Welt nicht nur durch die ausgestellten Exponate an, sondern auch durch seine faszinierende Architektur.

großen Aufwand erfordert. Am 19. Mai 2006 ist es so weit: Das größte Automobilmarkenmuseum der Welt erlebt im Beisein zahlreicher Gäste aus Politik, Wirtschaft und Gesellschaft seine feierliche Eröffnung.

Das neue Mercedes-Benz Museum begeistert von Beginn an Heerscharen von Besuchern aus aller Welt. Die erste Million wird Anfang Juni 2007, gut ein Jahr nach der Eröffnung, erreicht. Auch nach 20 Jahren ist die Faszination des Museums ungebrochen: Gebäude und Ausstellung ziehen alljährlich Hunderttausende von Besuchern an und machen das Mercedes-Benz Museum zum bei Weitem meistbesuchen Museum in Stuttgart. Im Hinblick auf die Heimatländer der Gäste, die das Museum seit 2006 besucht haben, wird 2018 ein besonderer Meilenstein erreicht: Die Länderliste umfasst seitdem alle 193 Mitgliedsstaaten der Vereinten Nationen. Bis zu seinem 20. Jahrestag am 19. Mai 2026 verbucht das Museum die beeindruckende Gesamtzahl von mehr als 14,5 Millionen Besuchern. Für die Weitergabe des Feuers ist also bestens gesorgt.

Ein neuer Flügeltürer: der SLS AMG

091

Als im Januar 2009 der auf 75 Exemplare limitierte SLR Stirling Moss als Abschluss der SLR Supersportwagen-Modellreihe debütiert, ist bereits klar, dass es im Rahmen der bestehenden Partnerschaft mit McLaren kein Nachfolgemodell geben wird. Da Supersportwagen als Wachstumssegment gelten und die Sportwagenschmiede Mercedes-AMG GmbH seit Anfang 2005 als 100-prozentige Tochtergesellschaft Teil des DaimlerChrysler Konzerns ist, entsteht der neue Hochleistungssportwagen in Affalterbach. Nach nur 36-monatiger Entwicklungszeit feiert der Neuling mit dem Namen Mercedes-Benz SLS AMG seine Premiere im September 2009 auf der IAA in Frankfurt.

Faszination Flügeltürer: Der 2009 präsentierte SLS AMG ist der erste eigenständig von AMG entwickelte Sportwagen.

Das augenfälligste Merkmal des SLS sind seine Flügeltüren – ein spektakuläres Konstruktionsdetail, mit dem bereits der legendäre 300 SL der 1950er-Jahren ausgestattet war und das seither als faszinierendes Designelement der Mercedes-Benz Hochleistungssportwagen gilt. Während der C 111 von 1970 und der C 112 von 1991 als unverkäufliche Experimentalfahrzeuge für potenzielle Käufer unerreichbar bleiben, ist der SLS seit dem 300 SL das erste käufliche Modell mit der aufsehenerregenden Türkonstruktion. Vor diesem Hintergrund verwundert es nicht, dass der neue Supersportler eigentlich Gullwing AMG heißen sollte.
Die Hüter der Modellnomenklatur bei Mercedes-Benz haben dann aber die systemkonforme Bezeichnung SLS durchgesetzt.

Genau wie der 300 SL präsentiert sich der SLS AMG mit einem außergewöhnlichen Technologiepaket.

Der SLS AMG ist das erste Modell der Affalterbacher, das vollkommen eigenständig und unabhängig von einem existierenden Mercedes-Benz Basismodell bei Mercedes-AMG entwickelt wurde. Ähnlich wie der 300 SL Seriensportwagen von 1954, präsentiert er sich mit einem außergewöhnlichen Technologiepaket. Chassis und Karosserie sind als Gitterrahmen-Konstruktion aus Aluminium gefertigt, der Motor ist als sogenannter Frontmittelmotor unter der langen Motorhaube weit hinten platziert und sorgt in Verbindung mit der Transaxle-Anordnung des Getriebes für eine optimale Gewichtsverteilung von 47 % vorn zu 53 % hinten. Der 6,3-Liter-V8 leistet 420 kW (571 PS) und beschleunigt den SLS in Verbindung mit dem serienmäßigen Doppelkupplungs-Automatikgetriebe in 3,8 Sekunden von 0 auf 100 km/h. Die Spitzengeschwindigkeit des Supersportlers mit dem Baureihencode C 197 liegt bei 317 km/h.

Die Produktion des SLS übernimmt das Werk Sindelfingen, und die Markteinführung beginnt im März 2010. Im Vergleich zum SLR McLaren, für den der Käufer 2007 stattliche 452.200 Euro berappen musste, ist der SLS AMG mit seinen 177.310 Euro geradezu ein Schnäppchen. Das sieht die Kundschaft wohl auch so, und allein bis Ende 2010 laufen fast 4.800 Exemplare vom Band. Ab dem Frühsommer 2011 kann der SLS-Kunde entscheiden, ob er lieber auf die prestigeträchtigen Flügeltüren setzt oder gegen moderate 8.330 Euro Aufpreis einen Roadster mit elektrisch betä-

Ebenso faszinierend wie die reguläre Serienversion ist der SLS AMG Electric Drive – allein schon wegen seiner Leistung von 552 kW (751 PS).

tigten Stoffverdeck bevorzugt. Ab Juni 2012 werden beide Varianten auch als leistungsgesteigerte und im Hinblick auf Fahrdynamik insgesamt optimierte SLS AMG GT mit 435 kW (591 PS) angeboten. Wer noch ein wenig mehr Leistung möchte, kann 2013 auch das SLS AMG Coupé Black Series mit 464 kW (631 PS) ordern, wird dafür aber mit 249.900 Euro zur Kasse gebeten.

Noch spektakulärer, allein schon wegen seiner auffälligen neongelben Lackierung namens »AMG lumilectric magno«, ist der SLS AMG Electric Drive, der bereits 2010 als Prototyp präsentiert wurde und im März 2013 auf dem Automobil-Salon in Genf als Serienfahrzeug debütiert. Vier Elektromotoren erzeugen eine Leistung von 552 kW (751 PS) und beschleunigen den Elektro-SLS trotz deutlich höherem Gewicht in 3,9 Sekunden von 0 auf 100 km/h. Auffällig in anderem Sinne ist die bereits im April 2010 präsentierte Rennversion SLS AMG GT3, die zunächst als Prototyp an den Start geht und nach ihrer Homologation gemäß GT3-Reglement ab der Saison 2011 zahlreiche Erfolge erzielt. Von allen Varianten des SLS AMG werden bis zum Produktionsende im Sommer 2014 insgesamt fast 11.500 Exemplare gebaut – eine durchaus respektable Zahl für einen Supersportwagen dieser Preiskategorie.

Erfolgsserie in der Königsklasse: das Mercedes GP Petronas F1 Team

In der Königsklasse des Motorsports kommt es für Mercedes-Benz ab 2007 sportlich und geschäftlich zu Entwicklungen, die am Ende eine tiefgreifende Änderung der Zusammenarbeit mit dem Partner McLaren zur Folge haben. Trotz der Belastungsprobe durch die Spionageaffäre erzielt Lewis Hamilton, der in seiner ersten Formel-1-Saison überhaupt als Teamgefährte des amtierenden Weltmeisters Fernando Alonso an den Start geht, aus dem Stand spektakuläre Erfolge: Bei den ersten sieben Rennen der Saison fährt er jedes Mal auf einen Podestplatz und erzielt sogar zwei Siege. Am Ende wird er nach zwei weiteren Siegen Vizeweltmeister auf McLaren-Mercedes und verpasst den WM-Titel nur um einen Punkt. 2008 gelingt Hamilton der Durchbruch, als er sich mit einem Überholmanöver in der letzten Kurve des Saisonabschlussrennens den WM-Titel sichert. In den folgenden Monaten werden die Karten für die Saison 2009 ganz neu gemischt.

Nachdem Honda im Dezember 2008 aus Kostengründen seinen Rückzug aus der Formel 1 verkündet hat, übernimmt Teamchef Ross Brawn im Rahmen eines Management-Buy-outs das Team im britischen Brackley, das nun als Brawn GP F1 Team firmiert. Der nahezu fertig entwickelte Formel-1-Wagen für 2009 erhält einen Mercedes-Benz Motor aus Brixworth und dominiert – auch dank seiner ausgeklügelten Aerodynamik – die Saison auf Anhieb. Am Ende ist Jenson Button Weltmeister, und Brawn GP gewinnt den Konstrukteurstitel. Nach dem kometenhaften Aufstieg des Newcomer-Teams und dem spektakulären Sieg in Fahrer- und Konstrukteurswertung übernimmt die Daimler AG 75,1 % der Anteile an der Brawn GP Ltd., um in der Saison 2010 unter dem neuen Namen MERCEDES GP PETRONAS F1 an den Start zu gehen.

> Nach 55 Jahren ist Mercedes in der Saison 2010 wieder mit einem eigenen Werksteam in der Formel 1 aktiv.

Damit ist der Stuttgarter Hersteller nach 55 Jahren wieder mit einem eigenen Werksteam in der Königsklasse des Motorsports aktiv. Die Fahrer in der Premierensaison 2010 sind der siebenfache Weltmeister Michael Schumacher, der drei Jahre nach seinem Rücktritt nun noch einmal in die Formel 1 zurückkehrt, und Nico Rosberg. Teamchef bleibt zunächst Ross Brawn, bis der Österreicher Toto Wolff 2013 nach dem Erwerb von Geschäftsanteilen die Position des Daimler Motorsportchefs und des Teamchefs übernimmt. Vereinbarungsgemäß wird das McLaren- Team bis 2014 weiterhin mit

Das Brawn GP F1 Team, das 2009 überraschend die Fahrer-WM und den Konstrukteurstitel der Formel 1 gewinnt (links), ist 2010 die Grundlage für das werkseigene Mercedes GP Petronas Formel-1-Team, das von 2014 bis 2021 7 Fahrer- und 8 Konstrukteurstitel in Folge holt.

2010 startet das Mercedes GP Petronas Formel-1-Team mit Michael Schumacher, der seine Erfahrungen aus 15 Jahren Formel 1 und 7 WM-Titeln einbringt, und dem seit 2006 in der Königsklasse aktiven Nico Rosberg. Die eigentliche Erfolgsgeschichte beginnt 2013 mit Lewis Hamilton und 2014 mit einem neuen Motoren-Reglement.

Mercedes-Benz Motoren beliefert, hat aber nun nur noch den Rang eines Kundenteams. Den ersten Sieg für das neue Team fährt Nico Rosberg 2012 in China ein, und 2013 steht ein beeindruckender zweiter Platz in der Konstrukteurswertung auf der Ergebnisliste – nicht zuletzt dank Lewis Hamilton, der mit seinem Wechsel von McLaren Michael Schumacher abgelöst hat.

Das Folgejahr 2014 markiert mit einem grundlegend geänderten Reglement den Beginn einer neuen Ära – für das Mercedes-Team ebenso wie für die Formel 1 insgesamt. Nur noch 1,6 Liter große, dafür wieder turbogeladene V6-Motoren mit auf 15.000/min begrenzter Höchstdrehzahl und einem auf 100 kg pro Rennen limitierten Kraftstoffverbrauch stellen sämtliche Hersteller vor neue Herausforderungen. Zugleich gewinnt die Energieeffizienz der Antriebstechnologie mit einem zweiten Rückgewinnungssystem weiter an Gewicht.

Mit seinem überragenden Triebwerk dominiert der neue Mercedes Rennwagen in der Saison 2014 fast nach Belieben das Renngeschehen, und Lewis Hamilton gewinnt mit elf Siegen, drei zweiten und zwei dritten Plätzen vor Nico Rosberg den Weltmeistertitel. Das Team holt mit haushohem Vorsprung den Konstrukteurstitel. Die Bilanz bis 2022 sind insgesamt sieben Fahrertitel – sechs für Hamilton und einer für Rosberg – sowie acht Konstrukteurstitel. Was die Zahl der WM-Titel betrifft, liegt Lewis Hamilton nun gleichauf mit Formel-1-Legende Michael Schumacher, und das Team markiert mit acht Konstrukteurstiteln in Folge einen neuen Bestwert.

Und McLaren? Nach Partnerschaften mit Honda und Renault als Motorenlieferanten setzt das Team seit der Saison 2021 wieder auf Mercedes-Motoren; 2024 und 2025 gewinnt McLaren-Mercedes den Konstrukteurstitel, 2025 mit Lando Norris sogar die Fahrer-WM.

Kompakte Vielfalt: die neue Modellgeneration der Mercedes-Benz Kompaktwagen

093

Die Programmerweiterung um die A-Klasse kann Mercedes-Benz trotz anfänglicher Herausforderungen als Erfolgsgeschichte verbuchen: Insgesamt werden rund 1,1 Mio. Fahrzeuge der Modellreihe 168 produziert. Von der Nachfolgebaureihe 169 entstehen fast ebenso viele Exemplare, zu der noch die B-Klasse mit knapp 750.000 Fahrzeugen kommt. Eines ihrer Ziele hat die A-Klasse jedoch verfehlt: Der Plan, vor allem junge Zielgruppen für Mercedes-Benz zu gewinnen, geht nicht auf.

Die neue A-Klasse Baureihe 176 ist 2012 mit ihrem geänderten Grundkonzept das Leitmodell des erweiterten Programms der Kompaktwagen.

Mit der nächsten Generation der A-Klasse soll das anders werden, und so macht die Stuttgarter Marke 2019 einen neuen Anlauf. Die Modellpalette der Mercedes-Benz Kompaktfahrzeuge wird erweitert und nutzt als gemeinsame Basis die neu entwickelte Plattform MFA (Mercedes-Benz Frontantriebs-Architektur). Zudem verzichtet die A-Klasse künftig auf den Sandwichboden, eines ihrer charakteristischen Konstruktionselemente. Ursprünglich als Platz für die Komponenten alternativer Antriebe vorgesehen, ist der doppelte Boden dafür in der Großserie nie konsequent genutzt worden.

Auf die neue Generation der Kompaktmodelle bereitet Mercedes-Benz die Öffentlichkeit mit einem Showcar vor: dem Concept A-Class, das im April 2011 auf der Auto Shanghai unter dem Motto »Der Pulsschlag einer neuen Generation« präsentiert wird. Neben dem expressiven Design und dem geänderten Grundkonzept demonstriert die Studie auch die Technik-Highlights der künftigen Frontantriebsmodelle: eine neue Motorengeneration, ein 7-Gang-Doppelkupplungsgetriebe sowie eine radargestützte Kollisionswarnung, die den Fahrer optisch und akustisch vor erkannten Hindernissen warnt und den Bremsassistenten auf eine möglichst punktgenaue Bremsung vorbereitet.

> Mit expressivem Design und geändertem Grundkonzept soll die neue A-Klasse auch ein jüngeres Publikum begeistern.

Als erste Modellreihe der neuen Kompaktfahrzeuge debütiert im September 2011 auf der IAA in Frankfurt die zweite Generation der B-Klasse mit dem Baureihencode W 246. Im Gegensatz zur künftigen A-Klasse verfügt sie über eine Weiterentwicklung des Sandwichbodens und ist mit einer optionalen Stufe im Hauptboden konstruktiv auf die Unterbringung von Batterien oder Erdgastanks vorbereitet. Fahrzeug- und Sitzhöhe sind gegenüber dem Vorgänger um 50 bzw. 86 mm reduziert, ohne aber die von den Nutzern bislang geschätzte erhöhte Sitzposition aufzugeben.

Ein halbes Jahr später feiert die neue A-Klasse der Baureihe 176 auf dem Automobil-Salon in Genf Premiere. Die Grund-

Das runde Produktionsjubiläum im Oktober 2017 ist der Anlass für den Fotografen, die gesamte Modellpalette der Mercedes-Benz Kompaktwagen im Bild festzuhalten. Ort des Geschehens ist das unternehmenseigene Testgelände in Immendingen.

prinzipien der mit dem Concept A-CLASS präsentierten Formensprache sind im Serienfahrzeug konsequent umgesetzt und betonen den sportlichen Charakter des neuen Fahrzeugs. Dazu trägt auch die im Vergleich zum Vorgänger rund 18 cm geringere Fahrzeughöhe bei. Damit ist die neue Generation der Kompaktmodelle aber noch nicht komplett: Im Januar 2013 debütiert mit dem CLA (Baureihencode C 117) die nächste Variante. Nüchtern betrachtet eine Stufenheckversion der A-Klasse, entsprechen Design und Nomenklatur des Neulings der Einstufung als viertüriges Coupé analog dem CLS. Das Publikum hat das attraktive neue Modell mit dem expressiven Design schon sehnlichst erwartet, nachdem es bereits im April des Vorjahrs auf der Auto China in Peking als Showcar Concept Style Coupé in Erscheinung getreten ist. Die neue Variante ist aber nicht nur schön und heiß begehrt, sie zählt mit einem cW-Wert von 0,22 auch zu den aerodynamisch besten Serienfahrzeugen der Welt. Analog zum CLS erscheint auch vom CLA ein viertüriger Shooting Brake, der im März 2015 auf den Markt kommt.

Ein Jahr zuvor haben die Stuttgarter mit dem GLA bereits die fünfte und letzte Variante der neuen Kompaktmodelle eingeführt. Die auf der IAA 2013 präsentierte Modellreihe mit dem Baureihencode X 156 ist, wie der Name zeigt, ein SUV auf Basis der A-Klasse. Der Strategiewechsel zahlt sich aus: Von den neuen Kompaktmodellen werden bis 2018/19 insgesamt mehr als 3,6 Mio. Exemplare gebaut, wobei der GLA mit 1,035 Mio. vor der A-Klasse mit 988.000 Fahrzeugen die erfolgreichste Variante ist. Mit der ab 2018 eingeführten Nachfolgegeneration kommen sogar noch zwei zusätzliche Varianten auf den Markt: die Stufenhecklimousine der A-Klasse in zwei Radständen und der GLB als weiteres SUV.

Autonomes Fahren, Forschungsauto »Bertha« und Mercedes-Maybach: die S-Klasse Baureihe 222

094

Seit vielen Jahren treibt Mercedes-Benz die Entwicklung von Assistenzsystemen voran, die den Autofahrer entlasten und in kritischen Fahrsituationen unterstützen. Angefangen mit dem Anti-Blockiersystem ABS von 1978, dem 1995 eingeführten Fahrsicherheitssystem ESP, dem Abstandsregeltempomaten DISTRONIC von 1998 und dem 2002 eingeführten vorausschauenden Insassenschutzsystem PRE-SAFE gilt die weitere Entwicklung vor allem der Vernetzung verschiedener Teilsysteme zu einem ganzheitlichen Gesamtsystem, das als wichtige Voraussetzung auf dem Weg zum autonomen Fahren gilt.

Eine S-Klasse mit INTELLIGENT DRIVE meistert 2013 die 100 km von Mannheim nach Pforzheim im autonomen Modus.

Einen Meilenstein setzt dabei die 2013 präsentierte S-Klasse der Baureihe 222. Ihr Sensornetzwerk aus sechs Radarsensoren, einer Stereo-Kamera und zwölf Ultraschallsensoren weiß in jedem Fahrzustand, was rund um das Auto geschieht. Die Vielzahl der verfügbaren Komfort- und Sicherheitssysteme, die den Fahrer in der S-Klasse entlasten, fasst Mercedes-Benz unter dem Begriff »Intelligent Drive« zusammen. Die DISTRONIC PLUS entlastet den Fahrer nicht nur beim Einhalten des Abstands zum vorausfahrenden Fahrzeug, sondern dank Lenk-As-

Das von Markus Bolsinger aufgenommene Foto der neuen S-Klasse Baureihe 222 ist Anfang 2013 im Hinterland von Valencia für die Pressemappe entstanden.

sistent und Stop&Go-Pilot auch bei der Spurführung und dem automatischen Abbremsen und Weiterfahren im Stau. Der weiterentwickelte Bremsassistent BAS PLUS mit Kreuzungs-Assistent kann erstmals auch Querverkehr und Fußgänger erkennen und die Bremsleistung bei zu zaghaftem Bremsen des Fahrers verstärken. Die PRE-SAFE Bremse erkennt Fußgänger und kann bis zu einer Geschwindigkeit von 50 km/h die Kollision durch eine autonome Bremsung vermeiden. PRE-SAFE PLUS kann zusätzlich auch eine drohende Heckkollision erkennen und löst dann vorbeugende, reversible Insassenschutzmaßnahmen aus. Durch Festbremsen des stehenden Fahrzeugs bei einer Heckkollision können Sekundärunfälle vermieden werden. Der Aktive Spurhalte-Assistent kann Gegenverkehr und eine belegte Nachbarspur erkennen und unbeabsichtigtes Spurverlassen durch einseitige Bremsung verhindern. Der Aktive Totwinkel-Assistent kann den Fahrer optisch und bei Blinkerbetätigung auch akustisch vor seitlichen Kollisionen mit anderen Fahrzeugen, auch Fahrrädern, warnen und durch eine automatische einseitige Bremsung dabei helfen, den Zusammenstoß zu vermeiden. All diese Assistenzsysteme ermöglichen es der S-Klasse, teilautonom zu fahren und den Fahrer maximal zu entlasten.

Mit dem auf der IAA im September 2013 präsentieren S 500 INTELLIGENT DRIVE geht Mercedes-Benz noch einen Schritt weiter: Kurz zuvor hat das S-Klasse Forschungsfahrzeug die Bertha-Benz-Fahrt im autonomen Modus absolviert und damit demonstriert, dass autonomes Fahren auch im Überland- und Stadtverkehr möglich ist. Die über 100 km lange Route von Mannheim nach Pforzheim folgt den Spuren der Pionierin Bertha Benz, die auf dieser Strecke im August 1888 die erste automobile Fernfahrt gewagt hatte. Im dichten Verkehr des Rhein-Neckar-Ballungsraums musste die selbstständig fahrende S-Klasse, von ihren Entwicklern liebevoll Bertha genannt, hochkomplexe Situationen autonom meistern – mit Ampeln, Kreisverkehren, Fußgängern, Radfahrern und Straßenbahnen. Diesen Durchbruch hat Mercedes-Benz nicht durch den Einsatz aufwendiger Spezialtechnologie realisiert, sondern mithilfe seriennaher Technik aus der neuen S-Klasse und der E-Klasse.

Die neue S-Klasse prägt die Modellentwicklung des Stuttgarter Herstellers aber auch noch in anderer Hinsicht. Ende 2014 wird wahr, was der Vorstandsvorsitzende Dieter Zetsche drei Jahre zuvor angekündigt hat: Die Maybach Highend-Luxuslimousinen, deren Produktion Anfang 2013 endete, erhalten einen Nachfolger auf Basis der S-Klasse Baureihe 222. Die ersten Modelle der neuen Submarke Mercedes-Maybach, die für ausgesprochen exklusive Fahrzeuge steht, debütieren im November 2014 auf der Los Angeles Auto Show und der Auto Guangzhou. Gegenüber der regulären Langversion der S-Klasse haben die Mercedes-Maybach S 500 und S 600 einen um 20 cm verlängerten Radstand und eine besonders luxuriöse Ausstattung. Eine weitere Submarke, deren Fahrzeuge sich durch besondere Sportlichkeit auszeichnen, hat nur wenige Wochen zuvor mit dem Supersportwagen Mercedes-AMG GT das Licht der Welt erblickt. Als Mercedes-AMG firmieren nun auch die sportlichen S-Klasse-Modelle S 63 und S 63 4MATIC. So ergibt sich die ungewöhnliche, aber in sich stimmige Lösung, dass die S-Klasse ab 2014 je nach Modell drei unterschiedlichen Marken zugeordnet ist: der klassischen Marke Mercedes-Benz sowie den beiden Submarken Mercedes-AMG und Mercedes-Maybach.

Mit der S-Klasse Baureihe 222 erscheint zum ersten Mal eine der neuen Submarke Mercedes-Maybach zugeordnete Variante mit 20 cm längerem Radstand und besonders luxuriöser Ausstattung.

Die Entscheidung, die Nachfolger der Maybach Luxuslimousinen von der neue S-Klasse abzuleiten, ist nicht nur aus unternehmerischer Sicht folgerichtig. Für den Kunden bedeutet diese Anbindung der Luxusvariante an die Großserie den Vorteil, technologisch stets auf dem neuesten Stand zu sein und von allen Modellpflegen der Basis-Baureihe zu profitieren. Die Entwicklung der verkauften Stückzahlen demonstriert eindrücklich, dass offenbar auch die Kundschaft eine Win-win-Situation erkannt hat.

Gran Turismo aus Affalterbach: der Mercedes-AMG GT und seine Modellfamilie

Zehn Jahre, nachdem die Stuttgarter Muttergesellschaft die Mercedes-AMG GmbH im Januar 2005 zu 100 % übernommen hat, stehen die Affalterbacher glänzend da. Die jährliche Produktion der AMG-Modelle ist in diesem Zeitraum von gut 19.000 auf mehr als 64.000 Fahrzeuge gestiegen. Dazu haben zwar stückzahlmäßig vor allem die leistungsstarken AMG-Varianten der Mercedes-Benz Pkw-Baureihen beigetragen, aber eine wichtige Rolle, vor allem im Hinblick auf Kompetenz und Image, spielt der Supersportwagen SLS AMG als Eigenentwicklung aus Affalterbach.

Der in Affalterbach entwickelte Supersportwagen mit der nüchternen Bezeichnung GT ist 2014 das erste Modell der neuen Submarke Mercedes-AMG.

Als die Produktion des spektakulären Flügeltürers und seiner Roadstervariante 2014 endet, steht die Nachfolgebaureihe C 190 mit den beiden Modellen Mercedes-AMG GT und GT S schon in den Startlöchern. Der GT hat zwar keine Flügeltüren und ist selbst mit den 375 kW (510 PS) der S-Variante nicht ganz so leistungsstark wie der SLS, er schafft es aber trotzdem in 3,8 Sekunden von 0 auf 100 km/h, sieht zudem sehr ansprechend aus und ist auch noch deutlich preisgünstiger als der Vorgänger. Mit der Präsentation der neuen Hochleistungssportwagen im September 2014 wird auch die Submarke Mercedes-AMG ins Leben gerufen, unter der künftig alle AMG-Modelle firmieren. Nach der Markteinführung im März 2015 liegen die Absatzzahlen gut 50 % über denen des SLS im ersten Produktionsjahr. Für die Affalterbacher ist das jedoch kein Grund, sich auf den Lorbeeren auszuruhen.

Auf der Nordschleife des Nürburgrings ist der GT R 2016 schneller als jeder andere Straßen-Sportwagen.

Im Juni 2016 präsentieren sie im britischen Brooklands in Gegenwart von Formel-1-Weltmeister Lewis Hamilton mit dem GT R eine weitere Variante des Gran Turismo mit 430 kW (585 PS). Das Topmodell ist an seinem Heckflügel und dem neuartigen Grill, dem vom 300 SL Rennsportwagen inspirierten sogenannten Panamericana-Grill, zu erkennen. Im Dezember 2016 erzielt ein Vorserienwagen des GT R bei einer von »sport auto« durchgeführten Testfahrt auf der Nürburgring-Nordschleife eine Rundenzeit von 7:10,9 min und ist damit schneller als jeder von dem Fachmagazin bislang getestete Straßen-Sportwagen. Die Markteinführung erfolgt im März 2017 – zur gleichen Zeit, als auch die im September 2016 vorgestellte Roadstervariante des GT auf den Markt kommt. In der Saison 2018 wird der GT R auch das offizielle Safety Car der Formel 1 und löst damit den GT S ab, der diese Funktion von 2015 bis 2017 erfüllt hat.

Zeitgleich mit der Markteinführung des GT R und des Roadsters präsentiert Mercedes-AMG im März 2017 auf dem Automobil-Salon in Genf das Showcar GT Concept, eine viertürige Variante des GT, deren Serienversion mit dem Baureihencode X 290 im September 2018 auf den Markt kommt. Die neue Variante ist dazu auserkoren, den

Aus dem Mercedes-AMG GT von 2014 ist bis 2017 eine ganze Familie aus acht Modellen geworden: Neben dem Coupé in drei Leistungsstufen gibt es den GT R als Rennwagen mit Straßenzulassung (vorn Mitte) und den Roadster in zwei Leistungsstufen, dazu kommen noch die Kundensport-Rennwagen GT3 (vorn rechts) und GT4 (vorn links).

CLA Shooting Brake zu ersetzen, dessen Produktion 2017 ausgelaufen ist. Auch der GT Viertürer hat – ebenso wie der Roadster – den Panamericana-Grill, den zur Einführung des GT R des Roadsters im März 2017 die gesamte Modellpalette des GT erhält.

Im Juli 2020 erscheint als letzte Variante der GT-Familie der GT Black Series, der durch den überarbeiteten V8-Motor mit einer Leistung von 537 kW (730 PS) eine Höchstgeschwindigkeit von 320 km/h erreicht und in 3,2 km/h von 0 auf 100 km/h beschleunigt. Dach, Motorhaube, Heckklappe und weitere Komponenten sind aus Carbon gefertigt, um Gewicht zu sparen und den Schwerpunkt abzusenken. Superlativ ist aber auch der Preis, der mit 335.240 Euro gut doppelt so hoch ist wie beim bisherigen Topmodell GT R. Ungewöhnlich ist der Hinweis, den die Affalterbacher in der Pressemappe verkünden: Das Black-Series-Modell wurde »nicht entwickelt, um in Sammler-Garagen zu verschwinden, sondern trotz Straßenzulassung für den hochdynamischen Einsatz auf Rennstrecken.« Auf den Rennstrecken dieser Welt ist der Mercedes-AMG GT aber ohnehin bereits unterwegs, und zwar nicht nur als Safety Car der Formel 1: Seit 2017 erzielt die GT3-Rennversion und seit 2018 auch der GT4 zahlreiche spektakuläre Erfolge.

Als die Produktion der Modellreihe 190 im Februar 2022 ausläuft, sind in Sindelfingen mehr als 34.000 Exemplare der GT-Zweitürer entstanden – fast genau dreimal so viel wie vom Vorgänger SLS. Die Jahresproduktion aller AMG-Modelle ist inzwischen auf mehr 200.000 Fahrzeuge gestiegen.

SUVs für alle Fälle: Mercedes-Benz Sport Utility Vehicles in allen Segmenten

Auch wenn wohl nicht jedem Kritiker bewusst ist, für was genau das Akronym eigentlich steht, hat sich der aus dem Amerikanischen stammende Begriff SUV in Deutschland spätestens im September 2019 zum Reizwort entwickelt. Seinerzeit löst ein tragischer Unfall mit Todesfolge, ausgelöst durch den epileptischen Anfall eines SUV-Fahrers, hitzige Diskussionen in Medien, Öffentlichkeit und Politik aus. Einer der Hintergründe der Kontroverse besteht sicherlich auch darin, dass der Anteil der SUVs an den Neuzulassungen in Deutschland stetig angestiegen ist und 2019 mit 21,1 % sogar erstmals das stärkste Segment darstellt.

Dem Trend entsprechend steigt auch bei Mercedes der Anteil von Geländewagen und SUVs an der Pkw-Produktion signifikant.

Was genau steckt hinter dem Wort und dem Phänomen? Die Online-Enzyklopädie Wikipedia definiert »Sport Utility Vehicles, abgekürzt SUV, auch als Geländelimousinen oder Stadtgeländewagen bezeichnet, [als] Personenkraftwagen mit erhöhter Bodenfreiheit und einer selbsttragenden Karosserie, die an das Erscheinungsbild von Geländewagen angelehnt sind.« Größere Popularität gewinnen diese Fahrzeuge ab Mitte der 1990er-Jahre in den von zunehmenden Freizeitaktivitäten geprägten Lebenswelten Nordamerikas und Europas. Mit der 1996 präsentierten Konzeptstudie AAV (All Activity Vehicle), aus der 1997 die in den USA produzierte M-Klasse wird, zählt auch Mercedes-Benz zu den Pionieren dieser Fahrzeuggattung.

In der vom Kraftfahrtbundesamt KBA geführten Statistik der Neuzulassungen sind die SUVs zunächst dem Segment Geländewagen zugeordnet. Erst 2013 führt das KBA neben den Geländewagen das eigenständige SUV-Segment ein. Die Differenzierung erfolgt gemäß Zulassungsrecht der EU über Kenndaten wie Bodenfreiheit, Überhangwinkel und Böschungswinkel, für die ein Geländewagen bestimmte Mindestwerte erfüllen muss; Vorderachse und Hinterachse(n) müssen zudem gleichzeitig angetrieben werden können, und eine Differenzialsperre oder eine Vorrichtung mit ähnlicher Wirkung muss vorhanden sein. Der Anteil der Geländewagen – seit 2013 der Geländewagen und SUVs – an den bundesdeutschen Neuzulassungen ist im Zeitraum 2000 bis 2025 von knapp 3 % auf mehr als 44 % gestiegen. Neben reinen Image-Aspekten, zu denen auch das sportliche Erscheinungsbild der Fahrzeuge zählt, sind es vor allem der bequeme Einstieg und die hohe Sitzposition, die

Das 2016 präsentierte Concept EQ ist das Showcar des 2019 eingeführten EQC. Beide basieren auf der Plattform des GLC, der als SUV im C-Klasse Segment 2015 auf den Markt gekommen ist.

Der Mercedes-Benz GLC F-Cell mit Brennstoffzellenantrieb wird ab Ende 2018 an ausgewählte Kunden in Firmen und Behörden ausgeliefert.

viele SUV-Besitzer schätzen. So ist es kein Wunder, dass ab Ende der 1990er-Jahre eigentlich alle Automobilhersteller zunehmend auch SUVs – streng genommen Geländewagen und SUVs – im Modellprogramm haben.

Auch die Marke mit dem Stern bietet seit 2014 in jeder Fahrzeugklasse – von der A-Klasse bis zur S-Klasse – entsprechende Modelle an. Ausgehend von der G-Klasse und der M-Klasse (ab 2015 GLE) ist 2006 der GL (seit 2015 GLS) hinzugekommen, 2008 der GLK (seit 2015 GLC) und 2014 der GLA. Dementsprechend ist auch bei Mercedes-Benz der Anteil der Geländewagen und SUVs an der Pkw-Produktion signifikant gestiegen: von knapp 10 % im Jahr 2000 auf mehr als 48 % im Jahr 2024.

Neben der hohen Sitzposition und dem bequemen Einstieg haben SUVs noch einen weiteren Vorteil: Die große Bodenfreiheit und die Maßkonzeption bieten ausreichend Raum für die Unterbringung alternativer Antriebstechnologien. Dementsprechend ist es keine Überraschung, dass der GLC – der 2015 eingeführte GLC der C-Klasse-Familie – die Basis für das erste in Serie gefertigte Brennstoffzellen-Fahrzeug von Mercedes-Benz bildet. Der 2017 auf der IAA in Frankfurt präsentierte GLC F-Cell wird bis 2020 in gut 320 Exemplaren gebaut und ab November 2018 an ausgewählte Kunden ausgeliefert. Das wasserstoffbetriebene Fahrzeug mit einer Leistung von 147 kW (200 PS) hat im Brennstoffzellen-Modus eine Reichweite von 437 km und wird dank 700-bar-Technologie in rund drei Minuten betankt.

Auch der Mercedes-Benz EQC, das erste batterieelektrische Modell der 2016 eingeführten Technologiemarke EQ, basiert auf dem GLC. Im Oktober 2016 auf dem Automobil-Salon in Paris als Showcar Concept EQ präsentiert, wird das vollelektrische SUV im Juni 2019 eingeführt. Bis 2023 entstehen mehr als 84.000 Exemplare.

Die Zukunft wird elektrisch: die EQ Modellpalette

097

Mit der Markteinführung des EQC beginnt bei Mercedes-Benz im Juni 2019 die Zukunft der Elektromobilität. Zu diesem Zeitpunkt hat sich das Unternehmen bereits mehr als 50 Jahre der Erforschung und Erprobung alternativer Antriebe gewidmet und seit fast 40 Jahren Versuche mit Elektro-Personenwagen durchgeführt. Die in gut 500 Exemplaren gebaute batterieelektrische A-Klasse E-CELL geht 2010 bei ausgewählten Kunden in die Praxiserprobung, und im gleichen Jahr beginnt die Konzernmarke smart mit der Großserienfertigung des fortwo electric drive. Mit der B-Klasse electric drive nimmt 2014 auch Mercedes-Benz die Produktion eines batterieelektrischen Fahrzeugs in großen Stückzahlen auf. Da die elektrische B-Klasse mit einer NEFZ-Reichweite von 200 km nur begrenzt für Langstreckenfahrten geeignet erscheint und sich auch die Marketingmaßnahmen in Grenzen halten, entstehen bis 2017 nur 13.700 Fahrzeuge.

Mit dem EQC tritt die Entwicklung batterieelektrischer Fahrzeuge bei Mercedes-Benz in eine neue Phase. Die 2016 lancierte Produkt- und Technologiemarke EQ, die nach dem Willen ihrer Schöpfer einerseits die Kombination der aktuellen Markenwerte Emotion und Intelligenz symbolisiert, zugleich aber auch für Electric Intelligence – frei übersetzt intelligente Elektromobilität – steht, soll dies zum Ausdruck bringen. Das erste Modell der neu konzipierten Typenpalette basiert auf dem 2015 eingeführten GLC und hat dank des Lithium-Ionen-Akkus mit 80 kWh eine NEFZ-Reichweite von mehr als 450 km; die Leistung liegt bei 300 kW (408 PS). Auch die nächsten beiden Modelle sind SUVs: EQA und EQB nutzen die gleiche Plattform wie die klassisch motorisierten Baureihen GLA und GLB und werden Anfang 2021, zwei Jahre nach den Verbrennervarianten, vorgestellt. Das Leistungsspektrum reicht von 140 kW (190 PS) bis 215 kW (292 PS), und die nach WLTP zertifizierten Reichweiten liegen zwischen 435 und 540 km.

> Mit dem Label EQ sollen die Markenwerte Emotion und Intelligenz, aber auch intelligente Elektromobilität symbolisiert werden.

Wenige Tage vor dem Debüt des EQB hat im April 2021 der EQS als erstes Elektrofahrzeug der Luxusklasse Premiere gefeiert. Er ist die Serienversion des im September 2019 präsentierten Showcars Vision EQS, mit dem Mercedes-Benz konzeptionell und gestalterisch etwas grundlegend Neues gewagt hat. Der EQS entspricht zwar von seinen Abmessungen der S-Klasse mit Verbrennungsmotor, er ist aber als

Die Aufnahme von 2021 zeigt die EQ-Modellpalette: EQA, EQB, EQS und EQE (vordere Reihe, von links) sowie EQC und EQV.

Der 2021 präsentierte EQS überzeugt durch seine Reichweite und die Interieurgestaltung, polarisiert zugleich aber mit seinem ausgesprochen futuristischen, wenig traditionsverhafteten »One-Bow-Design«.

erstes Modell des Stuttgarter Herstellers vollkommen eigenständig auf einer modularen Elektroarchitektur der Luxus- und Oberklasse aufgebaut. Die damit verbundenen Freiheiten haben die Designer konsequent dazu genutzt, neue Wege zu gehen. Das auffälligste Merkmal des EQS ist die im Designer-Jargon als »One-Bow-Design« bezeichnete coupéartig geschwungene Karosserielinie. Die frei von Zwängen und Kompromissen gestaltete Karosserieform bildet die Grundlage für einen besonders geringen Luftwiderstand. Der nach viel Feinarbeit erreichte cW-Wert von 0,20 macht den EQS zur aerodynamisch günstigsten Serienlimousine der Welt und leistet einen wichtigen Beitrag zu der nach WLTP zertifizierten Reichweite von 770 km. Trotz dieser technologischen Effizienz fällt die Reaktion von Presse und Öffentlichkeit nicht einhellig positiv aus. Bei dem als ausgesprochen futuristisch wahrgenommenen Design werden vor allem die relativ kurze Motorhaube und das Fehlen des klassischen Kühlergrills kritisiert. Dagegen wird das Interieur-Design mit dem über die ganze Innenraumbreite reichenden Hyperscreen als Inbegriff des digitalen Luxus empfunden.

Nur fünf Monate nach dem EQS debütiert im September 2021 der etwas kompaktere EQE, der auf der gleichen Plattform aufgebaut ist und ebenfalls dem One-Bow-Design folgt. Das großzügige Raumangebot und die WLTP-Reichweite von 660 km machen ihn zur komfortablen und langstreckentauglichen Business-Limousine. Sowohl der EQS als auch der EQE dienen als Basis für SUV-Varianten, die im April bzw. Oktober 2022 Weltpremiere feiern und kurze Zeit später auf den Markt kommen. 2025 und 2026 werden weitere Modellreihen mit batterieelektrischem Antrieb eingeführt. Da die Elektromobilität immer mehr zum Standard wird, folgen sie aber nicht mehr der 2016 eingeführten EQ-Nomenklatur.

Zum AMG-Jubiläum ein Hypercar: der ONE und andere Sportwagen von Mercedes-AMG

Als Höhepunkt ihres Jubiläums »50 Jahre AMG« sorgen die Affalterbacher im September 2017 auf der IAA in Frankfurt für eine veritable Sensation: dort debütiert das Showcar Mercedes-AMG Project ONE – ein Hypercar, dessen Motor auf dem Formel-1-Triebwerk der Saison 2016 basiert. Der neue Ausnahme-Sportwagen, dessen Markteinführung für 2019 angekündigt ist, verfügt wie der Formel-1-Rennwagens Mercedes-AMG Petronas MGP W07 über einen 1,6-Liter-V6-Hybrid-Turbomotor, der mit vier Elektromotoren kombiniert ist. Mit einer Systemleistung von mehr als 740 kW (1.000 PS) soll der Formel-1-Wagen mit Straßenzulassung eine Höchstgeschwindigkeit von 350 km/h erreichen und für die Beschleunigung von 0 auf 200 km/h nur sechs Sekunden benötigen. Wie bei Projekten dieser Größenordnung vielfach üblich, bleibt auch der Project ONE von Verzögerungen nicht verschont, und so wird die Serienversion mit der Bezeichnung Mercedes-AMG ONE schließlich im Juni 2022 beim Goodwood Festival of Speed präsentiert.

Ungewohnte Perspektive: die Hypercar-Studie Mercedes-AMG Project ONE in der Draufsicht mit geöffneten Schmetterlingstüren.

Die Leistung wird inzwischen mit 782 kW (1.063 PS) angegeben und die Höchstgeschwindigkeit bei 352 km/h abgeregelt. Im August 2022 startet die Produktion des auf nur 275 Exemplare limitierten Hypercars im britischen Coventry, nicht weit vom Stammsitz der Formel-1-Motorenschmiede Mercedes-AMG High Performance Powertrains in Brixworth entfernt. Das erste Kundenfahrzeug wird im Dezember 2022 ausgeliefert. Zuvor hat der AMG ONE aber noch einen neuen Rundenrekord auf dem Nürburgring erzielt: Am 28. Oktober 2022 fährt DTM-Pilot Maro Engel auf der Nordschleife eine Runde in 6:35,183 min und verbessert damit den bisherigen Rekord für Serienfahrzeuge mit Straßenzulassung um acht Sekunden. Knapp zwei Jahre später fährt Engel die Runde sogar in 6:29,090 min und unterbietet damit seinen eigenen Rundenrekord um mehr als sechs Sekunden. Der Mercedes-AMG ONE ist damit das schnellste Serienfahrzeug mit Straßenzulassung.

> Im Jahr des 55. Jubiläums von AMG erscheint nicht nur der AMG ONE, sondern auch der SL der Baureihe R 232.

Das Jahr des Jubiläums »55 Jahre AMG« steht für die Affalterbacher aber auch im Zeichen einer weiteren Modellneuheit: Im April 2022, fast genau 70 Jahre nachdem der 300 SL Rennsportwagen sein Debüt feierte, erlebt der neue SL der Baureihe R 232 seine Markteinführung. Zum ersten Mal wurde der traditionsreiche Sportwagen bei Mercedes-AMG entwickelt und firmiert dementsprechend mit allen Modellen unter der 2014 eingeführten Submarke Mercedes-AMG. Im Vergleich zu ihrem Vorgänger weist die Neuauflage eine Reihe von konzeptionellen Detailänderungen auf. So ist der R 232 anstelle des bisherigen Variodachs aus Metall nun wieder mit einem klassischem Stoffverdeck ausgerüstet. Dies reduziert das Gewicht um 21 kg und verbessert dank des niedrigeren Schwerpunkts Fahrdynamik und Handling. Das erstmals seit dem 1989 eingeführten R 129 wieder realisierte Maßkonzept als 2+2-Sitzer erhöht die Alltagstauglichkeit und

Die 2022 eingeführte Serienversion des Mercedes-AMG ONE ist 2024 mit einer Rundenzeit von 6:29,090 Minuten auf der Nürburgring-Nordschleife das schnellste Serienfahrzeug mit Straßenzulassung (Bild oben). Den SL der Baureihe R 232 (inks) und die zweite Generation des GT (rechts) haben die Affalterbacher auf einer gemeinsamen Plattform entwickelt.

bietet zusätzlichen Stauraum oder zwei Sitzplätze für Personen bis 1,50 m Körpergröße.

Eine ungewöhnliche Neuerung ist der im Basismodell SL 43 verbaute 2-Liter-Vierzylindermotor, der aber mit 280 kW (381 PS) für eine Höchstgeschwindigkeit von 275 km/h gut ist. Das 430 kW (585 kW) starke Topmodell SL 63 4MATIC + ist erstmals mit Hinterachslenkung, dem elektronisch gesteuerten Allradantrieb 4MATIC und dem innovativen Fahrwerk AMG ACTIVE RIDE CONTROL ausgestattet. Die hydraulische, aktive Wankstabilisierung erhöht den Komfort, weil selbst einseitig auftretende Unebenheiten individuell ausgeglichen werden.

Eineinhalb Jahre, nachdem die Produktion der GT-Baureihe 190 im Februar 2022 zu Ende gegangen ist, feiert die zweite Generation des Hochleistungsportwagens im August 2023 Weltpremiere. Der neue GT mit dem Baureihencode C 192 ist nur noch als Coupé erhältlich und hat technisch viele Gemeinsamkeiten mit dem 2022 eingeführten SL, mit dem er gemeinsam entwickelt wurde. Dazu gehören das Maßkonzept als 2+2-Sitzer, die Motorenpalette mit 2-Liter-Vierzylinder und 4-Liter-V8 sowie für die V8-Modelle das innovative Fahrwerk mit Allradantrieb, Hinterachslenkung und aktiver Wankstabilisierung. Der 2018 eingeführte GT Viertürer wird noch bis Ende 2025 gebaut und bringt es auf rund 59.000 Exemplare.

Rekordfahrten gegen Reichweitenangst: Vision EQXX und Concept AMG XX

Geringe Batteriekapazitäten und eine spärlich ausgebaute Ladeinfrastruktur zählen in den Kindertagen der modernen Elektromobilität zum Alltag und bescheren der deutschen Sprache einen neuen Begriff: Reichweitenangst (englisch range anxiety) ist laut Wikipedia »die Angst von Autonutzern, dass die Reichweite eines Elektroautos zur Beendigung vieler Fahrten nicht ausreichend sein könnte und dadurch häufig zeitraubende Nachladevorgänge benötigt werden oder man gar wegen fehlender Ladeinfrastruktur mit leerer Antriebsbatterie liegenbleiben könnte«. Trotz deutlich verbesserter Rahmenbedingungen bleibt die von zahlreichen Faktoren abhängige Reichweite eine wichtige Kenngröße zur Beurteilung der Leistungsfähigkeit eines Elektroautos. Allerdings sind die mit standardisierten Verfahren ermittelten Angaben ähnlich wie die Kraftstoffverbräuche der Autos mit Verbrennungsmotor nicht immer zuverlässig auf die Alltagspraxis übertragbar.

Reichweitenrekord über 1202 km: der Mercedes-Benz Vision EQXX auf der Grand-Prix-Rennstrecke in Silverstone.

Vor diesem Hintergrund sind aufsehenerregende Demonstrationen unter Alltagsbedingungen eine naheliegende Methode, die Praxistauglichkeit eines Elektroautos und das Können seines Erbauers unter Beweis zu stellen. Seit den 1970er-Jahren hat Mercedes-Benz die Leistungsfähigkeit und Langlebigkeit neuer Technologien und die Entwicklungskompetenz seiner Mitarbeiter immer wieder mit Langstreckenfahrten dokumentiert. Unvergessen sind die im süditalienischen Nardò erzielten Rekorde der Jahre 1976, 1978, 1979 und 1983, die »Tour de Sol« von 1985 sowie die spektakuläre Rekordfahrt in Laredo/Texas, bei der im Jahr 2005 drei Mercedes-Benz Limousinen die Distanz von 160.000 km in einer 30-tägigen Fahrt mit mehr als 224 km/h zurücklegten.

> Spektakuläre Demonstrationen unter Alltagsbedingungen sind bei Mercedes seit den 1970er-Jahren üblich.

Auf dieses Erfolgsrezept greift Mercedes-Benz ab Anfang 2022 wieder zurück. Am 3. Januar präsentiert die Marke den vollelektrischen Forschungsprototyp VISION EQXX als ihr bislang effizientestes Elektrofahrzeug. Im April beweist er seine herausragende Reichweite und Effizienz auf seiner Jungfernfahrt, die ihn von Sindelfingen über die Schweizer Alpen und Norditalien nach Cassis an der Côte d'Azur führt. Damit hat er über 1.000 km im realen Alltagsverkehr zurückgelegt – mit einer einzigen Batterieladung. Die Restreichweite bei der Ankunft beträgt rund 140 km, und der Durchschnittsverbrauch liegt bei nur 8,7 kWh pro 100 km. Im Juni 2022 gelingt eine weitere Verbesserung: Von Stuttgart aus fährt der Vision EQXX zur britischen Grand-Prix-Strecke in Silverstone, wo Formel-E-Weltmeister Nyck de Vries elf Runden absolviert und das Fahrzeug mit Kilometerstand 1.202 bei einem Verbrauch von nur 8,3 kWh/100 km abstellt.

Damit ist das Optimum aber noch nicht erreicht. Bei einem weiteren Roadtrip im März 2024, diesmal von Riad ins 1.010 km entfernte Dubai, kommt der Vision EQXX mit nur 7,4 kWh/100 km aus.

Erschöpft, aber glücklich: das Projektteam von Mercedes-AMG nach der erfolgreich absolvierten 7-Tage-Rekordfahrt des Concept AMG XX über mehr als 40.000 km in Nardò.

Als wenn diese spektakulären Leistungen nicht schon Beweis genug wären, plant der schwäbische Hersteller etwas wirklich Großes, wobei diesmal die Tochtergesellschaft in Affalterbach am Zug ist. Anstelle des silbernen VISION EQXX kommt das in leuchtendem Orange lackierte CONCEPT AMG XX zum Einsatz, das die Affalterbacher am 25. Juni in Gegenwart von 3.500 Gästen feierlich enthüllt haben. Der viertürige Hochleistungssportwagen ist mit drei Elektromotoren von zusammen mehr als 1.000 kW (1.360 PS) ausgerüstet. Die innovativen Axial-Fluss-Motoren sind etwa zwei Drittel kleiner und leichter als herkömmliche Elektromotoren. Der fantastisch anmutende cW-Wert von 0,198 erhöht die Reichweite und zugleich die Fahrstabilität bei der Höchstgeschwindigkeit von mehr als 360 km/h. Seine Bewährungsprobe besteht das CONCEPT AMG XX im August 2025 auf der Hochgeschwindigkeitsstrecke in Nardò: Dort fährt es 40.075 km in sieben Tagen, 13 Stunden, 24 Minuten und 07 Sekunden und stellt insgesamt 25 Rekorde für batterieelektrische Fahrzeuge auf. Dabei legt es durchschnittlich mehr als 5.300 km pro Tag zurück, den Großteil davon bei 300 km/h. Nach diesen beeindruckenden Leistungsdemonstrationen sollte Reichweitenangst eigentlich der Vergangenheit angehören – zumindest wenn das Auto den Mercedes-Stern trägt …

Die neue S-Klasse als Markenbotschafter: mit »140 Years, 140 Places« um die Welt

100

Die neue S-Klasse ist auf ihrer »140 Years, 140 Places« Tournee in New York angekommen, wo sie als Markenbotschafter für das Jubiläum »140 Jahre Innovation« sensibilisiert.

Am 29. Januar 2026 feiert das Automobil Geburtstag. 140 Jahre zuvor hat Carl Benz das Patent für sein »Fahrzeug mit Gasmotoren-Betrieb« beim Deutschen Reichspatentamt eingereicht. Seine Erfindung verändert die Welt, zumal Benz es im Gegensatz zu manch anderem Pionier nicht beim Erfinden belässt, sondern seine Erfindung durch Weiterentwicklung, Serienproduktion und Markteinführung zu einer echten Innovation macht. So überrascht es nicht, dass der 29. Januar als Geburtstag des Automobils für Mercedes-Benz seit Jahrzehnten ein besonders wichtiges Datum darstellt.

Die Kampagne betont die einzigartige Rolle von Mercedes-Benz in der Automobilentwicklung.

Grund genug für die Marke mit dem Stern, die neueste Generation ihres Flaggschiffs S-Klasse an genau diesem Datum der Weltöffentlichkeit zu präsentieren. Naheliegender Ort der Premiere ist einmal mehr das Mercedes-Benz Museum.

Die S-Klasse der Baureihe 223, ursprünglich im September 2020 präsentiert, hat passend zum Automobiljubiläum ein außergewöhnlich umfangreiches Update erhalten, bei dem mehr als die Hälfte aller Komponenten – insgesamt rund 2.700 Bauteile – erneuert oder überarbeitet wurden. In ihrer lange zurückreichenden Tradition ist die Mercedes-Benz S-Klasse nicht nur die weltweit meistverkaufte Luxuslimousine, sie hat auch immer wieder den Titel »Bestes Auto der Welt« erhalten. Als Essenz der Marke, die in jeder Epoche die Entwicklung des Automobils geprägt hat, verkörpert sie seit jeher in besonderem Maße Luxus, Komfort, Sicherheit und Lifestyle.

Die internationale Kampagne, mit der Mercedes-Benz das 140-Jahre-Jubiläum des Automobils feiert, steht unter der

Nach ihrer Weltpremiere am 29. Januar 2026 im Mercedes-Benz Museum starten drei Limousinen der neuen S-Klasse unter dem Motto »140 Years, 140 Places« zu einer Tour um die Welt.

Überschrift »140 Years. 140 Places« und setzt das neue Flaggschiff als Markenbotschafter auf vier Rädern ein. Unmittelbar nach der Weltpremiere im Mercedes-Benz Museum starten drei neue S-Klasse Limousinen zu einer Reise um die Welt. Diese erstreckt sich über mehr als 50.000 km durch Europa, Südamerika, Nordamerika, Australien, Asien und Afrika und führt auf jedem Kontinent zu insgesamt 140 ausgewählten Orten, an denen die Marke mit dem Stern Spuren hinterlassen hat. Die Route verbindet Meilensteine der Marke und legendäre Strecken, wie beispielsweise die US-amerikanische Route 66 – die 2026 ihr 100-jähriges Jubiläum feiert – mit Metropolen wie Buenos Aires, Shanghai und Sydney. Auf ihrer Tour werden die S-Klasse Limousinen immer wieder von Begleitfahrzeugen unterstützt, darunter Oldtimer, aktuelle Premierenmodelle und lokale Flottenfahrzeuge, die das aktuelle Portfolio der Marke zeigen. Die Tour um die Welt endet im Oktober 2026 in Stuttgart – dort, wo die Reise neun Monate zuvor begonnen hat. Die Reise kann digital über den Mercedes-Benz Community Hub sowie die Social-Media-Kanäle der Marke verfolgt werden.

Mit dieser eindrucksvollen Kampagne trägt Mercedes-Benz die Botschaft seiner einzigartigen Rolle in der Automobilentwicklung und seiner Zukunftskompetenz in die Welt hinaus – 140 Jahre nach der Erfindung des Automobils durch Carl Benz und 125 Jahre nach den spektakulären Erfolgen der ersten Mercedes Automobile.

Spielzeug

Der Weg ist üblicherweise andersherum, doch diesmal entwickelt Mercedes extra für ein Videospiel ein virtuelles Fahrzeug der Extraklasse und erst im Anschluss das reale 1:1-Modell. Der AMG Vision Gran Turismo feierte seine Premiere in der sechsten Ausgabe des gleichnamigen PlayStation-Games.

GT

S OD 7553

Mobil vor Immobilie

Frank Gehrys silberne Silhouette der Walt Disney Concert Hall diente Fotograf Markus Bolsinger 2004 als Kulisse für ein Fotoshooting in Los Angeles. Das Model: der Mercedes-Benz CLS, sicher nicht zufällig ebenfalls silber. Schwungvolle Eleganz ist ein Attribut, das auf beide Elemente dieses Fotos zutrifft.

Schwungvoll

Weich gezeichnete Kurven, wie beim Shooting im Zion National Park in den USA, sind das bevorzugte Terrain der Gattung SL. Superleicht übersetzt sich das Kürzel, und genau so nimmt der Traumwagen vieler Autofahrer jeden dieser Schwünge – offen für jedes neue Ziel.

Goliath

Aus einem einzigen Marmorblock hat Michelangelo seinen berühmten David herausgearbeitet. Die Skulptur zeigt David in Vorbereitung auf seinen Kampf gegen Goliath. Ähnlich übermächtig, aber erfolgreich, beherrschte der Silberpfeil mit dem profanen Kürzel W 154 den Rennsport der späten 1930er-Jahre, hier ins Bild gesetzt in Carrara, jenem berühmten Steinbruch für – richtig: Marmor.

Legendewagen

So muss ein Auto für jede Gelegenheit aussehen. G-Modell hieß es zu Beginn, G-Klasse dann. G wie Genuss, G wie Gelände, G wie geht immer. Und immer weiter. Seit 1979 im Programm, bald ein halbes Jahrhundert.

4
S HA 310

Danksagung
Die Autoren danken dem Management sowie den Mitarbeiterinnen und Mitarbeitern der Mercedes-Benz Heritage GmbH für die freundliche und umfassende Unterstützung.
Dank gebührt auch Peter Kurze, Hans J. Baumgart, Prof. Peter Pfeiffer, Axel Schütte und Heinrich Heller für wertvolle Informationen und Hinweise sowie Torben Meybauer für seine Foto-Bereitstellung.

Bildquellenverzeichnis
Fotos: Mercedes-Benz Group/Mercedes-Benz Classic
und Markus Bolsinger
außer: Heiko Simayer: S. 46 – S. 47
Dickie Spielzeug GmbH & Co. KG: S. 82
Foto-Kaletsch, Nürnberg: S. 83
Unternehmensarchiv der Dr. Ing. h.c. F. Porsche AG: S. 89 o.
Brabus Classic: S. 186

Bibliografische Information der Deutschen Nationalbibliothek
Die Deutsche Nationalbibliothek verzeichnet diese Publikation in der Deutschen Nationalbibliografie; detaillierte bibliografische Daten sind im Internet über http://dnb.dnb.de abrufbar.

1. Auflage
ISBN 978-3-667-13207-9

Konzept: Edwin Baaske, Markus Bolsinger, Gerhard Heidbrink
Texte: Gerhard Heidbrink (100 Episoden),
Edwin Baaske (Einführung, 25 Sternstunden)
Korrektorat: Michaela Franke
Einbandgestaltung, Layout und Lithografie: Jörg Weusthoff,
Weusthoff & Reiche Design, Hamburg
Druck: Print Consult GmbH, München
Printed in Czech Republic 2026

Delius Klasing Verlag GmbH, Siekerwall 21, D - 33602 Bielefeld
Tel.: 0521/559-0
E-Mail: info@delius-klasing.de
www.delius-klasing.de

Verwendete und weiterführende Quellen
Über die Geschichte der Marke Mercedes-Benz und ihre Produkte wurden unzählige Bücher veröffentlicht, darunter sehr viele lesenswerte. Sie alle hier aufzuführen, würde den Rahmen dieses Buchs sprengen.
Folgende aktuell im Handel erhältliche Bücher möchten die Autoren empfehlen:
Vieweg, Christof: Heilige Hallen: Die geheime Fahrzeugsammlung von Mercedes-Benz. Bielefeld, 2. Auflage 2021
Vieweg, Christof: Mercedes-Benz. Formsache. Die Design-Geschichte. München 2024
Bolsinger, Markus et al.: Das wertvollste Auto der Welt. Bielefeld 2024
Heidbrink, Gerhard et al.: Mercedes-Benz C 111. Design-Ikone, Traumsportwagen und Rekordjäger. Stuttgart 2023
Eine wahre Fundgrube sind die Webseiten
Mercedes-Benz Multimedia-Archiv- und Recherche-System Classic M@RS:
https://mercedes-benz-publicarchive.com
Allgemeine Automobil-Zeitung Wien, Jahrgänge 1900–1938, in der Österreichischen Nationalbibliothek:
https://anno.onb.ac.at
Zeitschriften-Archiv von zwischengas.com:
www.zwischengas.com